場の量子論

現代物理学叢書

場の量子論

大貫義郎著

岩波書店

現代物理学叢書について

小社は先年，物理学の全体像を把握し次世代への展望を拓くことを意図し，第一級の物理学者の絶大な協力のもとに，岩波講座「現代の物理学」(全21巻)を2度にわたって刊行いたしました．幸い，多くの読者の厚いご支持をいただき，その後も数多くの巻についてさらに再刊を望む声が寄せられています．そこで，このご要望にお応えするための新しいシリーズとして，「現代物理学叢書」を刊行いたします．このシリーズには，読者のご要望に応じながら，岩波講座「現代の物理学」の各巻を順次できるかぎり収めてまいります．装丁は新たにしましたが，内容は基本的に岩波講座の第2次刊行のものと同一です．本シリーズによって貴重な書物群が末永く読みつがれることを願ってやみません．

まえがき

場は，電場や磁場あるいは重力場にみられるように，空間の各点および各時刻で与えられる量で，しばしば波動となって空間を伝搬し，エネルギーを運ぶ役割をする．場の量子論は，このような場の運動を量子論的に扱う理論である．量子力学では粒子の位置や運動量といった物理量が演算子とみなされるように，場の量子論では場が演算子として扱われる．それがどのような性質のものかは，ある種の関係式によって規定されて，この操作は場の量子化とよばれ，これを足場として場の量子論は構築されている．

場の量子論に関する最初の仕事は，恐らく，量子力学誕生後まもない1927年に発表されたDiracの論文であろう．彼は光子の生成・消滅を記述する演算子を電磁場から導入し，これによって原子内電子による光子の放出・吸収の現象を説明するとともに，光子のBose統計性を導いている．つづいて同年，JordanとKleinは外的ポテンシャルのもとで質量 m の粒子を記述するde Broglie波を量子化することにより，Bose統計に従うこの種の粒子の多体系の記述が可能であることを見出した．他方，Fermi統計を可能ならしめるようなde Broglie波の量子化は，翌1928年のJordanとWignerの労作において定式化されている．

これらはいわば場の量子論の幕明けともみなされるべき仕事である．この頃から場の量子化に対して第2量子化(second quantization, zweite Quantelung)という言葉がしばしば用いられた．つまり第1量子化は通常の量子力学における量子化であり，ここでの波動関数を場に読み換えてさらにこれにほどこした量子化が第2量子化というわけである．この言葉は現在でもなお時折り見受けられるが，しかし適切な用語とはいい難い．いうまでもなく波動関数は，量子力学的状態を x 表示という特定の記述方式で表現したものに過ぎず，もとよりこれには他の表示も可能であって，したがってこれを，3次元空間内に通常の意味で実在する波動とみなすことは許されない．これに対して場のつくる波動は実在波であって，波動関数のような確率波ではないのである．もし波動関数が量子化の対象となるような実在波であるならば，量子論はEinstein-Podolsky-Rosenのパラドックスにみられるような矛盾に逢着することになるであろう．

1929-30年にHeisenbergとPauliは2編の大作を発表し，正準形式にもとづく相対論的場の量子論の端緒を拓いた．やや粗い表現だが，現在の場の量子論はこれの延長線上にあると言ってもよいであろう．しかし，その延長線上の道は決して平坦ではなく，多くの曲折を経ねばならなかったのである．すでに1930年Oppenheimerは，Heisenberg-Pauliの論文にもとづき，電子の自己エネルギーが無限大にならざるを得ないという事態をいち早く指摘している．

1930年代の場の量子論は，電子場と電磁場からなる系以外にもFermiの β 崩壊の理論(1934)や湯川中間子論(1935)といった現実的な問題において，粒子の生成・消滅を論ずる上で大きな威力を発揮した．しかし摂動論によって高次補正の効果を計算すると，自己エネルギー以外にもさまざまな発散積分が現われることが分かり，いきおいこの深刻な問題の解決に多くのエネルギーが，これ以後，割かれることになった．

よく知られているように，これに対する最初の最も大きな成果は，戦後まもなく朝永，Schwinger, Feynman, Dysonらによるくり込み理論の展開によってもたらされた．これは発散量を一定の手続きにしたがって計算過程の中で分離し，これを質量や相互作用定数にくり入れたのち有限値でおきかえるという処方であって，量子電磁力学つまり電子と電磁場からなる系の相対論的場の量子論に適用され，当時の実験結果を説明する上で著しい成功を収めることができた．そればかりでなく，その後実験値の精度が高まるにつれ，これに応じて遂行されたくり込み理論にもとづく高次の摂動計算は実験値との驚異的な一致を示しており，量子電磁力学におけるくり込みの処方の決定的な有効性を語っている．くり込みの考えは，のちに「くり込み群」という新しい概念を生み出し，摂動の高次効果をとり入れたアプローチを展開するに至っている．

くり込み理論は大きな成功をおさめたものの無限大を有限量で置きかえるという人為的操作を必要とするために，理論そのものの結果として無限大が消滅したことにはなっていない．それに自然界にはくり込み理論の適用できない相互作用が存在すると思われたので，ともかく理論を根本的に改変して発散を一切含まぬようにしようという試みが，1950 年前後にいろいろ企てられた．それらは，非局所場，非局所作用，非局所相互作用，非線形という，既成の理論形式を部分的に否定したいわゆる「非」のつく理論であるが，さまざまな検討の結果分かったことは，相対論的不変性や因果律を満足し，かつ物理的な状態のノルムが正であるような条件のもとでは，発散をなくすることは不可能らしいということであった．要するに，発散の除去に関してはどの理論も刀折れ矢尽きたのである．しかし，通常の局所場の理論に対する不信感は 1960 年代に入っても続き，10^{-14} cm 以下の微小な時空間の領域では早晩場の量子論の記述は改変されるであろうという期待が，ことにわが国では強かった．

もちろんこの間，理論が全く停滞していたわけでない．場の理論のデリケートな構造には触れずに，観測量の間の関係式を導いたり，あるいは暫定的に発散を処理するなどして，場の理論は広く活用されさまざまな成果を収めている．しかし，場の理論の新しい発展の契機は 1960 年前後に上記の流れとは別の所から起こってきた．

1つは，戦後つぎつぎに発見された一群の素粒子を整理し理解する上で提案された坂田模型を機に，量子力学では扱われたことがなかった新しいタイプの対称性の概念が場の理論に導入されたこと，もう1つは超伝導理論とのアナロジーから，従来考えられてきたものとは全く異質の真空の可能性が指摘され，それが現実性をもってきたことである．とくに後者は「対称性の自発的破れ」という現象と直接のかかわりをもつ．他方，1950年代の前半から一部の人々によって議論されてきた「ゲージ場」という考えが，上記の2つの新しい流れの中に融合して，1970年代から場の量子論はしだいに面目を一新し，豊富な内容がつぎつぎに発掘されて現在に至っている．

注目すべきは，これらの発展は発散の問題に対して根本的な解決を与えていないことである．そうして，以前あれほど不信感をもたれた局所場の理論は，ゲージ理論の登場を媒介として蘇り，発散の問題の解決という長年の懸念は，ずっとさきの方に押しやられてしまった感がある．この問題が一筋縄ではいかぬ難問であることは事実であろうが，その解決をまたなくとも，その前に局所場の量子論は豊かで興味ある内容をわれわれに提供し，かけがえのない有効性を示してきている．恐らくこの傾向は当分は続くであろう．

Heisenberg-Pauliの論文以来，場の量子論の歴史は60年を越す．この間，浮沈曲折はあったにしても，この理論は素粒子論ばかりでなく物性論その他の分野にも幅広く用いられ，物理学における最も基本的な理論の1つとして成長するとともに，膨大な蓄積を残してきた．またこれに関する著書も数多く出版されている．しかし，現代の発展までを含めこれを1つの著書に収めようとすれば，かなりの無理が伴わざるを得ない．本講座では最新の話題をも含むものとして，『ゲージ場の理論』，『くりこみ群の方法』，『量子場の数理』が企画された．しかし，これら専門性の高いものに加えて，より一般的でしかも現代的発展を視野に入れたいわば「場の量子論序説」ともいうべきものが講座としては必要と思われる．実は，これまで多くの教科書においてこの部分はしばしば不当に扱われてきた．実際，場の理論の実用性を重視すれば計算技術の解説にかなりのページが割かれることとなり，結局は圧縮可能なこの土台の部分を手短に切り上げざるを得なくなる．しかし，それでは型にはまった機械的な計算はできても，この理論に対する理解が表面的なものに留まり限定される恐れがあろう．Diracの『量子力学』の教科書では，計算そのものよりも理論の骨組みの解説に多くのエネルギーが用いられているが，場の量子論においても，これが既成の理論の単なる延長でない以上，やはりこの種の作業は必要なはずである．

このような意図のもとに本書は執筆された．そのために，場の量子論の土台となることがらを，一定の順序にしたがって掘り下げ，ゆとりをもって自由な考察を行なうことにした．例えば，場の量子化とは何か，それはいかなる条件のもとでどのような可能性をもつか，また場の理論での対称性はどのように理解され扱われるべきか等々，場の量子論を学ぶからには一度は誰でも自分なりに整理し理解しておくべき話題であるが，ここではそれを時間をかけて丁寧に眺めようというわけである．その意味では本書はたしかに場の量子論序説には違いないが，しかし，だからといって決して安易な読みものではない．場の自由度が無限に大きいという事実と相俟って，理論に独特の奥行きがつくられているからである．できればあまり急がずに，場の理論の計算技術だけではない面を本書を通じて読みとっていただければと思っている．

もとより，筆者の力の至らなさから種々の不備はあろうと思う．それらについては読者のお宥しを乞うとともに，識者からの御教示を希う次第である．

最後に，本書の刊行にあたっては岩波書店編集部の方には一方ならぬお世話になった．厚く感謝する次第である．

1994年4月

大貫義郎

目次

1 波動のなかの粒子像

1-1 はじめに

通常の量子力学では，系をつくっているそれぞれの粒子の個数は時間が経っても一定であることが前提とされていた．例えば，原子の中の電子の振舞いを議論するときには，電子の個数はある与えられたものとして扱われる．しかし，ミクロな世界をもうすこし広く眺めてみると，このような個数一定の前提は必ずしもみたされていないことが分かる．手近な例としては，よく知られたβ崩壊がそうで，これは中性子(n)が時間の経過とともに陽子(p)，電子(e)，それにニュートリノ(正確には反電子ニュートリノ，$\tilde{\nu}_e$)に変化することによってひき起こされる現象である．それを

$$\mathrm{n} \to \mathrm{p}+\mathrm{e}+\tilde{\nu}_{\mathrm{e}} \tag{1.1}$$

とかくとき，ここでは関与するそれぞれの粒子の個数は明らかに一定ではない．nが消滅し，そうしてp, e, $\tilde{\nu}_e$が発生している．あるいは原子内の電子が光子(γ)の放出・吸収を行なう現象

$$\mathrm{e} \rightleftarrows \mathrm{e}+\gamma \tag{1.2}$$

では電子の数は変わらないが，光子の数は増減している．

このようにもう1歩踏み込んで微視的な世界の振舞いを議論するためには，さまざまな粒子のさまざまな個数の状態をまとめて扱い，またそれらの間に起こるであろう遷移の現象を記述できるような理論を必要とする．場の量子論は，これに応えるための最も適切なしかも恐らくは唯一の理論形式であるとみなされている．

場は，各時刻，空間の各場所で定義されたいわば時空点 x の関数* として表わされる量で，ときには波動となって空間を伝搬してエネルギーを運ぶ働きをする．電磁場はその代表的な1例であるが，自然界にはこれ以外にもさまざまな種類の場が存在すると考えられている．それらはいずれ具体的に述べることになるが，場の量子論ではこのような場が，古典的な量としてではなく，量子論的な量つまり1種の演算子として扱われることになる．それがどのような性質のものでなければならないかは，あとの議論になるが，しかしこれによってさきに述べた粒子の生成・消滅の記述が保証されることになるのである．

場の量子論のもう1つの大きな特徴は，これが無限自由度の系の量子論だということである．通常の量子力学はいわば質点系の量子論であって，その自由度ははじめから有限であるが，これに対して場は空間的に広がった1種の連続体とみなすことができるので，このような連続体の系の自由度はもとより無限大，すなわち，これに対する量子論的記述は無限自由度の量子論でなければならない．この無限の自由度についてはあとでくわしく議論することになるが，単に有限自由度の自由度数を十分大きくした極限ではないのである．この問題はじつは，場の演算子の表現ということと関連しており，通常の量子力学では全くみられなかった新しい質をそのダイナミックスにもたらすことになってくる．そうしてこのような事情が場の量子論の内容を著しく豊富なものにしており，大きな威力と多様な可能性をこの理論に与えているといえる．その全貌は現在でも汲みつくされているとはいえず，今後の新しい発展が多くの面で期待

---

* 時空間において空間座標 $\boldsymbol{x}$，時刻 t の点を，しばしば x と略記する．

されている．

しかし順序として以下ではまず，粒子の生成と消滅はどのように記述されるべきかの簡単な例から話をはじめよう．

なお，とくに断わりがない限り，光速 c および Planck 定数を 2π が割った $\hbar$ を 1 とする，いわゆる自然単位系

$$c = \hbar = 1$$

を用いることにする．

1-2 調和振動子の量子論

質量 m の質点（その位置座標を q とする）がバネ定数 $\lambda\,(>0)$ の力を受けて振動するときの運動方程式は，

$$m\ddot{q} = -\lambda q \tag{1.3}$$

すなわち振動数が

$$\omega = \sqrt{\frac{\lambda}{m}} \tag{1.4}$$

の調和振動子の方程式によって与えられる．正準変数 q, p を用いてこれをかけば

$$m\dot{q} = p, \qquad \dot{p} = -\lambda q \tag{1.5}$$

そして系のハミルトニアンは

$$H = \frac{1}{2}\left(\frac{p^2}{m} + \lambda q^2\right) \tag{1.6}$$

となり，とくに量子力学では q, p は Hermite 演算子とみなされて，その間には正準交換関係

$$[q, p] = i \tag{1.7}$$

が課せられる．よく知られているように，このとき H の固有値は $E_n = \omega(n+1/2)$ $(n=0, 1, 2, \cdots)$ である．

この結果は，n 番目のエネルギー準位の状態は $n=0$ の最低準位に n 個の ω

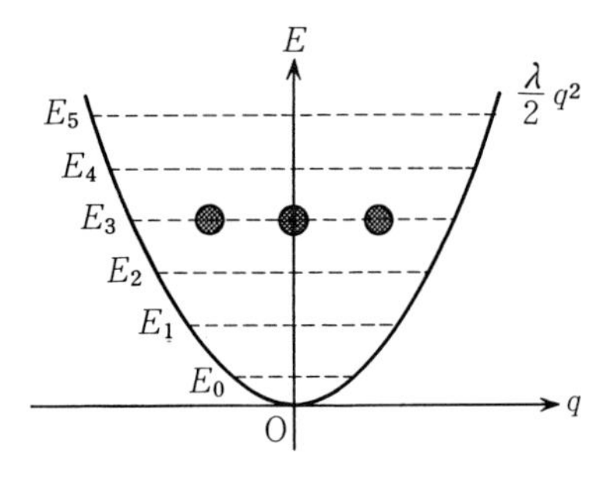

図 1-1　$n=3$ の場合．E_3 のエネルギー準位に，値 ω の 3 個のエネルギーのかたまりが存在する．

を単位とするエネルギーのかたまりが付加した状態とみなし得ることを暗示する(図 1-1)．このようなエネルギーの「かたまり」を，われわれはエネルギー量子とよぶことにする．それを具体的にみるために，正準変換

$$Q = \sqrt{\omega m}\,q, \qquad P = \frac{1}{\sqrt{\omega m}}p \tag{1.8}$$

を介して，つぎのような演算子 $a, a^\dagger$ を導入しよう．ここで $\dagger$ 記号は Hermite 共役を示す．

$$a = \frac{1}{\sqrt{2}}(Q+iP), \qquad a^\dagger = \frac{1}{\sqrt{2}}(Q-iP) \tag{1.9}$$

このとき(1.5)～(1.7)式は，同等なものとしてそれぞれ下のようにかきかえられる．

$$\dot{a} = -i\omega a, \qquad \dot{a}^\dagger = i\omega a^\dagger \tag*{(1.5)$'$}$$

$$H = \omega\mathcal{N}, \qquad \mathcal{N} \equiv \frac{1}{2}\{a^\dagger, a\} \tag*{(1.6)$'$}$$

$$[a, a^\dagger] = 1 \tag*{(1.7)$'$}$$

ただし $\{A, B\} \equiv AB+BA$．(1.6)$'$, (1.7)$'$ によれば

$$[\mathcal{N}, a] = -a, \qquad [\mathcal{N}, a^\dagger] = a^\dagger \tag{1.10}$$

あるいはこれと同じことであるが

$$[H, a] = -\omega a, \qquad [H, a^\dagger] = \omega a^\dagger \tag{1.11}$$

が導かれる．ここで固有値が E であるような H の固有状態を $|E\rangle$ とかこう．すなわち $H|E\rangle = E|E\rangle$ とすると，(1.11)の第 1 式からただちに

$$Ha|E\rangle = (E-\omega)a|E\rangle \tag{1.12}$$

それゆえ，$a|E\rangle \neq 0$ であれば $E-\omega$ もまた H の固有値である．同様にしてつぎつぎに a を r 回 $|E\rangle$ に作用させると

$$Ha^r|E\rangle = (E-r\omega)a^r|E\rangle$$

となるので，$a^r|E\rangle \neq 0$ であるような r に対しては，$E-r\omega$ は H の固有値となる．しかし(1.6)からわかるように，任意の状態における H の期待値はつねに正であって，その固有値が負になることはあり得ないから，上の議論で，r をいかほどでも大きくすることは許されない．$a^{r'}|E\rangle \neq 0$ かつ $a^{r'+1}|E\rangle = 0$ となるような r' が必ず存在する．そこで $a^{r'}|E\rangle$ を規格化して $|E_0\rangle$ とかくことにしよう．すなわち

$$a|E_0\rangle = 0, \quad \langle E_0|E_0\rangle = 1 \tag{1.13}$$

E_0 は H の最低固有値であって，上式および(1.6)′,(1.7)′から，いわゆるゼロ点エネルギー $E_0=\omega/2$ を得る．

他方，(1.11)の第2式からは

$$Ha^\dagger|E\rangle = (E+\omega)a^\dagger|E\rangle \tag{1.14}$$

また

$$\|a^\dagger|E\rangle\|^2 = \langle E|aa^\dagger|E\rangle = 1+\langle E|aa^\dagger|E\rangle \geqq 1 \tag{1.15}$$

である*から，$a^\dagger|E\rangle \neq 0$，よって $E+\omega$ は H の固有値，ゆえに $a^{\dagger n}|E_0\rangle$ は任意の $n=0,1,2,\cdots$ に対して H の固有状態である．それを規格化したものを $|E_n\rangle$ とかけば

$$H|E_n\rangle = E_n|E_n\rangle, \quad E_n = \left(n+\frac{1}{2}\right)\omega \tag{1.16}$$

となり，$|E_n\rangle$ の位相因子を適当に選ぶことによって

$$a|E_n\rangle = \sqrt{n}\,|E_n\rangle, \quad a^\dagger|E_n\rangle = \sqrt{n+1}\,|E_n\rangle \tag{1.17}$$

が容易に導かれる．

以上は，量子力学における調和振動子の振舞いを $a, a^\dagger$ を用いて論じたに過

* $\||A\rangle\| \equiv \sqrt{\langle A|A\rangle}$．これを $|A\rangle$ のノルムとよぶことにする．

ぎないが，このような形式にみられる重要な点は，(1.12),(1.14)から分かるようにエネルギー量子の消滅と生成が，a と $a^\dagger$ のそれぞれを状態ベクトルに作用させることによって実現されていることである．いいかえれば，$a, a^\dagger$ を媒介とすることによって調和振動子の運動のなかに，生成・消滅を可能とするような個数の描像を導くことができた．

しかし，このような個数概念を得るためには，正準交換関係(1.7)またはこれと同等な(1.7)′の存在は必ずしも本質的ではないことに注意しなければならない．これまでの議論の道筋からも明らかなように，エネルギー量子の個数変化は，系のハミルトニアンを

$$H = \omega\mathcal{N} \tag{1.18}$$

とかいたとき，(1.11)またはこれと同等な(1.10)が成立していることと，$\mathcal{N}$ を $a, a^\dagger$ の関数としたときに，そのような $\mathcal{N}$ の固有値に下限があって，これに対応する固有状態がただ1つ存在していれば十分である．そのような非縮退の最低固有状態を，以下では $|0\rangle$ とかくことにしよう．すなわち

$$a|0\rangle = 0 \quad \text{かつ} \quad aa^\dagger|0\rangle \propto |0\rangle \tag{1.19}$$

である．もちろん上記の性質をみたすような演算子 $a, a^\dagger$ を規定する関係式が，それらの間に矛盾のない形で設定されている必要がある．それに，ハミルトニアン H がエネルギーを与えるということから，それが Hermite な時間推進の演算子で

$$i\dot{a} = [a, H] \tag{1.20)*$$

をみたすべきことが仮定される．これと(1.11)とを組み合わせるならば，系の運動は調和振動子すなわち(1.5)′と同等であることが分かる．それゆえ，量子化とはエネルギー量子の概念を演算子を用いて与えることであると定義するならば，上述の $a, a^\dagger$ 間の関係式(それが存在するとして)によって，それは記述されることになる．もちろん正準量子化(1.7)′はその1例ではあるが，われわれはこのような一般的な視点から量子化のこれ以外の可能性についても考えて

* (1.20)は Schrödinger 描像では，任意の状態ベクトルのノルムが，H を時間推進の演算子として，時間的に保存することと同等である．

みようと思う．

(1.5)′によれば，$a, a^\dagger$ の時間依存性は

$$a(t) = e^{-i\omega t}a(0), \quad a^\dagger(t) = e^{i\omega t}a(0)$$

である．それゆえ，H が陽に時間を含まないとすれば，(1.18)の $\mathcal{N}$ は保存量となり，一般にこれは $aa^\dagger$, $a^\dagger a$ の関数でなければならないことになる．

その最も簡単な場合，すなわち $a, a^\dagger$ からなる2次式の保存量としては，$\{a^\dagger, a\}$ と $[a^\dagger, a]$ の2つが考えられる．いま a のスケールを適当にとって，これに1/2をかけたものを $\mathcal{N}$ としてみよう．このときは，(1.10)はつぎの2つの場合(I)，(II)に分けられる．

$$\text{(I)} \quad [\{a^\dagger, a\}, a] = -2a, \quad [\{a^\dagger, a\}, a^\dagger] = 2a^\dagger \tag{1.21a}$$

$$\text{(II)} \quad [[a^\dagger, a], a] = -2a, \quad [[a^\dagger, a], a^\dagger] = 2a^\dagger \tag{1.21b}$$

簡単に分かることは，正準交換関係から導かれた

$$[a, a^\dagger] = 1 \tag{1.22a}$$

は(1.21a)を満足し，また(1.21b)は

$$\{a^\dagger, a\} = 1, \quad a^2 = 0 \tag{1.22b}$$

を特殊解としてもっている*．(1.22a)はすでに述べたが，(1.22b)では $\mathcal{N} = a^\dagger a - 1/2$ となるので，H の固有値は $-\omega/2$ より小さくなることはなく，その最低固有状態 $|0\rangle$ が(1.19)を満足していることは容易に分かる．とくにこの場合は，$a^{\dagger 2}=0$ となるために，H の可能な固有状態は $|0\rangle$, $a^\dagger|0\rangle$ のみでエネルギー量子が2個以上存在することは許されず，何個でもそれが存在し得た(1.22a)の場合と著しい対照をなす．

$H=\omega\{a^\dagger, a\}/2$ かつ(1.22a)で記述される振動子を **Bose 振動子**(Bose oscillator)，また $H=\omega[a^\dagger, a]/2$ かつ(1.22b)で記述されるそれを **Fermi 振動子**(Fermi oscillator)という．後者の場合も $a, a^\dagger$ から(1.9)，(1.8)を用いて q, p を定義することができるが，このときには $\{q, p\}=0$，$q^2=\omega/2$，$p^2=1/(2\omega)$ となって，q に位置，p に運動量という解釈を与えることはできない．これがで

---

* (1.21b)のもとでは，$\{a^\dagger, a\}=1$ と $a^2=0$ は独立でなく，一方から他方が導かれる．その証明は難しくないので読者にまかせよう．

きるのはBose振動子のときだけである．

このようにして，エネルギー量子という概念を調和振動子のなかに見出すことができたが，これは出発点となった古典的な振動運動とはほど遠いものである．しかし通常の量子力学の枠内にあるBose振動子の場合だけは，少なくとも古典的単振動との対応は存在しているはずである．

それをみるために，変数Q,Pを用いると，Heisenberg描像でのこれらの時間依存性は，(1.5)′,(1.9)から

$$\begin{aligned} Q(t) &= Q(0)\cos\omega t+P(0)\sin\omega t \\ P(t) &= -Q(0)\sin\omega t+P(0)\cos\omega t \end{aligned} \tag{1.23}$$

となる．したがって，与えられた量子論的状態に対応する古典力学での相空間における軌道は，Ehrenfestの定理により，その状態による$Q(t),P(t)$の期待値$\bar{Q}(t)=\langle Q(t)\rangle$，$\bar{P}(t)=\langle P(t)\rangle$によって与えられる．すなわち

$$\begin{aligned} \bar{Q}(t) &= \bar{Q}\cos\omega t+\bar{P}\sin\omega t \\ \bar{P}(t) &= -\bar{Q}\sin\omega t+\bar{P}\cos\omega t \end{aligned} \tag{1.24}$$

ここで，$\bar{Q}=\langle Q(0)\rangle$，$\bar{P}=\langle P(0)\rangle$である．Fermi振動子の場合は，初期値$\bar{Q}$，$\bar{P}$はある範囲に限定されるが，Bose振動子では量子論的状態に応じて任意の値をとることができ，図1-2のような円軌道をえがく．

量子論での$Q(t)$，$P(t)$の観測値はこの古典軌道の周りにゆらいでおり，ゆ

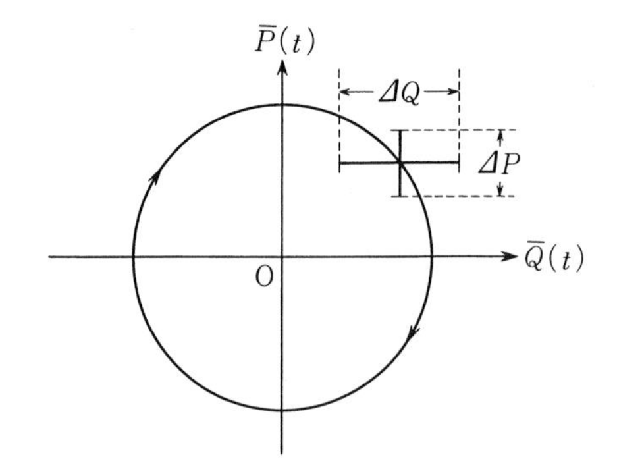

図1-2　$\bar{Q}(t),\bar{P}(t)$の軌道．

らぎ ΔQ, ΔP は，Q, P が正準変数であることから不確定性関係 $\Delta Q \Delta P \geqq 1/2$ に従う．それゆえ，古典的振動運動にもっとも近い量子論的な状態は，不確定性積 $\Delta Q \Delta P$ を最小にし，かつ軌道が円であることから，ゆらぎは Q, P に関して対称，つまり $\Delta Q = \Delta P$ ならしめるものでなければならない．この状態ベクトルを求める作業は量子力学の演習として読者に委ねるが，答だけを記すならば，η を

$$\eta \equiv \frac{1}{\sqrt{2}}(\bar{Q} + i\bar{P}) \tag{1.25}$$

なる複素数とするとき，求める規格化された状態ベクトルは

$$|\eta\rangle = \exp[-|\eta|^2/2 + \eta a^\dagger(0)]|0\rangle \tag{1.26}$$

で与えられる．これは**コヒーレント状態**(coherent state)とよばれ，

$$a(0)|\eta\rangle = \eta|\eta\rangle \tag{1.27}$$

を満足している．(1.26)からみられるように，コヒーレント状態はエネルギー量子のさまざまな個数の状態が干渉しており，個数描像とは隔たったものになっている．

話がやや脇道にそれたが，もとのエネルギー量子の議論にもどることにしよう．

(1.22a)や(1.22b)で定義される $a, a^\dagger$ のほかにも，じつは(1.19)とともに(1.21a)または(1.21b)をみたすような $a, a^\dagger$ が無数に存在することが知られている．そしてこのような $a, a^\dagger$ で記述される系は，前者の場合は一般に **Bose 的振動子**(Bose-like oscillator)，後者の場合は **Fermi 的振動子**(Fermi-like oscillator)とよばれて，あとで述べるように，自由度が無限大のときには，**パラ統計**(parastatistics)という特殊な統計に従う粒子と関連する．

さらに，$\mathcal{N} = -[a^\dagger, a]/2$ のときや，もっと一般に $\mathcal{N}$ が $\{a^\dagger, a\}$ と $[a^\dagger, a]$ の1次結合の場合，あるいは $\mathcal{N}$ が $a^\dagger, a$ の4次以上の場合など，エネルギー量子描像を与える多くの可能性の存在が予想されるが，これらを相対論的な場の量子論のような系へ拡張して用いることは不可能であることが分かっている．

1-3 Bose 統計と Fermi 統計

これまで1個の単振動の系を考察してきたが，ここでは独立に振動する多数の振動子の系を考えよう．それらを演算子 a_j, $a_j^\dagger$ $(j=1,2,\cdots)$ で記すことにすれば，運動方程式は

$$\dot{a}_j = -i\omega_j a_j, \qquad \dot{a}_j^\dagger = i\omega_j a_j^\dagger \qquad (\omega_j>0) \tag{1.28}$$

そうして，各振動子のハミルトニアンを

$$H_j = \omega_j \mathcal{N}_j \tag{1.29}$$

とかくとき，$\mathcal{N}_j$ は a_j, $a_j^\dagger$ の関数であって，系の全ハミルトニアンは

$$H = \sum_j H_j \tag{1.30}$$

で与えられる．そうして各振動子が独立であることから，(1.10)の一般化としては

$$[\mathcal{N}_j, a_k] = -\delta_{jk} a_k, \qquad [\mathcal{N}_j, a_k^\dagger] = \delta_{jk} a_k^\dagger \tag{1.31}$$

を用いてよい．つまり，$j=k$ のときは(1.10)そのものであり，$j \neq k$ のときには，ω_k のエネルギー量子の生成・消滅は ω_j のエネルギー量子の個数に影響を与えないということである．さらに(1.19)に対応してハミルトニアンの最低固有状態 $|0\rangle$ は

$$a_k|0\rangle = 0, \qquad a_k a_k^\dagger|0\rangle = c_k|0\rangle \tag{1.32}$$

をみたすものとする．ここで，上の第2式の c_k は定数．

以上がわれわれの前提であるが，これだけでは，a_j, $a_j^\dagger$ を規定するための関係式を導くには不十分である．例えば(1.21a)にならって $\mathcal{N}_j=\{a_j^\dagger, a_j\}/2$ としたときに，a_j, a_k, $a_l^\dagger$ の間の関係や，a_j, a_k, $a_l, \cdots$ という † のつかない演算子間の関係を議論することができない．そこで(1.31)，(1.32)に加えて，つぎのことを要請しよう．

「a_j にユニタリー変換をほどこして

$$a'_i = \sum_i u_{ij} a_j \tag{1.33}$$

とする．ここで u は任意のユニタリー行列，すなわち

$$\sum_j u_{ij} u^*_{kj} = \delta_{ik}, \qquad \sum_i u^*_{ij} u_{ik} = \delta_{jk} \tag{1.34}$$

このとき，a'_i, $a'^{\dagger}_k$ の従う基本関係式はダッシュのつかない a_i, $a^{\dagger}_k$ の従う(1.31)，(1.32)と同形である．」

われわれは，この要請を **表示独立性**(representation independence)とよぶことにする．これは粒子の統計性とは何かという問題と深くかかわっており，場の量子化の議論のなかでこれのもつ物理的な内容が考察されるであろう．

話を具体化するために前節の(I)，(II)の一般化として，(I) $\mathcal{N}_k = \{a^{\dagger}_k, a_k\}/2$ と(II) $\mathcal{N}_k = [a^{\dagger}_k, a_k]/2$ の 2 つの場合を考えよう．表示独立性によれば，(1.32)と同時にこれと同形の

$$a'_l|0\rangle = 0, \qquad a'_l a'^{\dagger}_l|0\rangle = c_l|0\rangle \tag{1.32$'$}$$

が成立しなければならない．また(1.31)から

$$[[a^{\dagger}_i, a_i]_{\pm}, a_k] = -2\delta_{ik} a_i, \qquad [[a^{\dagger}_i, a_i]_{\pm}, a^{\dagger}_k] = 2\delta_{ik} a^{\dagger}_i \tag{1.35}$$

$$[[a'^{\dagger}_l, a'_l]_{\pm}, a'_m] = -2\delta_{lm} a'_l, \qquad [[a'^{\dagger}_l, a'_l]_{\pm}, a'^{\dagger}_m] = 2\delta_{lm} a'^{\dagger}_l \tag{1.35$'$}$$

が成り立つ．ここで

$$[A, B]_{\pm} = AB \pm BA \tag{1.36}$$

であって，上，下の符号(±)はそれぞれ上が(I)，下が(II)の場合に対応する．また(1.35)，(1.35)′の第 1 式の Hermite 共役がそれぞれの第 2 式であるから，以下では前者のみを議論すれば十分である．

(1.32)′の第 1 式は(1.33)から当然であるが，ユニタリー変換の扱いに慣れた人は，(1.32)，(1.32)′それぞれの第 2 式からただちに，p を定数として

$$a_j a^{\dagger}_k|0\rangle = p\delta_{jk}|0\rangle \tag{1.37}$$

が成り立つことを結論するであろう．しかし以下では，やや回りくどいが，初等的な方法で話を進めることにする．

(1.37)を導くためにユニタリー行列 u としてその i 行 j 列の要素が次式で与えられるような行列 $u^{(lk)}$ を導入する.

$$[u^{(lk)}]_{ij} = \delta_{ij}(1-\delta_{li}-\delta_{ki})+\delta_{li}\delta_{kj}+\delta_{ki}\delta_{lj} \tag{1.38}$$

よって

$$a'_i = \sum_j [u^{(lk)}]_{ij}a_j = a_i(1-\delta_{li}-\delta_{ki})+\delta_{li}a_k+\delta_{ki}a_l \tag{1.39}$$

ここで, $i=l\neq k$ とおくと $a'_l=a_k$ $(l\neq k)$, ゆえに(1.32), (1.32)′それぞれの第2式から $c_l=c_k$ $(l\neq k)$, したがって

$$a'_l a'^{\dagger}_l|0\rangle = a_k a^{\dagger}_k|0\rangle = p|0\rangle \tag{1.40}$$

とかくことができる. さらに, ϵ を複素数の無限小パラメーターとする無限小ユニタリー変換

$$[v^{(ls)}]_{ij} = \delta_{ij}+\epsilon\delta_{li}\delta_{sj}-\epsilon^*\delta_{si}\delta_{lj} \tag{1.41}$$

を用いると

$$a'_i = \sum_j [v^{(ls)}]_{ij}a_j = a_i+\epsilon\delta_{li}a_s-\epsilon^*\delta_{si}a_l \tag{1.42}$$

ここで, $i=l\neq s$ とおくと $a'_l=a_l+\epsilon a_s$ $(l\neq s)$, したがって

$$a'_l a'^{\dagger}_l = a_l a^{\dagger}_l+\epsilon a_s a^{\dagger}_l+\epsilon^* a_l a^{\dagger}_s \qquad (l\neq s) \tag{1.43}$$

を得る. ここでは ϵ は勝手な無限小パラメーターであるから, (1.40)により(1.37)が導かれる.

他方

$$[a'^{\dagger}_l, a'_l]_{\pm} = [a^{\dagger}_l, a_l]_{\pm}+\epsilon[a^{\dagger}_l, a_s]_{\pm}+\epsilon^*[a^{\dagger}_s, a_l]_{\pm} \qquad (l\neq s) \tag{1.44}$$

および(1.42)で $i=m$ とおいた

$$a'_m = a_m+\epsilon\delta_{lm}a_s-\epsilon^*\delta_{sm}a_l \tag{1.45}$$

を(1.35)′の第1式に用いると

$$\begin{aligned}&[[a^{\dagger}_l, a_l]_{\pm}, a_m]+\epsilon([[a^{\dagger}_l, a_s]_{\pm}, a_m]+\delta_{lm}[[a^{\dagger}_l, a_l]_{\pm}, a_s])\\ &+\epsilon^*([[a^{\dagger}_s, a_l]_{\pm}, a_m]-\delta_{sm}[[a^{\dagger}_l, a_l]_{\pm}, a_l])\\ &= -2\delta_{lm}(a_l+\epsilon a_s) \qquad (l\neq s)\end{aligned} \tag{1.46}$$

よって(1.35)の第1式をここで用いれば

$$\epsilon([[a_l^\dagger, a_s]_\pm, a_m]+2\delta_{lm}a_s)+\epsilon^*([[a_s^\dagger, a_l]_\pm, a_m]+2\delta_{sm}a_l) = 0 \qquad (l \neq s) \tag{1.47}$$

となり，ϵ の任意性から $[[a_l^\dagger, a_s]_\pm, a_m]=-2\delta_{lm}a_s$ $(l\neq s)$ が導かれる．これと(1.35)の第1式を一緒にして，結局

$$[[a_i^\dagger, a_j]_\pm, a_k] = -2\delta_{ik}a_j \tag{1.48}$$

を得る．われわれは特別の形のユニタリー変換を用いて(1.37),(1.48)を導いたが，これらが一般のユニタリー変換に対して表示独立性を満足していることは明らかであろう．

(1.48)の Hermite 共役をとった式から

$$a_i a_j^\dagger a_k^\dagger = a_k^\dagger a_i a_j^\dagger \pm a_k^\dagger a_j^\dagger a_i \mp a_j^\dagger a_i a_k^\dagger \pm 2\delta_{ik}a_j^\dagger \tag{1.49}$$

が得られるが，これと $a_j|0\rangle=0$ および(1.37)を用いると，a_j, $a_k^\dagger$ 等を $|0\rangle$ に勝手にかけてつくった状態ベクトルにおいて，消滅演算子 a_j をすべて消去することができる．いいかえれば，任意の状態ベクトルは $|0\rangle$ に生成演算子のみをかけてつくった状態の重ね合わせによってつねに表わされる．

また，恒等式 $[[A,B]_\pm, C]=\mp[[A,C]_\pm, B]-[[B,C]_\pm, A]$ において $A=a_i$, $B=a_j$, $C=a_k^\dagger$ とし，右辺に(1.48)を用いると

$$[[a_i, a_j]_\pm, a_k^\dagger] = 2(\delta_{jk}a_i \pm \delta_{ik}a_j) \tag{1.50}$$

を得る．さらに，恒等式 $[[A,B],C]_\pm=-[[B,C]_\pm, A]\mp[[A,C],B]_\pm$ で $A=[a_i,a_j]_\pm$, $B=a_k$, $C=a_l^\dagger$ とおくと

$$\begin{aligned}&[[[a_i,a_j]_\pm, a_k], a_l^\dagger]_\pm \\ &\quad = -[[a_k, a_l^\dagger]_\pm, [a_i,a_j]_\pm]\mp[[[a_i,a_j]_\pm, a_l^\dagger], a_k]_\pm\end{aligned} \tag{1.51}$$

となるが，右辺第1項は，さらに変形されて

$$\begin{aligned}&-[[a_k, a_l^\dagger]_\pm, [a_i, a_j]_\pm] \\ &\quad = -[[[a_k, a_l^\dagger]_\pm, a_i], a_j]_\pm - [a_i, [[a_k, a_l^\dagger]_\pm, a_j]]_\pm \\ &\quad = \pm 2(\delta_{li}[a_k, a_j]_\pm + \delta_{lj}[a_i, a_k]_\pm)\end{aligned}$$

となる．ここで第2行目から3行目への変形には(1.48)を用いた．また(1.51)の右辺第2項は(1.50)を用いれば

$$\mp 2(\delta_{jl}[a_i, a_k]_\pm \pm \delta_{il}[a_j, a_k]_\pm)$$

となって，結局，右辺第1，第2項の和はゼロ，すなわち

$$[[[a_i, a_j]_\pm, a_k], a_l^\dagger]_\pm = 0 \tag{1.52}$$

が導かれる．ところで，さきに述べたように任意の状態ベクトル$|\ \rangle$は，基底状態$|0\rangle$に生成演算子だけを作用させたものの重ね合わせで表わせるので，(1.52)を用いるならば$[[a_i, a_j]_\pm, a_k]|\ \rangle=0$，そうして$|\ \rangle$が任意であることから

$$[[a_i, a_j]_\pm, a_k] = 0 \tag{1.53}$$

が成り立つことが分かる．

このようにして，$\mathcal{N}_k=[a_k^\dagger, a_k]_\pm/2$ の場合に(1.31)，(1.32)を出発点として，表示独立性の要請のもとにa_j，$a_j^\dagger$ のみたすべき関係式を求めてきた．それらをまとめると

$$[[a_i^\dagger, a_j]_\pm, a_k] = -2\delta_{ik}a_j, \qquad [[a_i^\dagger, a_j]_\pm, a_k^\dagger] = 2\delta_{jk}a_i^\dagger \tag{1.54}$$

$$\begin{aligned} [[a_i, a_j]_\pm, a_k^\dagger] &= 2(\delta_{jk}a_i \pm \delta_{ik}a_j) \\ [[a_i^\dagger, a_j^\dagger]_\pm, a_k] &= -2(\delta_{ik}a_j^\dagger \pm \delta_{jk}a_i^\dagger) \end{aligned} \tag{1.55}$$

$$[[a_i, a_j]_\pm, a_k] = 0, \qquad [[a_i^\dagger, a_j^\dagger]_\pm, a_k^\dagger] = 0 \tag{1.56}$$

そして基底ベクトルに対する条件として

$$a_j|0\rangle = 0, \qquad a_j a_k^\dagger|0\rangle = p\delta_{jk}|0\rangle \tag{1.57}$$

が要求される．

(1.54)，(1.55)，(1.56)それぞれの第2式は，第1式の Hermite 共役である．(1.57)のpは定数であるが，これは任意ではなくて，状態ベクトルのノルムが正であるという条件のもとで，自然数でなければならないことが導かれる．

$$p = 1, 2, 3, \cdots$$

そうして自然数値pが1つ与えられると，これに応じて(1.54)～(1.57)により，演算子a_j，$a_j^\dagger$が(ユニタリー同値なものを除いて)一意的に決定されることも証明される*．しかし話が長くなるので，ここではこれらの証明には立ち入らない．

---

* O. W. Greenberg and A. M. L. Messiah: Phys. Rev. **138B** (1965) 1156，または参考文献[3]の Part I 参照．

最も簡単な $p=1$ の場合，(1.54)～(1.57)は

$$[a_i, a_j^\dagger]_\mp = \delta_{ij}, \qquad [a_i, a_j]_\mp = 0 \tag{1.58}$$

によって満足されていることは容易に確かめられる．上符号の場合，系は **Bose 統計**(Bose statistics)に従うといい，また下符号の場合は **Fermi 統計**(Fermi statistics)に従うという．状態ベクトル $a_i^\dagger a_j^\dagger a_k^\dagger \cdots |0\rangle$ は，Bose 統計の場合には，添字 $i, j, k, \cdots$ の任意の入れかえに対して完全に対称，Fermi 統計の場合は完全に反対称であることが，(1.58)から直ちに了解される．

ついでに，$p \neq 1$ の場合について簡単にふれておく．上符号のときは，系はオーダー(order) p のパラ **Bose**(para-Bose)**統計**に，また下符号のときはオーダー p のパラ **Fermi**(para-Fermi)**統計**に従うという．これらは通常の Bose 統計，Fermi 統計の一般化である．例えばオーダー p のパラ Bose 統計では，前記の状態ベクトルにおける添字は何個でも対称にはなり得るが，反対称にはたかだか p 個までしかなり得ない．これに対して，オーダー p のパラ Fermi 統計では，反対称には何個でも可能であるが，対称にはたかだか p 個までという制限が存在することが示される．

パラ統計の理論は通常の Bose, Fermi 統計にくらべて複雑であるが，理論自身としては興味もあり，その基本的な構造はほぼ完全に解明されているといってよい(文献[3])．しかし本書ではそこまで立ち入る余裕はなく，またパラ統計に従う系の存在は現在のところ見出されていないので，以下では主として Bose, Fermi 統計を中心にして議論を進めることにする．

1-4 無限自由度と Fock の空間

場の量子論との結びつきを考えるためには，a_j の添字 j が無限個の値をとるような，いわば無限自由度の量子論的な系を考える必要があるが，そのまえに自由度有限の量子論的な系の特徴に簡単に触れておくことにする．ただし，この問題は数学的にきちんとやろうとすると，用語の厳密な定義からはじめて面倒な準備や議論をしなければならない．ここではそれを避けて，大まかに結果だ

けを述べるに留める．

まずBose統計の場合，(1.58)により自由度が有限のNのときは，生成・消滅演算子は

$$[a_j, a_k^\dagger] = \delta_{jk}, \quad [a_j, a_k] = 0 \qquad (j, k=1, 2, \cdots, N) \tag{1.59}$$

なる関係に従う．(1.9)に従ってHermiteなP_j, Q_jを

$$Q_j = \frac{1}{\sqrt{2}}(a_j+a_j^\dagger), \qquad P_j = \frac{1}{\sqrt{2}\,i}(a_j-a_j^\dagger) \tag{1.60}$$

で定義すれば，これらは正準交換関係

$$[Q_j, Q_k] = [P_j, P_k] = 0, \qquad [Q_j, P_k] = i\delta_{jk} \qquad (j, k=1, 2, \cdots, N) \tag{1.61}$$

をみたすので，a_j，$a_j^\dagger$の性質はQ_j, P_jのそれによって決定される．Q_j, P_jはもちろんHilbert空間上の演算子であるが，そこでのQ_j, P_jの演算子としての性質が本質的に異なるようなHilbert空間がもし何個か存在したとするならば，現象の記述に際してそのうちのどれを用いるべきかが問題となるであろう．ただし，見かけ上振舞いの異なる2つのQ_j, P_jのセットがあっても，その一方に適当なユニタリー演算子Uを作用させた$U^\dagger Q_j U$，$U^\dagger P_j U$の振舞いが，他方のQ_j，P_jの振舞いに完全に一致するならば，この2つのセットは同等(ユニタリー同値)とみなしてよい．したがって問題はユニタリー非同値のものが存在するかどうかであるが，これについては**von Neumannの一意性定理**が知られている．それによれば

「(1.61)をみたすHermiteなQ_j, P_jは，(ユニタリー同値なものを除いて)一意的である．」*

したがって，ユニタリー非同値なものは存在しない．通常の量子力学で，しばしば$P_j=-i\dfrac{d}{dQ_j}$という特殊な表現を用いても一般性を失わないのは，この定理による．

---

* この表現は数学的に厳密なものではないが，これには深入りしない．原論文はJ. von Neumann: Math. Ann. **104** (1931) 237．なお，岩波講座現代物理学の基礎[第2版]第4巻『量子力学II』(岩波書店，1978)第16章参照．

つぎに，有限自由度の Fermi 統計の場合，すなわち

$$\{a_j, a_k^\dagger\} = \delta_{jk}, \qquad \{a_j, a_k\} = 0 \qquad (j, k=1, 2, \cdots, N) \tag{1.62}$$

を考えてみよう．

$$\gamma_{2j-1} = a_j + a_j^\dagger, \qquad \gamma_{2j} = \frac{1}{i}(a_j - a_j^\dagger) \tag{1.63}$$

として，Hermite な $2N$ 個の γ_α $(\alpha=1, 2, \cdots, 2N)$ を用いるとき，(1.62)は次式と同等である．

$$\{\gamma_\alpha, \gamma_\beta\} = 2\delta_{\alpha\beta} \qquad (\alpha, \beta=1, 2, \cdots, 2N) \tag{1.64}$$

これは $2N$ 次の Clifford 代数とよばれ，「これを満足する Hermite でかつ既約な γ_α は，（ユニタリー同値なものを除いて）一意的で，2^N 行 2^N 列の行列で表わされる」ことが知られている*.

このようにして，Bose, Fermi 統計のいずれの場合も，自由度が有限である限り，a_j, $a_j^\dagger$ の振舞いにおいてユニタリー非同値なものは存在しない．

それでは自由度が無限大のときはどうであろうか．それをみるために最低固有状態 $|0\rangle$ に生成演算子 $a_j^\dagger$ を作用させてつくられる独立な状態ベクトルの集合について考えてみよう．

簡単のためにまず Fermi 統計の場合をとってみる．添字 j の全体に順序をつけ，$j_1, j_2, j_3, \cdots$ としよう．このとき上記の状態ベクトルは，r_k $(k=1, 2, \cdots)$ を 0 または 1 とすると

$$|r_1, r_2, r_3, \cdots\rangle \equiv [a_{j_1}^\dagger]^{r_1}[a_{j_2}^\dagger]^{r_2}[a_{j_3}^\dagger]^{r_3}\cdots|0\rangle \tag{1.65}$$

とかくことができる．ただし $[a_{j_k}^\dagger]^0\equiv 1$，$[a_{j_k}^\dagger]^1=a_{j_k}^\dagger$ である．このような状態ベクトルの数は，自然数の集合の濃度を $\aleph_0$ とかくと，$2^{\aleph_0}=\aleph_1$，つまり実数全体の数に等しくなる．あるいは，つぎのように考えてもよい．(1.65)に対応して小数 $0.r_1r_2r_3\cdots$ をつくると，これは 2 進法でかいた 0 と 1 の間の実数となる．逆に，このような実数には(1.65)のかたちの状態ベクトルが一意的に対応する．もとより，0 と 1 の間の実数の濃度は，実数全体の濃度と等しいから，結局，

* P. Jordan und E. P. Wigner: Z. Phys. 47 (1928) 631.

(1.65)の総数は実数全体の数に等しくなる．

Bose 統計の場合は，(1.65)において $r_k=0,1,2,3,\cdots$ であるから，このときの(1.65)の総数は $\aleph_0^{\aleph_0}$ となり，やはりこれは $\aleph_1$ であって実数の数になる．

このようにして(1.65)によって張られる空間の次元数は可算個よりも圧倒的に大きくなり，この空間は量子論的な記述の基礎となる Hilbert 空間(その次元数は可算個であることが前提)の枠をはるかに越えたものになる．あとで述べるように，ここには連続無限個のユニタリー非同値な Hilbert 空間が含まれているのである．このなかからわれわれの目的に必要な Hilbert 空間をとり出さなければならない．

それは $|0\rangle$ を出発点として構築される．まず $|0\rangle$ を基準にしてエネルギー量子の数が n 個，つまり $\sum_k r_k=n$ であるような規格化された状態ベクトルを一般に $|n\rangle$ と略記しよう．すなわち与えられた n に対して

$$
\begin{gathered}
|n\rangle = \sum_{r_1+r_2+\cdots=n} c(r_1, r_2, \cdots)\,|r_1, r_2, \cdots\rangle \\
\||n\rangle\| = 1
\end{gathered}
\tag{1.66}
$$

とする．第1式の右辺はもちろん有限項の和である．ここで複素数列 $\lambda_1, \lambda_2, \cdots$ に対して

$$
\lim_{N>M\to\infty} \left\| \sum_{n=M}^{N} \lambda_n |n\rangle \right\| = 0 \tag{1.67}
$$

が成り立つとしよう．このときわれわれは無限級数 $\sum_{n=0}^{\infty} \lambda_n |n\rangle$ を定義することができ，この完備化の手続きを経て，これらの全体は Hilbert 空間をつくることになる*．ここでは，n を大きくしていけば $|\lambda_n|$ はいくらでも小さくなるから，いわば無限大の n をもつ状態からの寄与は無視され，その意味ではこのようにして与えられた Hilbert 空間は有限個のエネルギー量子をもつ状態空間の，そのエネルギー量子の数を十分大きくした極限であると考えることができる．このようにして，$|0\rangle$ から構築された Hilbert 空間を，$|0\rangle$ を真空と

---

* 岩波講座現代物理学の基礎[第2版]第4巻『量子力学 II』(岩波書店，1978)第18章参照．

する**Fock 空間**(Fock space)とよぶ．$|0\rangle$を**真空**というのは，これが各エネルギー量子の数を与える演算子$\mathcal{N}_j=([a_j^\dagger, a_j]_\pm \mp 1)/2$の最低固有値を与えるからである．

ところで，それなら(1.65)で$\sum_k r_k=\infty$であるような状態はどのように考えたらよいのであろうか．まず例をあげよう．ふたたび簡単のためにFermi統計の場合を考えることにし，演算子α_{j_k}を次式で定義する．

$$\begin{aligned}\alpha_{j_{2k-1}} &= a_{j_{2k-1}}\cos\tau + a_{j_{2k}}^\dagger \sin\tau \\ \alpha_{j_{2k}} &= -a_{j_{2k-1}}^\dagger \sin\tau + a_{j_{2k}}\cos\tau\end{aligned} \qquad (k=1,2,\cdots) \qquad (1.68)$$

ここでτは実数である．これから直ちに

$$\{\alpha_{j_k}, \alpha_{j_{k'}}^\dagger\} = \delta_{j_k j_{k'}}, \qquad \{\alpha_{j_k}, \alpha_{j_{k'}}\} = 0 \qquad (1.69)$$

の成り立っているのを確かめることができる．ここでユニタリー演算子

$$U_k(\tau) = \exp[\tau(a_{j_{2k}}^\dagger a_{j_{2k-1}}^\dagger - a_{j_{2k-1}} a_{j_{2k}})] \qquad (1.70)$$

を用いると

$$\begin{aligned}U_{k'} a_{j_{2k-1}} U_{k'}^\dagger &= \begin{cases}\alpha_{j_{2k-1}} & (k=k') \\ a_{j_{2k-1}} & (k\neq k')\end{cases} \\ U_{k'} a_{j_{2k}} U_{k'}^\dagger &= \begin{cases}\alpha_{j_{2k}} & (k=k') \\ a_{j_{2k-1}} & (k\neq k')\end{cases}\end{aligned} \qquad (1.71)$$

なる関係を得る．

いまα_{j_k}による「真空」$|0\rangle_\tau$を

$$\alpha_{j_k}|0\rangle_\tau = 0 \qquad (k=1,2,\cdots) \qquad (1.72)$$

で定義しよう．もちろんこれを真空とみなし得るためには，量子の数を与える演算子はα_{j_k}でかかれた$\mathcal{N}'_{j_k}=([\alpha_{j_k}^\dagger, \alpha_{j_k}]+1)/2$でなければならない．以下このようなモデルで考えることにする．

議論を明確にするために，まず$k=1,2,\cdots,N$として，有限自由度の場合を考察しよう．

$$U^{(N)}(\tau) \equiv \prod_{k=1}^{N} U_k(\tau) \qquad (1.73)$$

とするとき，(1.71)，(1.72)から

$$|0\rangle_\tau = U^{(N)}(\tau)|0\rangle \tag{1.74}$$

となる．この右辺を評価することを試みよう．そのために

$$A_k \equiv a_{j_{2k-1}}a_{j_{2k}}, \qquad C_k \equiv a^\dagger_{j_{2k}}a_{j_{2k}}+a^\dagger_{j_{2k-1}}a_{j_{2k-1}}$$

とかくと，これらの演算子間には

$$\begin{gathered}[C_k, A_k] = -2C_k, \qquad [C_k, A_k^\dagger] = 2C_k \\ [A_k, A_k^\dagger] = -C_k+1\end{gathered} \tag{1.75}$$

が成り立つ．さらに

$$A_k^2 = A_k^{\dagger 2} = 0, \qquad A_k|0\rangle = C_k|0\rangle = 0 \tag{1.76}$$

を考慮すれば，(1.75)を用いることにより，一般に

$$(A_k^\dagger - A_k)^n|0\rangle = (f_n+g_nA_k^\dagger)|0\rangle \tag{1.77}$$

とかくことができる．ここで f_n, g_n に対する条件は，

$$\begin{aligned}(A_k^\dagger - A_k)^{n+1}|0\rangle &= (A_k^\dagger - A_k)(f_n+g_nA_k^\dagger)|0\rangle \\ &= (-g_n+f_nA_k^\dagger)|0\rangle\end{aligned} \tag{1.78}$$

から導かれる漸化式

$$f_{n+1} = -g_n, \qquad g_{n+1} = f_n \qquad (f_0=1,\ g_0=0) \tag{1.79}$$

で与えられる．この解は容易に求められて

$$f_n = \begin{cases}(-1)^{n/2} \\ 0\end{cases}, \qquad g_n = \begin{cases}0 & (n=\text{偶数}) \\ (-1)^{(n-1)/2} & (n=\text{奇数})\end{cases} \tag{1.80}$$

したがって，(1.70)から

$$\begin{aligned}U_k(\tau)|0\rangle &= \exp[\tau(A_k^\dagger - A_k)]|0\rangle \\ &= \sum_{n=0}^{\infty}\frac{\tau^n}{n!}(f_n+g_nA_k^\dagger)|0\rangle \\ &= (\cos\tau+\sin\tau\cdot A_k^\dagger)|0\rangle \\ &= \cos\tau(1+\tan\tau\cdot a^\dagger_{j_{2k}}a^\dagger_{j_{2k-1}})|0\rangle\end{aligned} \tag{1.81}$$

が導かれる．

以下簡単のために $0<\tau<\pi/2$ を仮定しよう．(1.73), (1.74)を考慮すれば，$|0\rangle_\tau$ は上式から直ちに

$$
\begin{aligned}
|0\rangle_\tau &= \cos^N\tau\left[\prod_{k=1}^{N}(1+\tan\tau\cdot a_{j_{2k}}^\dagger a_{j_{2k-1}}^\dagger)\right]|0\rangle \\
&= \cos^N\tau\left\{1+\tan\tau\sum_{k=1}^{N}a_{j_{2k}}^\dagger a_{j_{2k-1}}^\dagger+\cdots+\tan^N\tau\prod_{k=1}^{N}a_{j_{2k}}^\dagger a_{j_{2k-1}}^\dagger\right\}|0\rangle \qquad (1.82)
\end{aligned}
$$

これは，$|0\rangle$ を真空とする Fock 空間（$\mathscr{H}_0$ とかく）の基底を用いて $|0\rangle_\tau$ を展開した式にほかならない．

さらに $|0\rangle_\tau$ を真空とするような Fock 空間（$\mathscr{H}_\tau$ とかく）の任意のベクトルも同じようにして展開できる．例えば $\alpha_{j_{2l}}^\dagger\alpha_{j_{2m-1}}^\dagger|0\rangle_\tau$ は，(1.82)により

$$
\alpha_{j_{2l}}^\dagger\alpha_{j_{2m-1}}^\dagger|0\rangle_\tau = \cos^N\tau\cdot\alpha_{j_{2l}}^\dagger\alpha_{j_{2m-1}}^\dagger\left[\prod_{k=1}^{N}(1+\tan\tau\cdot a_{j_{2k}}^\dagger a_{j_{2k-1}}^\dagger)\right]|0\rangle \qquad (1.83)
$$

それゆえ，右辺の $\alpha^\dagger$ を，(1.68)を用いて $a^\dagger$, a にかきかえたのち，消滅演算子 a を交換関係を用いて右端に移行し，$|0\rangle$ に直接作用させて消去すれば，展開の式が得られる．他の場合も同様である．

このようにして $\mathscr{H}_\tau$ の任意の状態ベクトルは，有限自由度の場合には，$\mathscr{H}_0$ の基底により展開されることが分かる．またこれの逆も成り立つことは明らかであろう．いいかえれば，$\mathscr{H}_0$ と $\mathscr{H}_\tau$ $(\tau\neq 0)$ は基底のとり方が異なるだけで，同一の空間なのである．これは，有限自由度の場合，生成・消滅演算子は（ユニタリー同値なものを除いて）一意的に決定するというさきに述べた事実の1例である．

一方，系の自由度 N が無限大の場合はどうであろうか．例えば(1.82)で N を十分大きくすると，$0<\tau<\pi/2$ を考慮すれば，右辺の展開項の各係数は0に近づくが，項の数がこれにともなって増えるために，$\||0\rangle_\tau\|=1$ が保たれる．しかし，$N=\infty$ とおくとすべて係数が0になり，右辺は $|0\rangle_\tau$ を与える無限級数をつくらない．実際，無限級数であれば，その第 n 項までの和を $|S_n\rangle$ とするとき $\lim_{n\to\infty}\||0\rangle_\tau-|S_n\rangle\|=0$ でなければならないが，いまの場合，すべての n に対して $|S_n\rangle=0$ となるからである．すなわち，$|0\rangle_\tau$ は Fock 空間 $\mathscr{H}_0$ の基底では展開不可能，いいかえれば，$|0\rangle_\tau$ は $\mathscr{H}_0$ には属さないことになる．

全く同様にして，(1.83)の展開係数も $N=\infty$ で0となる．そればかりでは

ない．$\mathscr{H}_\tau$ における基底ベクトルは $\mathscr{H}_0$ の基底では展開不可能であることを読者は容易に確かめることができるであろう．その結果として，無限自由度においては，$\mathscr{H}_\tau$ は $\mathscr{H}_0$ とは全く独立な Fock の空間を形成していることが分かる．

N が有限のとき，$|\ \rangle \in \mathscr{H}_0$ とするならば $U^{(N)}(\tau)|\ \rangle \in \mathscr{H}_\tau$ となり，かつ $\mathscr{H}_0 = \mathscr{H}_\tau$ であるため，$U^{(N)}(\tau)$ は $\mathscr{H}_0$ 上で定義されたユニタリー演算子である．しかし，$N=\infty$ では，$U^{(\infty)}(\tau)|\ \rangle \notin \mathscr{H}_0$ となって $U^{(\infty)}(\tau)$ の作用は $\mathscr{H}_0$ のなかで閉じておらず，したがって形式的に定義された $U^{(\infty)}(\tau)$ はユニタリー演算子ではない．すなわち，$\mathscr{H}_\tau$ と $\mathscr{H}_0$ はユニタリー同値ではないのである．

同様の議論によって，$\tau \neq \tau'$ であれば $\mathscr{H}_\tau$ と $\mathscr{H}_{\tau'}$ もまたユニタリー非同値となることは容易に理解されるであろう．このようにして，(1.65)によって張られる空間には連続無限個のユニタリー非同値な Hilbert 空間が含まれていることが分かる．

以上は Fermi 統計の場合の議論であるが，無限自由度においては，Bose 統計の場合にも全く類似の事情が存在し，やはり連続無限個のユニタリー非同値な Hilbert 空間が存在する．それを示すには，例えば，(1.68)の代りに，こんどは

$$\left.\begin{aligned} \alpha_{j_{2k-1}} &= a_{j_{2k-1}} \cosh\tau + a_{j_{2k}}^\dagger \sinh\tau \\ \alpha_{j_{2k}} &= a_{j_{2k-1}}^\dagger \sinh\tau + a_{j_{2k}} \cosh\tau \end{aligned}\right\} \quad (k=1,2,\cdots) \qquad (1.84)$$

を用いて議論をすればよいのであるが，話が長くなるのでここでは割愛する．計算については付録 1 に述べてあるので，興味をもつ読者はそれを参照されたい．

このような結果から，無限自由度の場合には(1.58)だけからは，a_j, $a_j^\dagger$ の作用する Hilbert 空間を一意的に決定することの不可能なことが結論される．

われわれは，(1.65)に含まれる連続無限個の非同値な Hilbert 空間のなかから，対象とする系の記述に必要なものを選び出さなければならない．そのためには，(1.58)に加えて，Fock 空間を構成する基礎となる真空 $|0\rangle$ を指定する必要があるが，これには互いに独立に運動する振動子の集団とそれを記述するためのハミルトニアン(1.30)の存在が前提となる．このようなハミルトニアン

を**自由ハミルトニアン**(free Hamiltonian)とよぶことにする.

このようにして，自由ハミルトニアンが設定されれば，それに応じて，無限自由度の系の量子力学的記述に必要なHilbert空間がはじめて決定されることになるわけだが，物理的に興味のある系においては，運動方程式が独立な調和振動子の集まりを記述していないことが多い．つまりこのような系では，ハミルトニアンは自由ハミルトニアンにはなっておらず，したがってこのままではFock空間を設定することができない．それゆえ量子論的な議論を可能にするためには，このような系においても何らかの条件のもとに，十分よい近似で自由ハミルトニアンによる記述が可能であるような，理想的な状況を実現できる必要がある．このことは自明ではないが，これが可能であれば，Fock空間がここで構築されて量子論的な記述の枠組みが与えられたことになるであろう.

あとの議論にみるように，このような理想的な状況が実現可能であることは場の量子論の基本的前提になっている．それはもちろん，与えられたハミルトニアンの形に依存してきめられるものであって，最近ではしばしばこれに対して**相**(phase)という言葉が用いられている．相が異なれば，これに応じてHilbert空間も異なり，真空も異なってくる．それゆえ，与えられた系においてどのような相が許されるかが，場の量子論においては非常に重要な意味をもってくるのである.

2 自由場の量子論

この章では，場が独立な調和振動子の集団を記述している場合を考察することにしよう．このような場は**自由場**(free field)とよばれている．

2-1 弦の運動

長さ l の弦の運動方程式は，時刻 t における点 x $(0\leqq x\leqq l)$ での振幅を $U(x,t)$ とかくとき，ある理想化された条件(弦の太さはゼロ，線密度は一定など)のもとで

$$\rho\frac{\partial^2 U(x,t)}{\partial t^2}-T\frac{\partial^2 U(x,t)}{\partial x^2}=0 \tag{2.1}$$

とかくことができる．ここで ρ は弦の線密度，T は張力である．また弦の両端は固定されているので，$U(x,t)$ には

$$U(0,t)=U(l,t)=0 \tag{2.2}$$

なる条件が課せられる．運動方程式(2.1)は，Lagrange 関数

$$L=\int_0^l dx\,\frac{1}{2}\left[\rho\left(\frac{\partial U(x,t)}{\partial t}\right)^2-T\left(\frac{\partial U(x,t)}{\partial x}\right)^2\right] \tag{2.3}$$

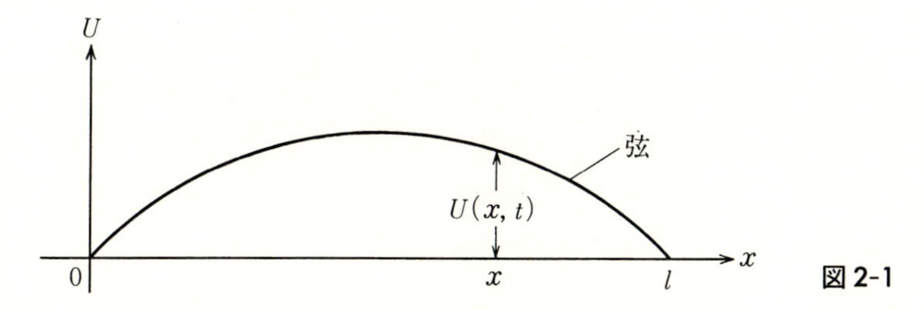

図 2-1

から導かれることが知られている．右辺第1項は運動エネルギーを，第2項はポテンシャルエネルギーを与える．系の全エネルギー，つまりハミルトニアンは，これら両項の和で

$$H = \int_0^l dx \, \frac{1}{2}\left[\rho\left(\frac{\partial U(x,t)}{\partial t}\right)^2 + T\left(\frac{\partial U(x,t)}{\partial x}\right)^2\right] \tag{2.4}$$

である．

ここで，調和振動子をとりだすために，境界条件(2.2)をみたす完全直交関数

$$f_k(x) = \sqrt{\frac{2}{l}}\sin\frac{\pi k}{l}x \qquad (k=1,2,\cdots) \tag{2.5}$$

を導入しよう．これらが

$$(f_k, f_{k'}) \equiv \int_0^l dx\, f_k(x) f_{k'}(x) = \delta_{kk'} \tag{2.6}$$

$$\sum_{k=1}^{\infty} f_k(x) f_k(y) = \delta(x-y) \qquad (0<x,\, y<l) \tag{2.7}$$

をみたすことは，直接の計算により確かめられる．

これを用いて $U(x,t)$ を展開すれば

$$U(x,t) = \sum_{k=1}^{\infty} q_k(t) f_k(x) \tag{2.8}$$

それゆえ，(2.1)から q_k に対する運動方程式

$$\rho\ddot{q}_k + T\left(\frac{\pi k}{l}\right)^2 q_k = 0 \qquad (k=1,2,\cdots) \tag{2.9}$$

が導かれる．すなわち，各 k に対応して振動数が

$$\omega_k = \sqrt{\frac{T}{\rho}}\frac{\pi k}{l}$$

の調和振動子の集団が与えられる．前章の議論にならって

$$p_k = \rho \dot{q}_k \tag{2.10}$$

とかけば，ハミルトニアン(2.4)は

$$H = \frac{1}{2}\sum_{k=1}^{\infty}\left\{\frac{1}{\rho}p_k^2 + T\left(\frac{\pi k}{l}\right)^2 q_k^2\right\} \tag{2.11}$$

となる．これは(1.6)に対応する式である．

ここで量子論に移って q_k, p_k を演算子とみなそう．そのため(1.8),(1.9)にならって，q_k, p_k の代りに

$$a_k = \frac{1}{\sqrt{2}}\left(\sqrt{\omega_k \rho}\, q_k + i\frac{1}{\sqrt{\omega_k \rho}}p_k\right), \qquad a_k^\dagger = \frac{1}{\sqrt{2}}\left(\sqrt{\omega_k \rho}\, q_k - i\frac{1}{\sqrt{\omega_k \rho}}p_k\right) \tag{2.12}$$

を用いれば，(2.11)は

$$H = \frac{1}{2}\sum_{k=1}^{\infty}\omega_k \{a_k^\dagger, a_k\} \tag{2.13}$$

とかかれる．また $U(x,t)$ は，(2.8)から

$$U(x,t) = \sum_{k=1}^{\infty}\frac{1}{\sqrt{2\omega_k \rho}}[a_k(t)f_k(x) + a_k^\dagger(t)f_k(x)] \tag{2.14}$$

である．(2.12),(2.13)の形から直ちにわかることは，a_k は Bose 統計に従わなければならないことである．すなわち

$$[a_k, a_j^\dagger] = \delta_{kj}, \qquad [a_k, a_j] = 0 \tag{2.15}$$

もちろん，これは正準交換関係

$$[q_k, q_j] = [p_k, p_j] = 0, \qquad [q_k, p_j] = i\delta_{kj} \tag{2.16}$$

と同等である．ここで，$\rho\partial U(x,t)/\partial t$ を $\Pi(x,t)$ とかくことにし，(2.10)を考慮すれば，(2.8)から

$$\Pi(x,t) = \rho\frac{\partial U(x,t)}{\partial t} = \sum_{k=1}^{\infty}p_k f_k(x) \tag{2.17}$$

を得る．したがって，(2.8)，(2.17)から，(2.16)はまた次式と同等であることが分かる．

$$\begin{aligned}[U(x,t),U(y,t)] &= [\Pi(x,t),\Pi(y,t)] = 0 \\ [\Pi(x,t),U(y,t)] &= -i\delta(x-y)\end{aligned} \tag{2.18}$$

これらは極めて自然な帰結といえる．もともと弦はこれを細分して眺めるならば，多数の微小な要素が連なってつくられていると考えてよい．例えば弦を N 等分し，N を十分大きいとするとき，各切片 $\Delta x = l/N$ は質量 Δm をもつものとしよう．時刻 t における k 番目の切片の配位を $U_k(t)$ とすれば，系の全運動のエネルギーは $\sum_k \Delta m \dot{U}^2(t)/2$，したがって Lagrange 関数は，$\rho = \Delta m/\Delta x$ とするとき

$$L = \sum_k \Delta x \frac{\rho}{2} \dot{U}_k^2(t) - (\text{ポテンシャルエネルギー}) \tag{2.19}$$

となる．よって $U_k(t)$ に共役な正準運動量を $\pi_k(t)$ とかくならば，$\pi_k(t) = \Delta x \cdot \rho \dot{U}_k(t)$ を得る．弦の微小要素は量子力学に従って運動すると考えれば，これらの間には，正準交換関係

$$\begin{aligned}[U_k(t),U_j(t)] &= [\pi_k(t),\pi_j(t)] = 0 \\ [\pi_k(t),U_j(t)] &= -i\delta_{kj}\end{aligned}$$

すなわち

$$\begin{aligned}[U_k(t),U_j(t)] &= [\rho\dot{U}_k(t),\rho\dot{U}_j(t)] = 0 \\ [\rho\dot{U}_k(t),U_j(t)] &= -i\delta_{kj}/\Delta x\end{aligned} \tag{2.20}$$

が成り立たなければならない．ここで $\Delta x \to 0$ とすれば，(2.18)が導かれる．

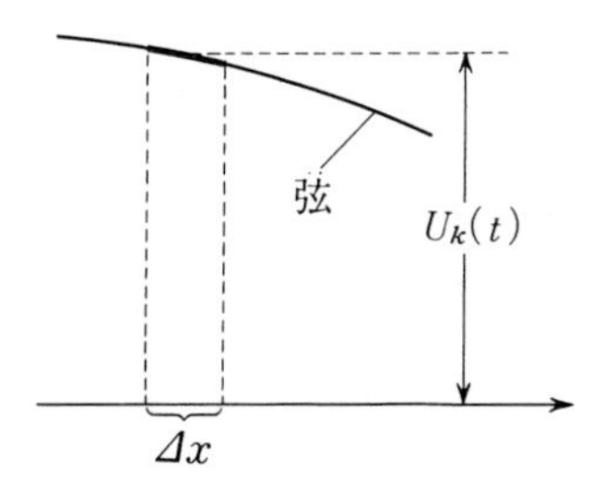

図 2-2　太線の部分は質量 Δm の k 番目の弦の切片．

いいかえれば，弦の量子論的な振舞い，それを特徴づける Bose 統計は，弦の微小な構成要素が通常の量子力学に従っていることに由来するのである．

ハミルトニアン(2.13)は，(2.15)を用いれば

$$H=\sum_{k=1}^{\infty}\omega_k a_k^{\dagger}a_k+\frac{1}{2}\sum_{k=1}^{\infty}\omega_k \tag{2.21}$$

とかかれる．ここで右辺第2項は，各調和振動子のゼロ点エネルギーの総和であって，発散する．もともとゼロ点エネルギーはエネルギー値として観測の対象にならないので，系のエネルギーを与えるハミルトニアンとしては，これを差し引いた $\sum_{k=1}^{\infty}\omega_k a_k^{\dagger}a_k$ を用いなければならない．いうまでもなく最低エネルギーは，$a_k|0\rangle=0$ をみたす真空 $|0\rangle$ によって与えられる．

ここで，最低エネルギー状態 $|0\rangle$ における点 x での弦のゆらぎの大きさが，どうなるかを当たってみよう．$a|0\rangle=0$ により $\langle 0|U(x,t)|0\rangle=0$ であるから，ゆらぎの2乗は $\langle 0|U^2(x,t)|0\rangle$ で与えられる．したがって(2.14)から

$$\begin{aligned}\langle 0|U^2(x,t)|0\rangle &= \frac{1}{2\rho}\sum_{k,k'=1}^{\infty}\frac{1}{\sqrt{\omega_k\omega_{k'}}}\langle 0|a_k a_{k'}^{\dagger}|0\rangle f_k(x)f_{k'}(x)\\ &=\frac{1}{\pi\sqrt{\rho T}}\sum_{k=1}^{\infty}\frac{1}{k}\sin^2\frac{\pi k}{l}x\\ &=\frac{1}{2\pi\sqrt{\rho T}}\left(\sum_{k=1}^{\infty}\frac{1}{k}-\sum_{k=1}^{\infty}\frac{1}{k}\cos\frac{2\pi k}{l}x\right)\end{aligned} \tag{2.22}$$

を得る．ここで(2.5),(2.15)を用いた．いま $0<x<l$ とするとき，上式右辺第2項は有限値を与えるが*，第1項は明らかに発散している．

方程式(2.1)は現実の弦というよりも，さまざまな点で理想化された弦の運動方程式であるが，それにしてもこれは，量子論では最低エネルギーの状態においてすら各点における振幅のゆらぎの大きさは無限大という非直観的な結果である．形式的には無限自由度，つまり k がいくらでも大きな整数値をとり得ることによるといえるが，場の量子論において同一時空点での場の積は，しばしばこのような異常な結果をもたらすので，その扱いや解釈には注意しなけ

* $\sum_{k=1}^{\infty}\frac{1}{k}\cos k\theta=-\log\left(2\sin\frac{\theta}{2}\right)\quad(0<\theta<2\pi)$.

ればならない．

$U(x,t)$ を観測量として，例えば(2.18)の第2式から不確定関係を求めると，$\Delta U(x,t)\Delta\Pi(y,t)\geqq(1/2)\delta(x-y)$ となり，$x=y$ では意味を失う．しかしもともと δ 関数は超関数であって，これに適当な関数をかけて積分をしてはじめて意味をもつものであり，これの値そのものには意味はない．それゆえ，$f(x)$，$g(x)$ を $(0,l)$ で無限階微分可能な任意の有界関数とし

$$U_f(t) = \int_0^l dx\, U(x,t)f(x), \qquad \Pi_g(t) = \int_0^l dx\, \Pi(x,t)g(x) \tag{2.23}$$

とかくとき，(2.18)は

$$\begin{aligned} [U_f(t), U_g(t)] &= [\Pi_f(t), \Pi_g(t)] = 0 \\ [\Pi_f(t), U_f(t)] &= -i\int_0^l dx\, f(x)g(x) \end{aligned} \tag{2.24}$$

とかかれる．うるさくいえば，(2.18)の定義は上式で与えられると考えなければならない．

とくに，幾何学的な1点，例えば $\bar{x}$ における場の量は，観測の対象としてはほとんど意味をなさず，むしろ $\bar{x}$ の近傍での $U(x,t)$ の平均値

$$U_{\bar{x}}(t) = \int_0^l dx\, U(x,t)F_{\bar{x}}(x) \tag{2.25}$$

を用いるべきである*．$F_{\bar{x}}(x)$ $(\geqq 0)$ は，例えば，正のある与えられた微小な ϵ に対して $|\bar{x}-x|\leqq\epsilon$ をみたす x に対しては一定，この領域外では急速にゼロになる滑らかな関数で，かつ $\int_0^l dx\, F_{\bar{x}}(x)=1$ としてよい．ただし ϵ の値はそのときの測定手段に依存すると考えられる．

$x\neq y$ のとき(ただし $0<x, y<l$)

$$\begin{aligned} \langle 0|U(x,t)U(y,t)|0\rangle &= \frac{1}{\pi\sqrt{\rho T}}\sum_{k=1}^{\infty}\frac{1}{k}\sin\frac{\pi k}{l}x\sin\frac{\pi k}{l}y \\ &= \frac{1}{2\pi\sqrt{\rho T}}\log\left[\frac{\sin\pi(x+y)/2l}{\sin\pi|x-y|/2l}\right] \end{aligned} \tag{2.26}$$

* N. Bohr and L. Rosenfeld: Dan. Mat.-fys. Medd. 12, No. 8 (1933).

となることを考慮すれば，$\langle 0|U_x^2(t)|0\rangle$ が有限になることは容易に分かるであろう．これまで $\hbar=1$ としたが，$\hbar$ をあらわに記すならば，(2.26)の右辺の log の係数は $\hbar/2\pi\sqrt{\rho T}$ となる．それゆえ，$\langle 0|U_x^2(t)|0\rangle$ は極めて小さく，ϵ を微小とするとき $\sim(\hbar/\sqrt{\rho T})|\log \epsilon/l|$ であることが示される．

2-2　さまざまな自由場

前節の弦の運動のように，媒質の振動によってそれが記述される場合には，振動を表わす場の量子論的な性質は，媒質の構成要素の量子力学的な振舞いによって規定される．物性論ではこの種の場がしばしば扱われるが，しかし，電磁場のように全く媒質なしに伝搬する場も多く存在し，素粒子論における場はすべてがこの種のものと考えられる．この場合，場の量子論的な性質は，場それ自身の性質として扱われなければならない．以下ではそのような場の 2, 3 の簡単な例を述べることにしよう．

a)　de Broglie 場

Schrödinger 方程式と同形の方程式に従う場を **de Broglie 場**という．すなわちこのときの自由場の方程式は

$$i\frac{\partial\psi(x)}{\partial t} = -\frac{1}{2m}\Delta\psi(x) \tag{2.27}$$

である．ここで x は前に述べたように $(\boldsymbol{x},t)$ の略記であり，$\psi(x)$ は確率波ではなく，われわれの 3 次元空間に実在する場である．(2.27)から調和振動子の方程式をとり出すために，量子力学における運動量の固有関数 $V^{-1/2}\exp i\boldsymbol{kx}$ で展開しよう．ただし固有関数の規格化の便宜上，系は十分大きな体積 V の空間領域に入っているものとする．さて

$$\psi(x) = \frac{1}{\sqrt{V}}\sum_{\boldsymbol{k}} a_{\boldsymbol{k}}(t)e^{i\boldsymbol{kx}} \tag{2.28}$$

とかけば，(2.27)からただちに調和振動子の方程式

$$\dot{a}_{\boldsymbol{k}} = -iE_k a_{\boldsymbol{k}} \qquad (E_k\equiv\boldsymbol{k}^2/2m) \tag{2.29}$$

が得られる．よって Bose, Fermi のそれぞれの統計に対応して

$$[a_{\boldsymbol{k}}, a_{\boldsymbol{k}'}]_{\mp} = 0, \qquad [a_{\boldsymbol{k}}, a_{\boldsymbol{k}'}^{\dagger}]_{\mp} = \delta_{\boldsymbol{k}\boldsymbol{k}'} \tag{2.30}$$

およびハミルトニアン

$$H = \frac{1}{2}\sum_{\boldsymbol{k}} E_k [a_{\boldsymbol{k}}^{\dagger}, a_{\boldsymbol{k}}]_{\pm} + \text{const.} = \sum_{\boldsymbol{k}} E_k a_{\boldsymbol{k}}^{\dagger} a_{\boldsymbol{k}} \tag{2.31}$$

が導かれる．それゆえ，(2.28)により $\psi(x)$ でこれらをかきかえれば，(2.30)，(2.31)はそれぞれ

$$[\psi(\boldsymbol{x}, t), \psi(\boldsymbol{y}, t)]_{\mp} = 0, \qquad [\psi(\boldsymbol{x}, t), \psi^{\dagger}(\boldsymbol{y}, t)]_{\mp} = \delta^3(\boldsymbol{x}-\boldsymbol{y}) \tag{2.32}$$

$$H = \frac{1}{2m}\int d^3\boldsymbol{x}\, \nabla\psi^{\dagger}(x)\nabla\psi(x) \tag{2.33}$$

とかかれる．ただし，$d^3\boldsymbol{x} = dx_1 dx_2 dx_3$，また $\delta^3(\boldsymbol{x}) = \delta(x_1)\delta(x_2)\delta(x_3)$ で，x_1, x_2, x_3 はベクトル $\boldsymbol{x}$ の3個の成分である．このようにして，de Broglie 場に対しては，Bose, Fermi のいずれの統計も適用することができる．

ここで次の演算子を導入しよう．

$$\boldsymbol{P} = \sum_{\boldsymbol{k}} \boldsymbol{k}\, a_{\boldsymbol{k}}^{\dagger} a_{\boldsymbol{k}} = \frac{1}{i}\int d^3\boldsymbol{x}\, \psi^{\dagger}(x)\nabla\psi(x) \tag{2.34}$$

(2.30)，または(2.32)から，このとき

$$[a_{\boldsymbol{k}}, \boldsymbol{P}] = \boldsymbol{k} a_{\boldsymbol{k}}, \qquad [\psi(x), \boldsymbol{P}] = \frac{1}{i}\nabla\psi(x) \tag{2.35}$$

が得られる．あるいは上の第2式から

$$\begin{aligned}
\exp[-i\boldsymbol{aP}]\psi(x)\exp[i\boldsymbol{aP}] &= \psi(x) + i[\psi(x), \boldsymbol{aP}] + \frac{(i)^2}{2!}[[\psi(x), \boldsymbol{aP}], \boldsymbol{aP}] \\
&\quad + \frac{(i)^n}{3!}[[[\psi(x), \boldsymbol{aP}], \boldsymbol{aP}], \boldsymbol{aP}] + \cdots \\
&= \sum_{n=0}^{\infty}\frac{1}{n!}(\boldsymbol{a}\nabla)^n\psi(x) \\
&= \psi(\boldsymbol{x}+\boldsymbol{a}, t)
\end{aligned} \tag{2.36}$$

が導かれる．すなわち，ユニタリー演算子 $\exp[i\boldsymbol{aP}]$ は空間座標 $\boldsymbol{x}$ を $\boldsymbol{a}$ だけずらす役割を演じ，したがって，このようなずれを生成する $\boldsymbol{P}$ は系の全運動量

を表わす演算子とみなすことができる．(いうまでもなく，これに対してハミルトニアンは $\exp[ibH]\psi(x)\exp[-ibH]=\psi(\boldsymbol{x},t+b)$ を与えて時間座標をずらす役目をし，エネルギーを表わすことになる．)

ここで，$|\boldsymbol{K}\rangle$ を固有値が $\boldsymbol{K}$ の $\boldsymbol{P}$ の固有状態としよう．(2.35)の第1式のHermite共役を $|\boldsymbol{K}\rangle$ に作用させれば

$$\boldsymbol{P}a_{\boldsymbol{k}}^{\dagger}|\boldsymbol{K}\rangle = (\boldsymbol{K}+\boldsymbol{k})a_{\boldsymbol{k}}^{\dagger}|\boldsymbol{K}\rangle \tag{2.37}$$

となり，$a_{\boldsymbol{k}}^{\dagger}$ は運動量 $\boldsymbol{k}$ の量子を生成することが分かる．われわれはこのような量子をde Broglie場 $\psi(x)$ によって記述される**運動量 $\boldsymbol{k}$ の粒子**とよぶことにしよう．このとき，1体の状態 $a_{\boldsymbol{k}}^{\dagger}(0)|0\rangle$ は，非相対論的な量子力学における波動関数が(Schrödinger描像で) $V^{-1/2}\exp[i\boldsymbol{k}\boldsymbol{x}-iE_kt]$ の粒子を表わすことになる．この関係は $|\boldsymbol{k}\rangle=a_{\boldsymbol{k}}^{\dagger}(0)|0\rangle$ とかくとき

$$\frac{1}{\sqrt{V}}\exp[i\boldsymbol{k}\boldsymbol{x}-iE_kt] = \langle 0|\psi(\boldsymbol{x},t)|\boldsymbol{k}\rangle \tag{2.38}$$

となる．もっと一般に n 体の状態を

$$\begin{gathered}|S\rangle = \sum_{\boldsymbol{k}_1,\boldsymbol{k}_2,\cdots,\boldsymbol{k}_n} c(\boldsymbol{k}_1,\boldsymbol{k}_2,\cdots,\boldsymbol{k}_n)a_{\boldsymbol{k}_1}^{\dagger}(0)a_{\boldsymbol{k}_2}^{\dagger}(0)\cdots a_{\boldsymbol{k}_n}^{\dagger}(0)|0\rangle \\ \langle S|S\rangle = 1\end{gathered} \tag{2.39}$$

としよう．ここに $c(\boldsymbol{k}_1,\boldsymbol{k}_2,\cdots,\boldsymbol{k}_n)$ は複素数の係数，また時刻 $t=0$ での $a_{\boldsymbol{k}}^{\dagger}$ が右辺に用いられているのは，状態ベクトルが時間を含まないHeisenberg描像で議論が進められてきたからである．このとき(2.38)の一般化として $|S\rangle$ に対応する波動関数は

$$\varphi(\boldsymbol{x}_1,\boldsymbol{x}_2,\cdots,\boldsymbol{x}_n,t) = \langle 0|\psi(\boldsymbol{x}_1,t)\psi(\boldsymbol{x}_2,t)\cdots\psi(\boldsymbol{x}_n,t)|S\rangle \tag{2.40}$$

となり，量子力学におけるこの記述はSchrödinger描像で与えられる．(2.32)によれば，波動関数は $\boldsymbol{x}_1,\boldsymbol{x}_2,\cdots,\boldsymbol{x}_n$ の任意の2個の入れ替えに対して，Bose統計の場合は対称，Fermi統計では反対称になることが分かる．

このようにして，自由なde Broglie場の状態ベクトルと，多体の非相対論的な波動関数との対応をみてきたが，ここで，前章で述べた「表示独立性」の意味を考えてみよう．話の便宜上，(2.29)を用いて $a_{\boldsymbol{k}}(t)=a_{\boldsymbol{k}}(0)\exp[-iE_kt]$

とし，これを(2.28)に代入すると

$$\psi(x)=\frac{1}{\sqrt{V}}\sum_{\boldsymbol{k}}a_{\boldsymbol{k}}(0)e^{i(\boldsymbol{kx}-E_kt)} \tag{2.41}$$

とかかれる．上述のように $a_{\boldsymbol{k}}^{\dagger}(0)|0\rangle$ には波動関数 $V^{-1/2}\exp[i(\boldsymbol{kx}-E_kt)]$ が対応するから，前者の1次結合 $\sum_{\boldsymbol{k}}u_{\kappa\boldsymbol{k}}a_{\boldsymbol{k}}^{\dagger}(0)|0\rangle$ には

$$\varphi_\kappa(\boldsymbol{x},t)\equiv\frac{1}{\sqrt{V}}\sum_{\boldsymbol{k}}u_{\kappa\boldsymbol{k}}e^{i(\boldsymbol{kx}-E_kt)} \tag{2.42}$$

が対応しなければならない．いいかえれば，$u_{\kappa\boldsymbol{k}}$ をユニタリー行列 $\boldsymbol{u}$ の κ-$\boldsymbol{k}$ 成分とするとき

$$a_\kappa'^{\dagger}(0)=\sum_{\boldsymbol{k}}u_{\kappa\boldsymbol{k}}a_{\boldsymbol{k}}^{\dagger}(0) \tag{2.43}$$

は，(2.42)で与えられる波動関数 $\varphi_\kappa(\boldsymbol{x},t)$ の粒子を生成する．それゆえ，$a_{\boldsymbol{k}}(0)$, $a_{\boldsymbol{k}}^{\dagger}(0)$ をユニタリー変換で $a_\kappa'(0)$, $a_\kappa'^{\dagger}(0)$ にかきかえても同形の基本関係式をみたさなければならないという要請は，同種粒子の従う統計は(これは基本関係式によって規定される)，そのときの波動関数のかたち，あるいは量子力学的状態を指定するための量子数の選び方に無関係であるべきことを示している．

実際，$\varphi_\kappa(\boldsymbol{x},t)$ の全体は方程式(2.27)をみたす完全直交系をつくり，しかもそのような完全直交系の任意のものは $u_{\kappa\boldsymbol{k}}$ を適当にとることによって常に実現できるが，そのような φ_κ の形とは無関係に統計性は定義されるべきことを表示独立性は要請したことになる．例えばFermi統計に従う2個の粒子が同一の状態 φ_κ を同時にとることができないという表現は，φ_κ の形には無関係に成立することなのである．これが，ここで扱っている同種粒子に対する統計性の意味であり，また表示独立性の内容である*.

(2.43)から，$a_\kappa'(0)$ は $\sum_{\boldsymbol{k}}u_{\kappa\boldsymbol{k}}^{*}a_{\boldsymbol{k}}(0)$ であるから，これと(2.42)を用いれば

* 最近，2次元空間におけるある特殊な系で分数統計という言葉が使われているが，このときは表示独立性が成立せず，また対応する場の交換関係も存在しない．補章およびY. Ohnuki: *Proc. of 2nd Int. School of Theoret. Phys. "Symmetry and Structural Properties of Condensed Matter"* (World Scientific, 1993) p. 27 参照.

$$\psi(x) = \sum_{\kappa} a'_{\kappa}(0)\varphi_{\kappa}(\boldsymbol{x}, t) \tag{2.44}$$

それゆえ，Schrödinger 方程式(2.27)をみたす完全直交系 $\{\varphi_{\kappa}(\boldsymbol{x}, t)\}$ で $\psi(x)$ を展開したときの展開係数 $a'_{\kappa}(0)$ の Hermite 共役，すなわち

$$a'^{\dagger}_{\kappa}(0) = \int d^3\boldsymbol{x}\, \psi^{\dagger}(x)\varphi_{\kappa}(\boldsymbol{x}, t) \tag{2.45}$$

は，真空に作用した場合，波動関数が $\varphi_{\kappa}(\boldsymbol{x}, t)$ の 1 粒子状態を生成していることが分かる．

de Broglie 場の方程式は，Lagrange 関数

$$L(x) = i\psi^{\dagger}(x)\frac{\partial\psi(x)}{\partial t} - \frac{1}{2m}\nabla\psi^{\dagger}(x)\nabla\psi(x) \tag{2.46}$$

から導かれる．

ここで，Lagrange 関数に現われる変数の性格について若干の注意をしておこう．1 つは，この変数は通常の力学では時間 t の，また場の理論では時空点 x の任意の(微分可能な)関数であって，これが運動方程式に従うという条件は一切課せられていないことである．運動方程式は Lagrange 関数を積分して得られる作用(action)に変分原理を適用した結果として，むしろあとから導かれるものである．もう 1 つは，$\psi(x)$, $\psi^{\dagger}(x)$ の演算子としての性格であるが，Lagrange 関数のなかではこれらは完全には定義されたものではないことである．Lagrange 関数から導かれる正準交換関係やハミルトニアンの構造にもとづいて，これも正確にはあとから決められるものである．とくに，量子論においては後者にみられる事情のために，Lagrange 関数の数学的な定義が必ずしも明確とはいいがたい面がある．

そこでさしあたりわれわれは，次のことだけを約束して Lagrange 関数を扱うことにする．Lagrange 関数のなかでは，(i) $\psi^{\dagger}(x)$ は $\psi(x)$ の共役(adjoint)* である，(ii) $\psi(x)$, $\psi^{\dagger}(x)$ などの変数の積の順序は勝手に変えられない，

* すなわち，† 記号は，$(A^{\dagger})^{\dagger}=A$, $(A+B)^{\dagger}=A^{\dagger}+B^{\dagger}$, $(AB)^{\dagger}=B^{\dagger}A^{\dagger}$ および $(\lambda A)^{\dagger}=\lambda^{*}A^{\dagger}$ を意味する．ただし λ は任意の複素数ですべての量と交換可能，λ^{*} は λ の複素共役である．

(iii) 時刻 t における無限小の変化量 $\delta\psi(\boldsymbol{x},t)$, $\delta\psi^\dagger(\boldsymbol{x},t)$, $\delta\dot{\psi}(\boldsymbol{x},t)$, $\delta\dot{\psi}^\dagger(\boldsymbol{x},t)$ は, 同じ時刻での $\psi(\boldsymbol{y},t)$, $\psi^\dagger(\boldsymbol{y},t)$ およびその時間微分と, Bose(Fermi)統計においては可換(反可換)である.

前節の弦の量子論における Lagrange 関数の場合には, このような面倒なことはいわずに, Lagrange 関数やハミルトニアンをまず古典論で準備し, そのあとで変数を量子化することにより場の量子論に移行するという手続きをとった. とくに自由場を扱う場合, ほとんどこれで問題はないのであるが(ただし, Fermi 統計に従う場の古典的な対応物としては, Grassmann 変数という互いに反可換な変数を導入する必要がある), ここではあとの議論との関連を考えて, 上記のような約束を導入した.

さて, $\psi(x)$ に正準共役な運動量変数を

$$\Pi(x) = \frac{\partial L(x)}{\partial\dot{\psi}(x)} \tag{2.47}$$

で定義し,

$$[\Pi(\boldsymbol{x},t),\psi(\boldsymbol{y},t)]_{\mp} = -i\delta^3(\boldsymbol{x}-\boldsymbol{y}) \tag{2.48}$$

とする. ここで, (2.47)の $\dot{\psi}$ に関する微分はつぎのように定義されたものである. 時刻 t において $\psi(x)\to\psi(x)$, $\dot{\psi}(x)\to\dot{\psi}(x)+\delta\dot{\psi}(x)$, $\psi^\dagger(x)\to\psi^\dagger(x)$, $\dot{\psi}^\dagger(x)\to\dot{\psi}^\dagger(x)$ としたとき($\delta\dot{\psi}$ の1次までの) Lagrange 関数の変化を $\delta_{\dot{\psi}}\mathcal{L}(x)$ とかく. $\delta_{\dot{\psi}}\mathcal{L}(x)$ の各項において, $\delta\dot{\psi}$ を前記の (iii) に従ってその左端まで移動させた後に取り除く. そうして除いた残りを $\partial\mathcal{L}(x)/\partial\dot{\psi}(x)$ とする. なお以下で用いられる他の変数についての微分も同様に定義することにしよう.

それゆえ(2.46)の Lagrange 関数に対しては

$$\delta_{\dot{\psi}}\mathcal{L}(x) = i\psi^\dagger(x)\delta\dot{\psi}(x) = \pm i\delta\dot{\psi}(x)\psi^\dagger(x) \tag{2.49}$$

ここで ± は, いうまでもなく上の符号が Bose 統計, 下の符号が Fermi 統計にあたる. その結果

$$\Pi(x) = \pm i\psi^\dagger(x) \tag{2.50}$$

となり, (2.48)にこれを代入すれば(2.32)が得られる.

ハミルトニアンは, 古典論では $\dot{\psi}(x)\cdot\partial L(x)/\partial\dot{\psi}(x)-L(x)$ の空間積分であ

るが，ここではLagrange関数内の変数の積の順序を考慮して

$$H = \int d^3\boldsymbol{x} \left(\left[\dot{\psi}(x) \frac{\partial}{\partial \dot{\psi}(x)} \right] L(x) - L(x) \right) \tag{2.51}$$

とかくことにする．

ここで一般に，記号$[B(x)\partial/\partial A_s(x)]$ $(s=1,2,\cdots,m)$はつぎのように定義される．$F(x), G(x)$を$A_1(x), A_2(x), \cdots, A_m(x)$の単項式(ただし，それらの積の順序は変えられない)とするとき，

$$\begin{aligned}
&\left[B(x) \frac{\partial}{\partial A_s(x)} \right] (F(x)+G(x)) \\
&\quad = \left[B(x) \frac{\partial}{\partial A_s(x)} \right] F(x) + \left[B(x) \frac{\partial}{\partial A_s(x)} \right] G(x) \\
&\left[B(x) \frac{\partial}{\partial A_s(x)} \right] (F(x) A_s(x) G(x)) \\
&\quad = \left(\left[B(x) \frac{\partial}{\partial A_s(x)} \right] F(x) \right) A_s(x) G(x) + F(x) B(x) G(x) \\
&\qquad + F(x) A_s(x) \left[B(x) \frac{\partial}{\partial A_s(x)} \right] G(x) \\
&\left[B(x) \frac{\partial}{\partial A_s(x)} \right] F(x) = 0 \qquad (F(x)\text{が}A_s(x)\text{を含まない場合})
\end{aligned} \tag{2.52}$$

つまり$[B(x)\partial/\partial A_s(x)]F(x)$は，$F(x)$に現われる$A_s(x)$を1つずつ$B(x)$に置きかえたものの総和である．

これを用いれば(2.51)からただちに(2.33)を得る．

また，運動量演算子(2.34)は

$$\boldsymbol{P} = -\int d^3\boldsymbol{x} \left[\nabla \psi(x) \frac{\partial}{\partial \dot{\psi}(x)} \right] L(x) \tag{2.53}$$

から導かれる．

なお，ついでながら粒子数を表わす演算子

$$N = \sum_{\boldsymbol{k}} a_{\boldsymbol{k}}^{\dagger} a_{\boldsymbol{k}} = \int d^3\boldsymbol{x}\, \psi^{\dagger}(x) \psi(x) \tag{2.54}$$

はまた

$$N = \frac{1}{i}\int d^3\boldsymbol{x}\left[\phi(x)\frac{\partial}{\partial\dot{\phi}(x)}\right]L(x) \qquad (2.55)$$

とかかれる.

b) Dirac 場

相互作用のない Dirac 方程式に従う場を，自由な **Dirac 場**(Dirac field)という．この 4 成分の場を $\psi(x)$ とかくならば，定義により

$$i\frac{\partial\psi(x)}{\partial t} = \left(\frac{1}{i}\boldsymbol{\alpha}\nabla+\beta m\right)\psi(x) \qquad (2.56)$$

となる.

$\alpha_j\,(j=1,2,3)$ および β は 4 行 4 列の Hermite 行列で，$\{\alpha_i,\alpha_j\}=2\delta_{ij}$，$\{\alpha_j,\beta\}=0$，$\beta^2=\mathbf{1}$ をみたす($\mathbf{1}$ は 4 行 4 列の単位行列)．(2.56)はまた，$\gamma^0=-i\beta$，$\gamma^j=-i\beta\alpha_j\,(j=1,2,3)$ とおくことにより

$$(\gamma^\mu\partial_\mu+m)\psi(x) = 0 \qquad (2.57)$$

なる形にかきかえられる．ここで x の時空間の座標は $x^\mu\,(\mu=0,1,2,3)$ で，$x^0=t$ かつ $x^j\,(j=1,2,3)$ はその空間成分である．また ∂_μ は $\partial/\partial x^\mu$ の略記，同じギリシア文字の上下の添字の存在は，その添字を 0, 1, 2, 3 としたときの和を意味する．さらにメトリック $g^{\mu\nu}(=g_{\mu\nu})$ は $g^{11}=g^{22}=g^{33}=-g^{00}=1$，かつ $\mu\neq\nu$ のときは $g^{\mu\nu}=0$ とする．γ^μ は定義により，$\gamma^j\,(j=1,2,3)$ は Hermite，γ^0 は反 Hermite 行列で，

$$\{\gamma^\mu,\gamma^\nu\} = 2g^{\mu\nu} \qquad (2.58)$$

を満足するが，逆にこれを満足する既約な $\gamma^\mu\,(\mu=0,1,2,3)$ は 4 行 4 列に限られ，しかもこのような行列の 2 つのセット $\{\gamma^\mu\}$, $\{\gamma'^\mu\}$ は互いに同値，すなわち $\det A\neq 0$ で，かつ $\gamma'^\mu=A^{-1}\gamma^\mu A$ とするような 4 行 4 列の行列 A が必ず存在することが知られている*．それゆえ，(2.57)の γ^μ はその具体的な形を指定しなくても，(2.58)をみたすというだけで十分である．ただし，以下では便宜上 $\gamma^j\,(j=1,2,3)$ は Hermite，γ^0 は反 Hermite 行列として話を進めることにする．

---

* W. Pauli: Inst. H. Poincaré Ann. **6** (1936) 109.

Lorentz 変換 Λ のもとでの反変ベクトル x^μ, 共変ベクトル x_μ ($=g_{\mu\nu}x^\nu$) の変換を, それぞれ

$$x'^\mu = \Lambda^\mu{}_\nu x^\nu, \qquad x'_\mu = \Lambda_\mu{}^\nu x_\nu \tag{2.59}$$

とかく. ここで $\Lambda_\mu{}^\nu = g_{\mu\lambda}\Lambda^\lambda{}_\rho g^{\rho\nu}$, かつ $\Lambda^\mu{}_\nu \Lambda_\mu{}^\lambda = \delta_\nu^\lambda$ である.

とくに, 反転を含まない Lorentz 変換, すなわち $\det(\Lambda^\mu{}_\nu)=1$, $\Lambda^0{}_0 \geqq 1$ であるような Lorentz 変換は, 無限小 Lorentz 変換を逐次行なうことにより生成される. 以下, このような Lorentz 変換を**連続的 Lorentz 変換**(continuous Lorentz transformation), または**固有 Lorentz 変換**(proper Lorentz transformation)とよび, その性質は基本的には無限小 Lorentz 変換によって規定される.

無限小 Lorentz 変換は一般に

$$\Lambda^\mu{}_\nu = \delta_\nu^\mu + \epsilon^\mu{}_\nu \tag{2.60}$$

と表わすことができる. ここで $\epsilon^\mu{}_\nu$ は無限小の実数パラメーターで, $\Lambda^\mu{}_\nu \Lambda_\mu{}^\lambda = \delta_\nu^\lambda$ を考慮するとき, $\epsilon_{\mu\nu} = g_{\mu\lambda}\epsilon^\lambda{}_\nu$ とするならば, $\epsilon_{\mu\nu} = -\epsilon_{\nu\mu}$ を満足する.

さて, 任意の与えられた Lorentz 変換 Λ に対応して, $\tilde{\gamma}^\mu = \Lambda^\mu{}_\nu \gamma^\nu$ とかくならば, $\tilde{\gamma}^\mu$ ($\mu=0,1,2,3$) は(2.58)をみたしていることが分かる. よって, $\tilde{\gamma}^\mu = S(\Lambda)^{-1}\gamma^\mu S(\Lambda)$, すなわち

$$S(\Lambda)^{-1}\gamma^\mu S(\Lambda) = \Lambda^\mu{}_\nu \gamma^\nu, \qquad \det S(\Lambda) = 1 \tag{2.61}$$

を満足する $S(\Lambda)$ が必ず存在する.

とくに, 無限小 Lorentz 変換(2.60)に対応する $S(\Lambda)$ は

$$S(\Lambda) = 1 + \frac{i}{4}\epsilon_{\mu\nu}\sigma^{\mu\nu} \tag{2.62}$$

ただし

$$\sigma^{\mu\nu} \equiv \frac{[\gamma^\mu, \gamma^\nu]}{2i}$$

で与えられる. $\Lambda^\mu{}_\nu$ を(2.60)として(2.62)の $S(\Lambda)$ が(2.61)をみたすことは容易に確かめられる.

∂'_μ ($=\partial/\partial x'^\mu$) $= \Lambda_\mu{}^\nu \partial_\nu$ と(2.61)から, $S(\Lambda)^{-1}(\gamma^\mu \partial'_\mu)S(\Lambda) = \gamma^\mu \partial_\mu$ が成立する.

したがって，Lorentz 変換 Λ のもとで

$$\psi'(x') = S(\Lambda)\psi(x) \tag{2.63}$$

とするとき，$\psi(x)$ が Dirac 方程式(2.57)をみたしているならば，$\psi'(x')$ は x の代りに x' を用いた同形の方程式 $(\gamma^\mu\partial'_\mu + m)\psi'(x')=0$ を満足することが分かる．すなわち，Dirac 方程式は Lorentz 不変である．Lorentz 変換 Λ のもとで $S(\Lambda)$ で変換する 4 成分の量は **Dirac スピノール**(Dirac spinor)とよばれる．

相対論に関する以上の準備のもとに，Dirac 場の量子化の議論に移ることにしよう．Dirac 方程式の理論でよく知られているように，(2.56)の右辺の演算子 $(i^{-1}\boldsymbol{\alpha}\nabla + \beta m)$ は，その固有関数(4 成分)を

$$u_r^{(\pm)}(\boldsymbol{x}\,;\boldsymbol{k}) = \frac{1}{\sqrt{V}}u_r^{(\pm)}(\boldsymbol{k})e^{i\boldsymbol{kx}} \qquad (r=1,2) \tag{2.64}$$

とするとき，正負の固有値 $\pm\omega_k$ をもつ．ただし

$$\omega_k = \sqrt{\boldsymbol{k}^2+m^2} \tag{2.65}$$

すなわち

$$\begin{aligned}(\boldsymbol{\alpha k}+\beta m)u_r^{(\pm)}(\boldsymbol{k}) &= \pm\omega_k u_r^{(\pm)}(\boldsymbol{k})\\ u_r^{(\pm)*}(\boldsymbol{k})u_s^{(\pm)}(\boldsymbol{k}) = \delta_{rs}, \qquad & u_r^{(\pm)*}(\boldsymbol{k})u_s^{(\mp)}(\boldsymbol{k}) = 0\end{aligned} \tag{2.66}$$

が成立する．ここに添字 $r=1,2$ はスピンの 2 つの向きを指定する．いうまでもなく，$u_r^{(\pm)}(\boldsymbol{x}\,;\boldsymbol{k})$ は完全直交系をつくるので，これらを用いて $\psi(x)$ を展開し

$$\begin{aligned}\psi(x) &= \psi^{(+)}(x)+\psi^{(-)}(x)\\ \psi^{(\pm)}(x) &= \sum_{\boldsymbol{k}}\sum_{r} a_{\boldsymbol{k},r}^{(\pm)}(t)u_r^{(\pm)}(\boldsymbol{x}\,;\boldsymbol{k})\end{aligned} \tag{2.67}$$

とかけば，(2.56)から

$$\dot{a}_{\boldsymbol{k},r}^{(\pm)}(t) = \mp i\omega_k a_{\boldsymbol{k},r}^{(\pm)}(t) \tag{2.68}$$

なる調和振動子の方程式を得る．右辺の符号からわかるように $a_{\boldsymbol{k},r}^{(+)}(t)$ は消滅演算子，$a_{\boldsymbol{k},r}^{(-)}(t)$ は生成演算子である．それゆえ(2.68)を解いて

$$a_{\boldsymbol{k},r}^{(+)}(t) = a_{\boldsymbol{k},r}e^{-i\omega_k t}, \qquad a_{\boldsymbol{k},r}^{(-)}(t) = b_{-\boldsymbol{k},r}^{\dagger}e^{i\omega_k t} \tag{2.69}$$

とかき，$u_r(\boldsymbol{k})\equiv u_r^{(+)}(\boldsymbol{k})$，$v_r(\boldsymbol{k})\equiv u_r^{(-)}(-\boldsymbol{k})$ とすれば

$$
\begin{aligned}
\psi^{(+)}(x) &= \frac{1}{\sqrt{V}}\sum_{\boldsymbol{k}}\sum_{r} a_{\boldsymbol{k},r}u_r(\boldsymbol{k})e^{i(\boldsymbol{kx}-\omega_k t)} \\
\psi^{(-)}(x) &= \frac{1}{\sqrt{V}}\sum_{\boldsymbol{k}}\sum_{r} b^{\dagger}_{\boldsymbol{k},r}v_r(\boldsymbol{k})e^{-i(\boldsymbol{kx}-\omega_k t)}
\end{aligned}
\tag{2.70}
$$

を得る．(2.69)から分かるように，$a_{\boldsymbol{k},r}$，$b_{\boldsymbol{k},r}$ はともに消滅演算子で，一般には相互に独立であるが，ある条件のもとでは1次従属になることがある．これについてはあとで述べる．われわれは，ここでは両者は独立としよう．$b^{\dagger}_{\boldsymbol{k},r}$ によって生成される粒子は，$a^{\dagger}_{\boldsymbol{k},r}$ によって生成される粒子の**反粒子**(antiparticle)という*．de Broglie 場のときにみたように，$a^{\dagger}_{\boldsymbol{k},r}$ および $b^{\dagger}_{\boldsymbol{k},r}$ によって生成される1体粒子の波動関数は，それぞれ $V^{-1/2}u_r(\boldsymbol{k})\exp[i(\boldsymbol{kx}-\omega_k t)]$ および $V^{-1/2}v_r^*(\boldsymbol{k})\exp[i(\boldsymbol{kx}-\omega_k t)]$ である．

生成・消滅演算子の交換関係は

$$
\begin{aligned}
[a_{\boldsymbol{k},r}, a^{\dagger}_{\boldsymbol{k}',r'}]_{\mp} &= [b_{\boldsymbol{k},r}, b^{\dagger}_{\boldsymbol{k}',r'}]_{\mp} = \delta_{\boldsymbol{kk}'}\delta_{rr'} \\
[a_{\boldsymbol{k},r}, a_{\boldsymbol{k}',r'}]_{\mp} &= [b_{\boldsymbol{k},r}, b_{\boldsymbol{k}',r'}]_{\mp} = 0 \\
[a_{\boldsymbol{k},r}, b_{\boldsymbol{k}',r'}]_{\mp} &= [a_{\boldsymbol{k},r}, b^{\dagger}_{\boldsymbol{k}',r'}]_{\mp} = 0
\end{aligned}
\tag{2.71}
$$

で与えられる．この場合も交換関係の括弧につけられた $\mp$ の添字は，Bose，Fermi それぞれの統計に対応する．それゆえ，(2.70)により

$$
\begin{aligned}
[\psi_a^{(+)}(\boldsymbol{x},t), \psi_b^{(+)\dagger}(\boldsymbol{y},t)]_{\mp} &= \frac{1}{V}\sum_{\boldsymbol{k},r} u_{r,a}(\boldsymbol{k})u^*_{r,b}(\boldsymbol{k})e^{i\boldsymbol{k}(\boldsymbol{x}-\boldsymbol{y})} \\
[\psi_a^{(-)}(\boldsymbol{x},t), \psi_b^{(-)\dagger}(\boldsymbol{y},t)]_{\mp} &= \mp\frac{1}{V}\sum_{\boldsymbol{k},r} v_{r,a}(\boldsymbol{k})v^*_{r,b}(\boldsymbol{k})e^{-i\boldsymbol{k}(\boldsymbol{x}-\boldsymbol{y})} \\
[\psi_a^{(+)}(\boldsymbol{x},t), \psi_b^{(+)}(\boldsymbol{y},t)]_{\mp} &= [\psi_a^{(-)}(\boldsymbol{x},t), \psi_b^{(-)}(\boldsymbol{y},t)] = 0 \\
[\psi_a^{(+)}(\boldsymbol{x},t), \psi_b^{(-)}(\boldsymbol{y},t)]_{\mp} &= [\psi_a^{(+)}(\boldsymbol{x},t), \psi_b^{(-)\dagger}(\boldsymbol{y},t)]_{\mp} = 0
\end{aligned}
\tag{2.72}
$$

とかくことができる．ここで添字 a, b は Dirac スピノール の成分を指定するもので，それぞれは4個の値をとる．

---

* これはスピン 1/2 粒子の反粒子であるが，あとでみるように反粒子の概念はすべての相対論的な粒子に一般化されて用いられる．

いま，$\sum_r u_r(\boldsymbol{k})\cdot u_r^*(\boldsymbol{k})$を，$a$ 行 b 列の成分が $\sum_r u_{r,a}(\boldsymbol{k})u_{r,b}^*(\boldsymbol{k})$ であるような4行4列の行列とみなすとき，$u_r(\boldsymbol{k})$ の定義から，これは運動量 $\boldsymbol{k}$ の正のエネルギー状態への射影演算子でなければならない．すなわち

$$\sum_r u_{r,a}(\boldsymbol{k})u_{r,b}^*(\boldsymbol{k}) = \left[\frac{\omega_k+(\boldsymbol{\alpha k}+\beta m)}{2\omega_k}\right]_{ab} \tag{2.73}$$

同様にして $\sum_r v_r(\boldsymbol{k})\cdot v_r^*(\boldsymbol{k})$ は，運動量 $-\boldsymbol{k}$ の負のエネルギー状態への射影演算子で

$$\sum_r v_{r,a}(\boldsymbol{k})v_{r,b}^*(\boldsymbol{k}) = \left[\frac{\omega_k-(-\boldsymbol{\alpha k}+\beta m)}{2\omega_k}\right]_{ab} \tag{2.74}$$

とかくことができる．そこで，これらを(2.72)の第1，第2式に用いれば，

$$\begin{aligned}
&[\psi_a^{(+)}(\boldsymbol{x},t),\psi_b^{(+)\dagger}(\boldsymbol{y},t)]_\mp \\
&\quad = \frac{1}{2}\delta_{ab}\delta^3(\boldsymbol{x}-\boldsymbol{y})+\frac{1}{2}\left(\frac{1}{i}\boldsymbol{\alpha}\nabla_x+\beta m\right)_{ab}f(|\boldsymbol{x}-\boldsymbol{y}|) \\
&[\psi_a^{(-)}(\boldsymbol{x},t),\psi_b^{(-)\dagger}(\boldsymbol{y},t)]_\mp \\
&\quad = \mp\frac{1}{2}\delta_{ab}\delta^3(\boldsymbol{x}-\boldsymbol{y})\pm\frac{1}{2}\left(\frac{1}{i}\boldsymbol{\alpha}\nabla_x+\beta m\right)_{ab}f(|\boldsymbol{x}-\boldsymbol{y}|)
\end{aligned} \tag{2.75}$$

を得る．ここでわれわれは，V が十分大きい極限で $V^{-1}\sum_{\boldsymbol{k}}$ は $(2\pi)^{-3}\int d^3\boldsymbol{k}$ で置き換えられることを用いた．また $f(|\boldsymbol{x}-\boldsymbol{y}|)$ は

$$f(|\boldsymbol{x}|) = \frac{1}{(2\pi)^3}\int d^3\boldsymbol{k}\,\frac{1}{\omega_k}e^{i\boldsymbol{kx}} \tag{2.76}$$

で定義される．

明らかに，$\boldsymbol{x}\neq 0$ となるすべての $\boldsymbol{x}$ に対して $f(|\boldsymbol{x}|)$ が恒等的にゼロになることはあり得ない*．すなわち，交換関係(2.75)はともに非局所的，つまり $\boldsymbol{x}\neq\boldsymbol{y}$ に対して右辺はゼロにならない．しかし，場の演算子は $\psi(x)\,(=\psi^{(+)}(x)+\psi^{(-)}(x))$ というまとまった形でつねに現われ，$\psi^{(+)}(x)$ と $\psi^{(-)}(x)$ が別々に扱われることはない．それゆえに，交換関係は $[\psi_a(\boldsymbol{x},t),\psi_b^\dagger(\boldsymbol{y},t)]_\mp$，

* (2.76)の右辺の積分を行なうと，$|\boldsymbol{x}|=r$ とかくとき，$f(r)=-(2\pi^2 r)^{-1}\partial K_0(mr)/\partial r$．ここで K_0 は変形 Bessel 関数である．

$[\psi_a(\boldsymbol{x},t),\psi_b(\boldsymbol{y},t)]_{\mp}$ という形で記述されるはずである．

まず，系はBose統計に従っていると仮定してみよう．このとき(2.75)および(2.72)の第3，第4式を考慮すれば

$$\begin{aligned}
&[\psi_a(\boldsymbol{x},t),\psi_b^{\dagger}(\boldsymbol{y},t)]=\left(\frac{1}{i}\boldsymbol{\alpha}\nabla_x+\beta m\right)_{ab}f(|\boldsymbol{x}-\boldsymbol{y}|)\\
&[\psi_a(\boldsymbol{x},t),\psi_b(\boldsymbol{y},t)]=0
\end{aligned}\tag{2.77}$$

他方，Fermi統計を仮定すると，同様にして

$$\begin{aligned}
&\{\psi_a(\boldsymbol{x},t),\psi_b^{\dagger}(\boldsymbol{y},t)\}=\delta_{ab}\delta^3(\boldsymbol{x}-\boldsymbol{y})\\
&\{\psi_a(\boldsymbol{x},t),\psi_b(\boldsymbol{y},t)\}=0
\end{aligned}\tag{2.78}$$

を得る．

このようにして，交換関係はBose統計に対しては非局所的，Fermi統計においては局所的になる．

ここで，ハミルトニアンを考えてみよう．調和振動子の一般論からただちに

$$\begin{aligned}
H&=\frac{1}{2}\sum_{\boldsymbol{k}}\sum_{r}\omega_k([a_{\boldsymbol{k},r}^{\dagger},a_{\boldsymbol{k},r}]_{\pm}+[b_{\boldsymbol{k},r}^{\dagger},b_{\boldsymbol{k},r}]_{\pm})\\
&=\frac{1}{4}\sum_{a,b}\int d^3\boldsymbol{x}\left\{\left[\psi_a^{(+)\dagger}(x),\left(\frac{1}{i}\boldsymbol{\alpha}\nabla+\beta m\right)_{ab}\psi_b^{(+)}(x)\right]_{\pm}\right.\\
&\quad+[(i\boldsymbol{\alpha}\nabla+\beta m)_{ab}\psi_b^{(+)\dagger}(x),\psi_a^{(+)}(x)]_{\pm}\\
&\quad\mp\left[\psi_a^{(-)\dagger}(x),\left(\frac{1}{i}\boldsymbol{\alpha}\nabla+\beta m\right)_{ab}\psi_b^{(-)}(x)\right]_{\pm}\\
&\quad\left.\mp[(i\boldsymbol{\alpha}\nabla+\beta m)_{ab}\psi_b^{(-)\dagger}(x),\psi_a^{(-)}(x)]_{\pm}\right\}
\end{aligned}\tag{2.79}$$

となる．他方，(2.73)，(2.74)を用いて，無理に $\psi^{(\pm)}(x)$ を $\psi(x)$ で表わすと

$$\psi_a^{(\pm)}(\boldsymbol{x},t)=\frac{1}{2}\left[\psi_a(\boldsymbol{x},t)\pm\sum_b\left(\frac{1}{i}\boldsymbol{\alpha}\nabla+\beta m\right)_{ab}\int d^3\boldsymbol{y}f(|\boldsymbol{x}-\boldsymbol{y}|)\psi_b(\boldsymbol{y},t)\right]\tag{2.80}$$

となって，非局所的な表現となるが，これを(2.79)に代入するとFermi統計のときだけこの非局所性は消し合って，ハミルトニアンはエネルギー密度という局所的の量の空間積分に帰着する．

すなわち，このときエネルギー密度を

$$\mathcal{H}(x) = \frac{1}{4}\sum_a \left\{\left[\psi_a^\dagger(x), \left(\frac{1}{i}\boldsymbol{\alpha}\nabla + \beta m\right)_{ab}\psi_b(x)\right] + [(i\boldsymbol{\alpha}\nabla + \beta m)_{ab}\psi_a^\dagger(x), \psi_b(x)]\right\} \tag{2.81}$$

とすると

$$H = \int d^3\boldsymbol{x}\,\mathcal{H}(x) \tag{2.82}$$

とかくことができる．同時刻で異なる空間的な2点におけるエネルギー密度は，(2.78)によれば交換する．

$$[\mathcal{H}(\boldsymbol{x}, t), \mathcal{H}(\boldsymbol{y}, t)] = 0 \qquad (\boldsymbol{x} \neq \boldsymbol{y}) \tag{2.83}$$

これは，空間的に隔たった2点における事象は，相互に影響を及ぼすことはないという相対性理論の要求，**Einstein の因果律**(Einstein causality)を満たすものである*.

このようにして Dirac 場の場合，Bose 統計を適用すると，ハミルトニアンは非局所的な表現となり，Einstein の因果律を満たすようにすることはできないことが分かる．それればかりでなく，この非局所性は，(2.66)を満足する $u_r^{(\pm)}(\boldsymbol{k})$ を用いて $\psi^{(\pm)}(x)$ が(2.67)の形にかかれたことに由来する．つまり，1粒子状態のエネルギー E_k と運動量 $\boldsymbol{k}$ が $E_k^2 = \boldsymbol{k}^2 + m^2$ という関係にあることがここではフルに利用されているわけで，もしわずかでも，外部からの影響を系が受けて，この関係が満たされなくなれば，$\psi^{(\pm)}$ ばかりでなく非局所項自身をも与えることができない．いいかえれば，Bose 統計を無理にあてはめたときのハミルトニアンは，ほんのわずかでも外界からの影響を受けている場合へはスムーズに結びつかないのである．

しかし，現実には外界からの影響が完璧にゼロという状況は存在しない．ただ，それが極めて微弱であれば十分よい近似でそれを無視できるということが，自由場という概念の存在し得る前提となっており，またそれが現実であるが，

* (2.83)は，相対論的には $x^\mu - y^\mu$ が空間的つまり $(x^\mu - y^\mu)(x_\mu - y_\mu) > 0$ の場合，$[\mathcal{H}(x), \mathcal{H}(y)] = 0$ に一般化される．

Dirac 場への Bose 統計の適用はこの前提と相容れないものになっている．

われわれは，相対論において，1体粒子のエネルギーと運動量が $E_k^2=\boldsymbol{k}^2+m^2$ を満たしているときに，状態は**質量殻**(mass shell)**上にある**，あるいは簡単に，**オンシェル**(on-shell)**にある**ということにしよう．そうして外部からの影響などによって，この式が満たされないときは**質量殻外**，つまり**オフシェル**(off-shell)**にある**ということにする．上の Bose 統計の強引な適用は，Einstein の因果律を壊すばかりでなく，その形式においてオンシェルとオフシェル間のスムーズな移行を否定し，現実の要請に反する結果を導くことになる．

つぎに粒子数を表わす演算子について考えてみよう．$a_{\boldsymbol{k},r}^\dagger$, $b_{\boldsymbol{k},r}^\dagger$ によって生成される粒子のそれぞれの粒子数の演算子 $N^{(a)}, N^{(b)}$ は，Fermi 統計においては

$$\begin{aligned} N^{(a)} &= \frac{1}{2}\sum_{\boldsymbol{k}}\sum_{r}[a_{\boldsymbol{k},r}^\dagger, a_{\boldsymbol{k},r}]+\text{const.} \\ &= \frac{1}{2}\int d^3\boldsymbol{x}\,[\psi^{(+)\dagger}(x), \psi^{(+)}(x)]+\text{const.} \\ N^{(b)} &= \frac{1}{2}\sum_{\boldsymbol{k}}\sum_{r}[b_{\boldsymbol{k},r}^\dagger, b_{\boldsymbol{k},r}]+\text{const.} \\ &= -\frac{1}{2}\int d^3\boldsymbol{x}\,[\psi^{(-)\dagger}(x), \psi^{(-)}(x)]+\text{const.} \end{aligned} \tag{2.84}$$

で与えられる．ただし，上式における const. は，$N^{(a)}, N^{(b)}$ を $|0\rangle$ に作用させた結果をゼロにするように選ばれた定数である．それゆえ，(2.80)によってかきかえるとき，全粒子数の表式から非局所項が消えるためには，それは $N^{(a)}$ と $N^{(b)}$ の差で与えられる必要がある．すなわち

$$N = \frac{1}{2}\sum_{\boldsymbol{k}}\sum_{r}([a_{\boldsymbol{k},r}^\dagger, a_{\boldsymbol{k},r}]-[b_{\boldsymbol{k},r}^\dagger, b_{\boldsymbol{k},r}]) = \frac{1}{2}\int d^3\boldsymbol{x}\,[\psi^\dagger(x), \psi(x)] \tag{2.85}$$

ここで粒子数密度

$$\rho(x) = \frac{1}{2}[\psi^\dagger(x), \psi(x)] \tag{2.86}$$

は，(2.78)によって局所的，つまり $[\rho(\boldsymbol{x},t), \rho(\boldsymbol{y},t)]\big|_{\boldsymbol{x}\neq\boldsymbol{y}}=0$ をみたしていることが分かる．

なお，ついでながら，もし Bose 統計を採用するならば，(2.84)の右辺にある[,]は{ , }で置き換えられなければならない．そのとき全粒子数の表式に非局所項が現われないためには，$N=N^{(a)}+N^{(b)}+\text{const.}$ となって $\rho(x)=\frac{1}{2}\{\phi^\dagger(x),\phi(x)\}+\text{const.}$ でなければならない．しかし，(2.77)によれば $[\rho(\boldsymbol{x},t),\rho(\boldsymbol{y},t)]_{\boldsymbol{x}\neq\boldsymbol{y}}\neq 0$ となり，点 $\boldsymbol{x}$ における粒子密度の存在は，同時刻の点 $\boldsymbol{y}$ における粒子密度に影響を与えることになる．

このようにして，Dirac 場に対しては Fermi 統計の適正なことが示された．ここで Lagrange 関数を与えよう．$\bar{\phi}_a(x)$ を $i\sum_b \phi_b^\dagger(x)\gamma_{ba}^0$ と定義しよう．これを以下簡単のために

$$\bar{\phi}(x) = i\phi^\dagger(x)\gamma^0 \qquad (2.87)$$

と記すことにする．これが無限小 Lorentz 変換(2.62)のもとで

$$\bar{\phi}'(x') = \bar{\phi}(x)S(\Lambda)^{-1} \qquad (2.88)$$

となることは，$\gamma^j\,(j=1,2,3)$ が Hermite，γ^0 が反 Hermite 行列であることから容易にわかる．それゆえ，Lagrange 関数を

$$L(x) = -\frac{1}{2}[\bar{\phi}(x),(\gamma^\mu\partial_\mu+m)\phi(x)] \qquad (2.89)$$

とするときに，$L(x)$ は連続的 Lorentz 変換のもとでスカラー関数すなわち $L'(x')=L(x)$ である．ここで，$L'(x')$ は $L(x)$ における $\phi(x)$ を $\phi'(x')$ で置きかえたものである．なお，空間反転 $\boldsymbol{x}\to-\boldsymbol{x}$，$x^0\to x^0$ においては(2.61)により，$S(\Lambda)$ として γ^0 を用いることができる．

$$\phi'(-\boldsymbol{x},t) = \gamma^0\phi(\boldsymbol{x},t) \qquad (2.90)$$

したがって(2.88)がみたされ，空間反転に対しても $L(x)$ はスカラーである．

Lagrange 関数(2.89)から，前項に述べた要領に従い，運動方程式(2.57)，交換関係(2.78)，ハミルトニアン(2.82)，粒子数(2.85)を導くことができる．なお，系の全運動量を与える演算子は，(2.53)を用いることにより

$$\boldsymbol{P} = \frac{1}{2i}\int d^3\boldsymbol{x}\,[\phi^\dagger(x),\nabla\phi(x)] \qquad (2.91)$$

となる．これらの導出は読者が自ら試みていただきたい．

$\bar{\psi}$を用いると交換関係(2.78)を相対論的に共変な形にかきかえることができる．(2.70)，(2.71)，(2.73)，(2.74)により

$$
\begin{aligned}
\{\psi_a(x), \bar{\psi}_b(y)\} &= \{\psi_a^{(+)}(x), \overline{\psi_b^{(+)}}(y)\} + \{\psi_a^{(-)}(x), \overline{\psi_b^{(-)}}(y)\} \\
&= \frac{-1}{V}\sum_{\boldsymbol{k}} \frac{1}{2\omega_k}\{(i\gamma^\mu k_\mu - m)_{ab} e^{ik_\mu(x-y)^\mu} - (-i\gamma^\mu k^\mu - m)_{ab} e^{-ik_\mu(x-y)^\mu}\}\Big|_{k^0=\omega_k} \\
&= \frac{-1}{(2\pi)^3}(\gamma^\mu \partial_\mu - m)_{ab} \int d^3\boldsymbol{k}\, \frac{1}{2\omega_k}(e^{ik_\mu(x-y)^\mu} - e^{-ik_\mu(x-y)^\mu})\Big|_{k^0=\omega_k} \\
&= \frac{1}{i}(\gamma^\mu \partial_\mu - m)_{ab} \Delta(x-y)
\end{aligned}
\tag{2.92}
$$

ここで，$\Delta(x-y)$は連続的Lorentz変換，および空間反転で不変な関数で，

$$
\begin{aligned}
\Delta(x) &= -\frac{i}{(2\pi)^3}\int d^3\boldsymbol{k}\, \frac{1}{2\omega_k}(e^{ik_\mu x^\mu} - e^{-ik_\mu x^\mu})\Big|_{k^0=\omega_k} \\
&= -\frac{i}{(2\pi)^3}\int d^4k\, \epsilon(k^0)\delta(k_\mu k^\mu + m^2) e^{ik_\mu x^\mu}
\end{aligned}
\tag{2.93}
$$

ただし，$\epsilon(k^0) = k^0/|k^0|$ $(k^0 \neq 0)$．

また，(2.78)の第2式は，任意のx, yに対して

$$
\{\psi_a(x), \psi_b(y)\} = 0 \tag{2.94}
$$

と一般化される．

関数$\Delta(x)$がつぎの性質をもつことは容易に確かめられる．

$$
\begin{aligned}
(\Box - m^2)\Delta(x) &= 0 \\
\Delta(x) &= 0, \qquad x_\mu x^\mu > 0 \\
\dot{\Delta}(x)\Big|_{x^0=0} &= -\delta^3(\boldsymbol{x})
\end{aligned}
\tag{2.95}
$$

ここで，$\Box \equiv \partial_\mu \partial^\mu$はダランベルシアン(d'Alembertian)とよばれる．

ちなみに，Bose統計のときは，(2.77)は任意のx, yに対し

$$
\begin{aligned}
[\psi_a(x), \bar{\psi}_b(y)] &= (\gamma^\mu \partial_\mu - m)_{ab} \Delta^{(1)}(x-y) \\
[\psi_a(x), \psi_b(y)] &= 0
\end{aligned}
\tag{2.96}
$$

ただし，$\Delta^{(1)}(x)$はLorentz不変な関数で

$$
\Delta^{(1)}(x) = \frac{1}{(2\pi)^3}\int d^4k\, \delta(k_\mu k^\mu + m^2) e^{ik_\mu x^\mu} \tag{2.97}
$$

で定義され，下の性質をもつ．

$$\Delta^{(1)}(-x) = \Delta^{(1)}(x), \qquad \Delta^{(1)}(x)\Big|_{x^0=0} \neq 0 \qquad (2.98)$$
$$(\Box - m^2)\Delta^{(1)}(x) = 0$$

この項では，(2.58)を満足する行列γ^μに関して最低限のことだけ述べたが，しかしその数学的な性質はしばしば利用されるので，これらについては付録2にまとめてある．

c）Klein-Gordon 場

つぎの方程式を**Klein-Gordon の方程式**といい，これに従う場$U(x)$を，自由な**Klein-Gordon 場**(Klein-Gordon field)という．

$$(\Box - m^2)U(x) = 0 \qquad (2.99)$$

ここで，$U(x)$は連続的なLorentz変換のもとでスカラー，$U'(x') = U(x)$が仮定される．演算子としての$U(x)$はHermiteの場合とそうでない場合，$U^\dagger(x) \neq U(x)$が考えられるが，ここではさしあたり，後者を仮定して話をすすめることにする．

調和振動子を(2.92)からとり出すために，$U(x)$をFourier展開して

$$U(\boldsymbol{x}, t) = \frac{1}{\sqrt{V}}\sum_{\boldsymbol{k}} q_{\boldsymbol{k}}(t) e^{i\boldsymbol{kx}} \qquad (2.100)$$

とかけば，(2.92)から

$$\ddot{q}_{\boldsymbol{k}}(t) = -\omega_k^2 q_{\boldsymbol{k}}(t) \qquad (\omega_k \equiv \sqrt{\boldsymbol{k}^2 + m^2}) \qquad (2.101)$$

とかくことができる．$q_{\boldsymbol{k}}(t)$はHermite演算子ではないので，これを実部と虚部に分け

$$q_{\boldsymbol{k}}(t) = \frac{1}{\sqrt{2}}(q_{\boldsymbol{k},1}(t) + iq_{\boldsymbol{k},2}(t)) \qquad (2.102)$$
$$q_{\boldsymbol{k},j}^\dagger(t) = q_{\boldsymbol{k},j}(t) \qquad (j=1,2)$$

とすれば

$$\ddot{q}_{\boldsymbol{k},j}(t) = -\omega_k^2 q_{\boldsymbol{k},j} \qquad (j=1,2) \qquad (2.103)$$

を得る．それゆえ，(2.10)，(2.12)にならって

$$a_{\boldsymbol{k},j}(t) = \frac{1}{\sqrt{2}}\left(\sqrt{\omega_k}\, q_{\boldsymbol{k},j}(t) + \frac{i}{\sqrt{\omega_k}}\dot{q}_{\boldsymbol{k},j}\right) \tag{2.104}$$

とすると，(2.103)から

$$\dot{a}_{\boldsymbol{k},j}(t) = -\omega_k a_{\boldsymbol{k},j}(t) \tag{2.105}$$

となり，消滅演算子 $a_{\boldsymbol{k},j}(t)$ が導かれる．(2.104)によれば $q_{\boldsymbol{k},j}(t) = (2\omega_k)^{-1/2}\cdot(a_{\boldsymbol{k},j}(t) + a^\dagger_{\boldsymbol{k},j}(t))$，かつ(2.105)から $a_{\boldsymbol{k},j}(t) = a_{\boldsymbol{k},j}(0)\exp[-i\omega_k t]$ であるから，$q_{\boldsymbol{k}}(t)$ は下のようにかきかえられる．

$$\begin{aligned} q_{\boldsymbol{k}}(t) &= \frac{1}{2\sqrt{\omega_k}}(a_{\boldsymbol{k},1}(t) + ia_{\boldsymbol{k},2}(t) + a^\dagger_{\boldsymbol{k},1}(t) + ia^\dagger_{\boldsymbol{k},2}(t)) \\ &= \frac{1}{\sqrt{2\omega_k}}(a_{\boldsymbol{k}}e^{-i\omega_k t} + b^\dagger_{-\boldsymbol{k}}e^{i\omega_k t}) \end{aligned} \tag{2.106}$$

ただし

$$a_{\boldsymbol{k}} = \frac{1}{\sqrt{2}}(a_{\boldsymbol{k},1}(0) + ia_{\boldsymbol{k},2}(0)), \qquad b_{\boldsymbol{k}} = \frac{1}{\sqrt{2}}(a_{-\boldsymbol{k},1}(0) - ia_{-\boldsymbol{k},2}(0)) \tag{2.107}$$

であって，これらは互いに独立な消滅演算子である．その結果，

$$f^{(+)}_{\boldsymbol{k}}(x) = \frac{1}{\sqrt{2V\omega_k}}e^{i(\boldsymbol{kx} - \omega_k t)}, \qquad f^{(-)}_{\boldsymbol{k}}(x) = f^{(+)*}_{\boldsymbol{k}}(x) \tag{2.108}$$

とするとき，

$$\begin{aligned} U(x) &= U^{(+)}(x) + U^{(-)}(x) \\ U^{(+)}(x) &= \sum_{\boldsymbol{k}} a_{\boldsymbol{k}} f^{(+)}_{\boldsymbol{k}}(x), \qquad U^{(-)}(x) = \sum_{\boldsymbol{k}} b^\dagger_{\boldsymbol{k}} f^{(-)}_{\boldsymbol{k}}(x) \end{aligned} \tag{2.109}$$

他方，交換関係は Bose，Fermi 統計に対応して

$$\begin{aligned} &[a_{\boldsymbol{k}}, a^\dagger_{\boldsymbol{k}'}]_\mp = [b_{\boldsymbol{k}}, b^\dagger_{\boldsymbol{k}'}]_\mp = \delta_{\boldsymbol{kk}'} \\ &[a_{\boldsymbol{k}}, a_{\boldsymbol{k}'}]_\mp = [b_{\boldsymbol{k}}, b_{\boldsymbol{k}'}]_\mp = [a_{\boldsymbol{k}}, b_{\boldsymbol{k}'}]_\mp = [a_{\boldsymbol{k}}, b^\dagger_{\boldsymbol{k}'}]_\mp = 0 \end{aligned} \tag{2.110}$$

ハミルトニアンは

$$H = \frac{1}{2}\sum_k \omega_k([a^\dagger_{\boldsymbol{k}}, a_{\boldsymbol{k}}]_\pm + [b^\dagger_{\boldsymbol{k}}, b_{\boldsymbol{k}}]_\pm) + \text{const.} \tag{2.111}$$

である.

さて, (2.109)を用いると, (2.110)の交換関係は, 任意の x, y に対して

$$
\begin{aligned}
[U^{(+)}(x), U^{(+)\dagger}(y)]_{\mp} &= \frac{1}{(2\pi)^3}\int d^3\boldsymbol{k}\, \frac{1}{2\omega_k} e^{ik_\mu(x-y)^\mu}\Big|_{k^0=\omega_k} \\
[U^{(-)}(x), U^{(-)\dagger}(y)]_{\mp} &= \mp\frac{1}{(2\pi)^3}\int d^3\boldsymbol{k}\, \frac{1}{2\omega_k} e^{-ik_\mu(x-y)^\mu}\Big|_{k^0=\omega_k} \\
[U^{(+)}(x), U^{(+)}(y)]_{\mp} &= [U^{(-)}(x), U^{(-)}(y)]_{\mp} \\
&= [U^{(+)}(x), U^{(-)}(y)]_{\mp} \\
&= [U^{(+)}(x), U^{(-)\dagger}(y)]_{\mp} = 0
\end{aligned}
\tag{2.112}
$$

が得られる. これから直ちに Bose 統計に対しては

$$
\begin{aligned}
[U(x), U^\dagger(y)] &= i\Delta(x-y) \\
[U(x), U(y)] &= 0
\end{aligned}
\tag{2.113}
$$

また Fermi 統計の場合には

$$
\begin{aligned}
\{U(x), U^\dagger(y)\} &= \Delta^{(1)}(x-y) \\
\{U(x), U(y)\} &= 0
\end{aligned}
\tag{2.114}
$$

となる. 後者では $\Delta^{(1)}(x-y)\Big|_{x^0=y^0} \neq 0$ であるから, 同時刻での交換関係は非局所的である. この意味で, Klein-Gordon 場に対する Fermi 統計の適用は不適切である.

さらに, ハミルトニアンを $U^{(\pm)}(x)$ を用いてかきかえると

$$
\begin{aligned}
H = \frac{1}{2}\int d^3\boldsymbol{x}\, \{&[\dot{U}^{(+)\dagger}(x), \dot{U}^{(+)}(x)]_{\pm} \pm [\dot{U}^{(-)\dagger}(x), \dot{U}^{(-)}(x)]_{\pm} \\
&+ [\nabla U^{(+)\dagger}(x), \nabla U^{(+)}(x)]_{\pm} \pm [\nabla U^{(-)\dagger}(x), \nabla U^{(-)}(x)]_{\pm} \\
&+ m^2[U^{(+)\dagger}(x), U^{(+)}(x)]_{\pm} \pm m^2[U^{(-)\dagger}(x), U^{(-)}(x)]_{\pm}\} + \text{const.}
\end{aligned}
\tag{2.115}
$$

ここで, つぎの関係式

$$
\begin{aligned}
\int d^3\boldsymbol{x}\, \{&\dot{f}_{\boldsymbol{k}}^{(+)*}(x)\dot{f}_{\boldsymbol{k}'}^{(-)}(x) + \nabla f_{\boldsymbol{k}}^{(+)*}(x)\nabla f_{\boldsymbol{k}'}^{(-)}(x) \\
&+ m^2 f_{\boldsymbol{k}}^{(+)*}(x) f_{\boldsymbol{k}'}^{(-)}(x)\} = 0
\end{aligned}
\tag{2.116}
$$

および，これの複素共役の式を用いれば，Bose 統計の場合には

$$H = \frac{1}{2}\int d^3\boldsymbol{x}\,(\{\dot{U}^\dagger(x),\dot{U}(x)\}+\{\nabla U^\dagger(x),\nabla U(x)\}$$
$$+m^2\{U^\dagger(x),U(x)\})+\text{const.} \tag{2.117}$$

が導かれる．

他方，Fermi 統計の場合は簡単な計算法がないので，やむを得ず

$$U^{(\pm)}(\boldsymbol{x},t) = \frac{1}{2}\{U(\boldsymbol{x},t)\pm i\int d^3\boldsymbol{y}\,f(|\boldsymbol{x}-\boldsymbol{y}|)\dot{U}(\boldsymbol{y},t)\} \tag{2.118}$$

を用いて，$U^{(\pm)}(x)$ を消去することを試みよう．ここで $f(|\boldsymbol{x}|)$ は(2.76)で与えられる．$(m^2-\Delta)^{1/2}f(|\boldsymbol{x}|)=\delta^3(\boldsymbol{x})$ および空間積分に部分積分を適当に用いてまとめると*，結局

$$H = \frac{i}{2}\int d^3\boldsymbol{x}\,([(m^2-\Delta)^{1/2}U^\dagger(x),\dot{U}(x)]$$
$$-[\dot{U}^\dagger(x),(m^2-\Delta)^{1/2}U(x)])+\text{const.} \tag{2.119}$$

となり，Bose 統計の場合とは異なって，オンシェルに拘束された非局所的な表現をまぬかれることができない．

ついでに，粒子数について述べておこう．粒子 a, b それぞれの個数演算子は

$$\begin{aligned} N^{(a)} &= \frac{1}{2}\sum_{\boldsymbol{k}}[a_{\boldsymbol{k}}^\dagger, a_{\boldsymbol{k}}]_\pm+\text{const.} \\ N^{(b)} &= \frac{1}{2}\sum_{\boldsymbol{k}}[b_{\boldsymbol{k}}^\dagger, b_{\boldsymbol{k}}]_\pm+\text{const.} \end{aligned} \tag{2.120}$$

となるが，全粒子数の表現にオンシェル構造に由来する非局所性が現われないためには，Bose 統計では

$$N = N^{(a)}-N^{(b)} = \frac{1}{2i}\int d^3\boldsymbol{x}\,(\{\dot{U}^\dagger(x),U(x)\}-\{U^\dagger(x),\dot{U}(x)\}) \tag{2.121}$$

Fermi 統計では

---

* 十分遠方の表面積分からの寄与は無視した．

$$N = N^{(a)}+N^{(b)}+\text{const.}$$
$$= \frac{1}{2i}\int d^3\boldsymbol{x}\,([\dot{U}^\dagger(x), U(x)]-[U^\dagger(x), \dot{U}(x)])+\text{const.} \quad (2.122)$$

となる．しかしながら，Fermi 統計においては粒子密度 $\rho(x)$ は，$[\rho(\boldsymbol{x}, t), \rho(\boldsymbol{y}, t)] \neq 0\ (\boldsymbol{x} \neq \boldsymbol{y})$ となって，Einstein の因果律を破ることになる．

以上，いくつかの面から統計性を吟味してきたが，自由な Klein-Gordon 場に対しては Fermi 統計は許されないことが分かる．$b_{\boldsymbol{k}}^\dagger$ により生成される粒子は $a_{\boldsymbol{k}}^\dagger$ が生成する粒子の反粒子と呼ばれる．

したがって，交換関係は(2.18)が採用されなければならない．時刻 t においては $U(\boldsymbol{x}, t)$ と $\dot{U}(\boldsymbol{y}, t)$ は独立である．それゆえ，(2.108)，(2.109)によって，同時交換関係は

$$\begin{aligned}
[\dot{U}^\dagger(\boldsymbol{x}, t), U(\boldsymbol{y}, t)] &= [\dot{U}(\boldsymbol{x}, t), U^\dagger(\boldsymbol{y}, t)] \\
&= -i\delta^3(\boldsymbol{x}-\boldsymbol{y}) \\
[U^\dagger(\boldsymbol{x}, t), U(\boldsymbol{y}, t)] &= [U(\boldsymbol{x}, t), U(\boldsymbol{y}, t)] \\
&= [\dot{U}(\boldsymbol{x}, t), U(\boldsymbol{y}, t)] \\
&= [\dot{U}^\dagger(\boldsymbol{x}, t), \dot{U}(\boldsymbol{y}, t)] \\
&= [\dot{U}(\boldsymbol{x}, t), \dot{U}(\boldsymbol{y}, t)] = 0
\end{aligned} \quad (2.123)$$

で与えられることになる．

Klein-Gordon 方程式は，Lagrange 関数

$$L(x) = -(\partial_\mu U^\dagger(x)\partial^\mu U(x)+m^2 U^\dagger(x)U(x)) \quad (2.124)$$

から導かれる．これから(2.47)と同様にして，$U(x), U^\dagger(x)$ に正準共役な運動量変数を定義し，Bose 統計を仮定すれば，(2.123)がまた与えられる．

2-3 漸近的世界

われわれは，なにゆえに，自由な Dirac 場が Fermi 統計をみたし，自由な Klein-Gordon 場が Bose 統計に従うかをみてきた．相対論的な自由場はこれ以外にもさまざまなスピンを記述するものが知られている．これらを逐一述べ

るのは本書の目的ではない．ただスピンと統計の関係として次の定理（W. Pauli, 1940）はよく知られている*．

定理 粒子の統計をBose, Fermi統計のいずれかと仮定するならば，整数スピンの粒子はBose統計に，半整数スピンの粒子はFermi統計に従う．▌

じつはこの定理はもうすこし一般化できて，スピンが整数の粒子はパラBose統計，半整数の粒子はパラFermi統計をみたすことも証明される．（上の定理は，パラ統計のオーダーを1とすれば，この場合の特殊ケースに当たる．）

このようにして，自由場の量子論をつくることができ，自由粒子を記述するFockの空間を構成することが可能になる．しかし，場は相互作用をもっており，いかなる場合も全く相互作用をしない完全な自由場というものは現実性がない．観測によってその存在を確かめることができないからである．ところで，相互作用をしている系のLagrange関数から，正準形式の手続きに従って場の交換関係を求めても，無限自由度の系では，さきに述べたように，無限個の非同値なHilbert空間があるので，そのなかから現実の粒子像を与えるものを選択する作業が必要になる．

しかし，一般に相互作用があると，粒子の生成・消滅が絶えず行なわれているので，このままでは明確な粒子像を場の演算子に対応させるわけにいかず，Fockの空間を構築して理論の土台となるHilbert空間を設定することが不可能となる**．これはHilbert空間がただ1つしか存在せず，それの選択を問題にしないですむ有限自由度の量子力学と本質的に異なるところである．もちろんFockの空間によらずに物理的に意味のあるHilbert空間が選定できればそれでよいのだが，現在まで，その方法は残念ながら見出されていない．そのため，外的な影響をおよぼすことなしに系が自然なかたちで自由粒子の集団にな

---

* 証明法はいろいろ考えられるが，前節の方法の一般化としては，例えば文献[8]を参照．なお，自由場以外の交換関係については，第4章4-4節「*CPT* 定理」，第5章「伝搬関数」，および本講座第21巻『量子場の数理』参照．

** 非相対論的な場の理論で，とくに関与するそれぞれの粒子数が保存しその増減がなければ，たとえ相互作用があっても粒子像が定義できて，Fockの空間をつくることができる．

る場合を想定し，ここでFockの空間を構成してHilbert空間を用意する必要がある．

このような自由粒子の集団は，粒子間の反応の充分まえ，または充分あとの時間に実現されると考えられる．そのような世界は**漸近的世界**(asymptotic world)とよばれる．しかし，無限の過去や未来でハミルトニアンから相互作用項が落ちるわけではないので，自由粒子がどのようにして実現されるのか，説明が必要であろう．厳密な議論は少々めんどうなので，ここではイメージをつかむためにポテンシャル $V(\boldsymbol{r})$ の相互作用をもつ量子力学的な2体系を考えてみよう．ここで $\boldsymbol{r}$ は2粒子間の相対座標である．

重心座標を $\boldsymbol{X}$ として，時刻 t における規格化された2粒子の波動関数を $\psi(\boldsymbol{X},\boldsymbol{r},t)$ とかくとき，t でのポテンシャルの期待値は

$$\bar{V}(t)=\int d^3\boldsymbol{X}\int d^3\boldsymbol{r}\,|\psi(\boldsymbol{X},\boldsymbol{r},t)|^2V(\boldsymbol{r}) \tag{2.125}$$

で与えられる．$V(\boldsymbol{r})$ の到達距離が有限で束縛状態がなく，かつ引力の強い特異性をもたなければ，(重心系でみたとき)時間が充分たったあとでは，粒子同士の波束は互いに隔たっていき，あるいはそうでなくても，波動関数は時間がたつにつれていかほどでも広がっていくので，ポテンシャルの到達距離内に2粒子が存在する確率はゼロに近づいていく．

それゆえ，$\psi(\boldsymbol{X},\boldsymbol{r},t)$ が規格化されていることを考慮するならば，これは $\lim_{t\to\infty}\bar{V}(t)=0$ を意味する．したがって，任意の2つの波動関数 $\psi(\boldsymbol{X},\boldsymbol{r},t)$, $\chi(\boldsymbol{X},\boldsymbol{r},t)$ による $V(\boldsymbol{r})$ の行列要素を $\langle\psi(t)|V|\chi(t)\rangle$ とかくとき，これは $t\to\infty$ でゼロになることが分かる*．さらに時間の流れを逆転させて同様の議論を行なえば $t\to-\infty$ でもやはりこれはゼロである．すなわち

$$\lim_{t\to\pm\infty}\langle\psi(t)|V|\chi(t)\rangle=0 \tag{2.126}$$

* $\psi_1(\boldsymbol{X},\boldsymbol{r},t)=a_1(\psi(\boldsymbol{X},\boldsymbol{r},t)+\chi(\boldsymbol{X},\boldsymbol{r},t))$，$\psi_2(\boldsymbol{X},\boldsymbol{r},t)=a_2(\psi(\boldsymbol{X},\boldsymbol{r},t)+i\chi(\boldsymbol{X},\boldsymbol{r},t))$ として ψ_1,ψ_2 それぞれによる V の期待値をとり，上と同様の議論を行なえばよい．ここで a_1,a_2 は規格化定数．

そこで系の自由ハミルトニアンを H_0，全ハミルトニアンを $H=H_0+V(\boldsymbol{r})$ とかけば，上式から

$$\lim_{t\to\pm\infty}\langle\psi(t)|H|\chi(t)\rangle=\lim_{t\to\pm\infty}\langle\psi(t)|H_0|\chi(t)\rangle \tag{2.127}$$

となる．すなわち $t\to\pm\infty$ では，H の代りに自由ハミルトニアン H_0 を用いてよいことがわかる．

注意すべきことは，(2.126)を Heisenberg 描像でかき直せば，$V(t)=e^{iHt}Ve^{-iHt}$ とするとき，時間に無関係な ψ,χ を用いて

$$\lim_{t\to\pm\infty}\langle\psi|V(t)|\chi\rangle=0 \tag{2.128}$$

を得るが，ψ,χ の任意性から演算子としての $V(t)$ が $t\to\pm\infty$ でゼロになると考えてはならない．つまり任意の状態に $V(t)$ を作用させたもののノルムがゼロになるのではなくて，行列要素がゼロになるのである*．演算子に対するこのような行列要素での極限を，その演算子の**弱極限**(weak limit)とよぶ．われわれは，無限の過去または未来の極限は，いつも弱極限で考える必要がある．

もう1つの注意は，場の量子論では量子力学と違って，全ハミルトニアンを自由ハミルトニアンと相互作用ハミルトニアンの2つの部分に分割するとき，その分割の仕方が自明でないことである．もし漸近的世界の自由粒子像を記述するための H_0 が求まれば，相互作用ハミルトニアンは $H-H_0$ で定義すればよい．そうして相互作用の有効到達距離が有限であれば，場の理論でも(2.127)が成立すると考えられる．

しかし，H_0 を知るためには，どのような自由粒子が可能かを検べなければならず，これには H の固有値問題が解かれなければならないが，それを行なうためには場の演算子が作用する Hilbert 空間がまず用意されている必要がある．ところがその用意は，さきに述べたように，漸近的世界での自由粒子像を

---

* $|n\rangle$ を完全直交系とするならば，$V(t)|\chi\rangle=\sum_n|n\rangle\langle n|V(t)|\chi\rangle$ および(2.128)から得られる $\lim_{t\to\pm\infty}\langle n|V(t)|\chi\rangle=0$ を用いて，$\lim_{t\to\pm\infty}V(t)|\chi\rangle=0$ としてはならない．$\sum_n$ の無限項の和をとる極限操作と $\lim_{t\to\pm\infty}$ の極限操作の交換が保証されていないからである．

用いてなされねばならないから，結局，話がもとに戻ってしまい，解決にはならない．

そこで，まず漸近的世界での自由粒子像としてもっともらしいものを仮定して，これにもとづいてHilbert空間をつくり，ここでHの固有値問題を扱って最初に仮定した粒子像が導けたとき，はじめて理論の解が見つかったといえる．いわば，前提がそれを用いて出した結論と無矛盾であるようにするわけで，**セルフコンシステント**(self-consistent，自己無撞着)な方法とよばれる．

しかし場の量子論はその構造が一般には極めて複雑であり，これを完全に行なうことは現在不可能に近い．そのため多くは，推論に基づいてさまざまな近似を行ない，答を見出すことが試みられている．その簡単なものはあとに述べるが，より具体的な詳細は，本講座第20巻『ゲージ場の理論』および第13巻『くりこみ群の方法』を参照されたい．

無限の過去の漸近的世界で設定された任意個数の自由粒子の状態ベクトルは，充分に時間が経過したのちに，無限の未来でふたたび自由粒子を記述している漸近的世界に到達する．この2つの漸近的世界における状態ベクトルつまり始状態と終状態を結ぶ演算子は***S* 行列**(S-matrix)とよばれる．始状態を$|\ \rangle^{\rm in}$とかき，またこれが無限の未来で到達すべき終状態を$|\ \rangle^{\rm out}$とかくならば，

$$|\ \rangle^{\rm out} = S|\ \rangle^{\rm in} \tag{2.129}$$ *

である．もちろん$|\ \rangle^{\rm in}$，$|\ \rangle^{\rm out}$はともに同一のHilbert空間に属しており，充分長い時間発展の前後をつなぐSはユニタリー演算子である．

$$S^\dagger S = SS^\dagger = 1 \tag{2.130}$$

真空は，ハミルトニアンと運動量演算子の同時固有状態であり，漸近的世界では粒子が1個も存在しない状態である．すでにみてきたように，Fockの空間においては，これが一意的であることが基本的前提となっていた．系に外部から影響を及ぼさないかぎり，真空はいつまでも真空であり続けるから，このような条件のもとでは

---

* ここでの$|\ \rangle^{\rm out}$の定義は5-4節の$|f, {\rm out}\rangle$のそれとは異なる．

$$S|0\rangle = |0\rangle \tag{2.131}$$

でなければならない．そうしてまた(2.129)から

$$|0\rangle = |0\rangle^{\text{out}} = |0\rangle^{\text{in}} \tag{2.132}$$

が成立する．

これまで，漸近的世界を記述する自由場の交換関係としては，同一場の間の交換関係のみが議論され，これによってBose場とかFermi場という名称が場に対して与えられたが，異なる場の間の交換関係については触れてこなかった．ここでこの点を補足しておく．

同一時刻においては，異なる場のそれぞれの正準変数は互いに独立であるから，これらは可換または反可換のいずれかと考えられるが，結論をいえば，異なるBose場間では可換，異なるFermi場間では反可換，Bose場とFermi場では可換として一般性が失われないことが知られている．異なる場の間のこのような交換関係は，通常**ノーマルケース**(normal case)に属するといわれる．

しかし一般には，上記以外の，例えば異なるBose場が反可換という場合も，ある条件のもとでは許されることが分かっており，これらは**アノマラスケース**(**anomalous case**)とよばれているが，たとえアノマラスケースを採用したとしても，観測量に関してはノーマルケースのときと同一結果が導かれることが証明されている*．それゆえ，以下の議論においては，われわれはつねにノーマルケースを用いることにする．

以下，しばらくは理論記述のHilbert空間が上記の意味で設定されたとして，そこでの場の量子論の枠組みについてさらに議論を進めることにする．

---

* G. Lüders: Z. Natürforsch. **139** (1954) 254, H. Araki: J. Math. Phys. **12** (1971) 1588, および参考文献[3]の付録F参照．

3 対称性と保存則

対称性とは，理論の記述方式の変更(これを変換とよぶ)を行なったときに理論のある性質が不変に保たれた場合，この性質はその変換のもとで不変である，または，対称性をもつという．与えられた系にどのような対称性があるかを知ることは，その系の特徴を近似の詳細によらずに扱うことができるので，極めて重要な意味をもつ．これが場の量子論でどのように行なわれるかを考察する．

3-1 一般的な準備

与えられた系を記述する Hilbert 空間を $\mathscr{H}$ とし，そこでのベクトルを $|A\rangle$, $|B\rangle, \cdots$ とかくことにしよう．ここでいまある対称性のもとで変換が1つ行なわれると，これに応じて，ベクトル $|A\rangle, |B\rangle, \cdots$ はそれぞれ変更を受けると考えられる．それらを $|A'\rangle, |B'\rangle$ とかくことにすれば，この変換のもとで

$$|A\rangle \to |A'\rangle, \quad |B\rangle \to |B'\rangle, \quad \cdots \tag{3.1}$$

なるベクトルの移行がなされることになる．

もっとも場の量子論では，さきに述べたように $\mathscr{H}$ とは無関係な Hilbert 空間が無数にあるので，移行を受けた $|A'\rangle, |B'\rangle$ が $\mathscr{H}$ を離れて，これらのどれ

かに属してしまうということが起きるかも知れない．系の記述は $\mathcal{H}$ において完全に行なわれるわけであるから，この移行は議論が枠組みから逸脱することを意味する．

しかし系が対称性をもっていても，現実にはこのようなことが起こる場合があって，このとき**対称性は自発的に破れている**とよばれ，また系は**破れの相**(broken phase)にあるといわれる．これについてはあとで詳しく述べることになろう．ここでは順序として，対称性が自発的に破れていない場合，つまり $|A'\rangle, |B'\rangle, \cdots$ が $\mathcal{H}$ の枠内で扱える場合をまず考察することにする．破れの相に対して，このとき系は **Wigner 相**(Wigner phase)にあるという．

対称性が存在する場合，少なくとも変換の前後における遷移確率，すなわち $|A\rangle$ から $|B\rangle$ への遷移確率と $|A'\rangle$ から $|B'\rangle$ への遷移確率は同じ値をとると考えられる．したがって $|A\rangle, |A'\rangle$ 等の規格化された状態を，バーをつけてそれぞれ $|\bar{A}\rangle, |\overline{A'}\rangle$ 等とかくならば，

$$|\langle\bar{A}|\bar{B}\rangle|^2 = |\langle\overline{A'}|\overline{B'}\rangle|^2 \tag{3.2}$$

なる関係が，任意の $|A\rangle, |B\rangle$ について成り立つことになる．

このとき，変換されたベクトル $|A'\rangle, |B'\rangle, \cdots$ にともなう任意の位相因子を適当にとるならば

$$\langle A|B\rangle = \langle A'|B'\rangle \tag{3.3}$$

または

$$\langle A|B\rangle = \langle B'|A'\rangle \tag{3.4}$$

が導かれる．これは **Wigner の定理**とよばれている*．

これから直ちに，λ_1, λ_2 を複素数とするとき，状態 $\lambda_1|A\rangle + \lambda_2|B\rangle$ は

$$\lambda_1|A\rangle + \lambda_2|B\rangle \to \begin{cases} \lambda_1|A'\rangle + \lambda_2|B'\rangle & ((3.3)\text{の場合}) \\ \lambda_1^*|A'\rangle + \lambda_2^*|B'\rangle & ((3.4)\text{の場合}) \end{cases} \tag{3.5}$$

なる変換を受けることが分かる．それゆえ，(3.3)の場合，(3.5)は内積を不変

---

* 証明については，例えば，本講座第3巻 河原林研『量子力学』付録，または E. P. Wigner: *Group Theory and its Application to Atomic Spectra* (Academic Press, 1959) Appendix to Chap. 20，および R. Hagedron: Nuovo Cim. Suppl. 1 (1959) 73 を参照．

にする線形変換で

$$|A'\rangle = U|A\rangle, \quad |B'\rangle = U|B\rangle, \quad \cdots \tag{3.6}$$

ならしめるユニタリー演算子 U が存在することを示している.

他方,(3.4)の場合は(3.5)に従い,ダッシュのついた状態ベクトルと,ついていない状態ベクトルはアンチユニタリー変換で結ばれることになる.この種の変換は時間反転を含むような対称性にのみ用いられるものである.例えば $|A\rangle$ をエネルギー値 E のハミルトニアンの固有状態としよう.時刻 t では状態は $e^{-iEt}|A\rangle$ であるから,(3.5)により,(3.4)の場合これは $e^{iEt}|A'\rangle$ に変換される.

したがってこのままでは $|A'\rangle$ はエネルギー値 $-E$ をもつことになり,そのエネルギースペクトルに下限が存在しなくなるという困難が生ずる.しかし,この変換で $t\to -t$ と時間の流れの向きが逆転すれば問題はない.すなわち,(3.4)の場合には変換に時間反転が含まれている必要がある.場の量子論での時間反転は第4章で詳しく論じる予定である.

さて,(3.3)の場合に話をもどそう.いまさまざまな変換を考え,その全体が群をつくっているとする.群を G とかき,その要素である変換を $g, g', \cdots$ とかく.Wigner の定理によれば,これらのそれぞれに対応してユニタリー演算子 $U(g), U(g'), \cdots$ が存在する.とくに変換の積 $g'g$ に対して

$$U(g')U(g) = U(g'g) \tag{3.7}$$

が満たされるとき,状態ベクトルは群 G の**ユニタリーなベクトル表現**,または単に**ユニタリー表現**に従って変換するという.

しかし状態ベクトル全体にかかる位相因子の任意性を考慮すれば,(3.7)を一般化した

$$U(g')U(g) = \omega(g', g)U(g'g) \tag{3.8}$$

となる場合も考えられる.ここで位相因子 $\omega(g', g)$ は,ユニタリー演算子が結合則 $U(g'')(U(g')U(g)) = (U(g'')U(g'))U(g)$ を満足することから,

$$\omega(g'', g'g)\omega(g', g) = \omega(g'', g')\omega(g''g', g) \tag{3.9}$$

をみたす必要がある.(3.8)が成り立つときに,状態ベクトルは群 G のユニタ

リーな**射線表現**(ray representation)に従って変換するという．ただ特別な場合として，(3.9)をみたす $\omega(g',g)$ が $|\lambda(g)|=1$ なる $\lambda(g)$ を用いて

$$\omega(g',g) = \frac{\lambda(g'g)}{\lambda(g')\lambda(g)} \tag{3.10}$$

とかかれるときは，(3.8)は $\lambda(g')\lambda(g)U(g')U(g)=\lambda(g'g)U(g'g)$ となるので，$\lambda(g)U(g)$ をあらためて $U(g)$ とかくならば，射線表現(3.8)はベクトル表現(3.7)に帰着する．このとき射線表現はトリビアル(trivial)であるといわれる．

以上は，状態ベクトルの変換に着目した議論であって，状態に作用する演算子は変換を受けないことが，暗々裡の前提であった．ちょうどこれはSchrödinger 描像では，時間発展という変換のもとで状態ベクトルのみが変化し，演算子は固定しているということに対応すると考えられる．したがって，上述の状態ベクトルの変換と同等なものとして，こんどは状態ベクトルの方が固定され，演算子のみが変換を受けるといういわばHeisenberg 描像に相当する記述もまた可能である．すなわち，$\mathcal{O}$ を任意の演算子とするとき，$\langle A'|\mathcal{O}|B'\rangle = \langle A|\mathcal{O}'|B\rangle$ から，変換 g のもとで $\mathcal{O}$ は

$$\mathcal{O} \underset{g}{\rightarrow} \mathcal{O}' = U^{\dagger}(g)\mathcal{O}U(g) \tag{3.11}$$

なる変換を受けることになる．これをわれわれは**Heisenberg 的描像**での変換，またこれに対して(3.6)を**Schrödinger 的描像**での変換とよぶことにする．

ここで $U(g), U(g')$ はすべて，上述のSchrödinger 的な描像で与えられた変換であることに注意しよう．それゆえ例えばベクトル表現で，まず変換 g を行ない次に g' を行なう場合に

$$\mathcal{O} \underset{g}{\rightarrow} U^{\dagger}(g)\mathcal{O}U(g) \underset{g'}{\rightarrow} U^{\dagger}(g')\cdot U^{\dagger}(g)\mathcal{O}U(g)\cdot U(g')$$

としてはならない*．この右辺は $U^{\dagger}(gg')\mathcal{O}U(gg')$ となり，その結果 g',g の順

* 射線表現でも同様である．

序が入れ替わって矛盾するからである．ここで見逃してはならないことは，Schrödinger 的描像での演算子は，対応する Heisenberg 的描像では，最初の変換 g ですべて(3.11)の変換を受けることである．つまり，このとき第2番目の変換 $U(g')$ もまた

$$U(g') \underset{g}{\rightarrow} U'(g') \equiv U^{\dagger}(g)U(g')U(g) \tag{3.12}$$

に変換されることを考慮しなければならない．Heisenberg 的描像では $U(g')$ ではなく，この $U'(g')$ が第2の変換に用いられなければならないのである．その結果，こんどは

$$\begin{aligned} \mathcal{O} &\underset{g}{\rightarrow} U^{\dagger}(g)\mathcal{O}U(g) \\ &\underset{g'}{\rightarrow} U'^{\dagger}(g')\cdot U^{\dagger}(g)\mathcal{O}U(g)\cdot U'^{\dagger}(g') \\ &= U^{\dagger}(g'g)\mathcal{O}U(g'g) \end{aligned} \tag{3.13}$$

となって，期待された答が導かれる．

これと関連してもう1つ補足的な注意をしておこう．Schrödinger 描像では時刻 t において，状態ベクトルは時間発展のユニタリー演算子 $\mathcal{U}(t)$ を用いて $\mathcal{U}(t)|\ \ \rangle$ とかかれる．ただし $\mathcal{U}(0)=1$ とする．また，演算子 $\mathcal{O}$ および $U(g)$ においては，陽に含まれる t を除いて，そこに用いられている場の演算子はすべて $t=0$ におけるものである．他方，時刻 t での Heisenberg 描像では，このような $\mathcal{O}$ および $U(g)$ の代りにそれぞれ $\mathcal{U}^{\dagger}(t)\mathcal{O}\mathcal{U}(t)$ と $\mathcal{U}^{\dagger}(t)U(g)\mathcal{U}(t)$ が，つまり $\mathcal{O}$ および $U(g)$ の中の場の量は時刻 t のものが用いられなければならない．以下では Heisenberg 描像での議論で $U(g)$ とかいたときには，この $U(g)$ は以上のようなものであると約束することにしよう．

さて，Heisenberg 描像で時空点 x における場の量 $\phi(x)$ は，変換 g に対しこのような $U(g)$ を用いて

$$\phi(x) \rightarrow \phi'(x) = U^{\dagger}(g)\phi(x)U(g) \qquad (g \in G) \tag{3.14}$$

なる変換を受ける．x における場は，点 x の写像 $\phi(x)$ として与えられる．し

たがって，場の変換とは写像の様式が ψ から ψ' に変わることであって，x の値が変換されることではない．(3.14)の ψ' と ψ に共通の x が用いられているのはこのためである．ψ' のかたちはもちろん g によって決まる．

われわれはここで，以下で用いる対称性の内容をより明確にしておこう．そのために，(3.14)の $\psi(x)$ と $\psi'(x)$ がともに同形の運動方程式をみたす場合に限り，系は Wigner 相において群 G の対称性をもつとよぶことにする．運動方程式は場の時間微分の項をもっているから，このとき

$$\frac{dU(g)}{dt} = 0 \tag{3.15}$$

つまり $U(g)$ は保存量である*．しかし，これだけでは，じつは対称性の概念があまりにも広すぎて，物理的に無意味な変換を無数に考えることができる．それゆえ実際には，議論をさらに限定することが望ましい．

以下では，場の量子論での Wigner 相における対称性のとくに重要なものとして $U(g)$ が真空を不変にする場合，すなわち

$$U(g)|0\rangle = |0\rangle \tag{3.16}$$

なる場合が扱われることになるであろう．とくに $U(g)$ が時間を陽に含まなければ，(3.14)から，これはハミルトニアンと可換となるから，真空の一意性の仮定によって上式が成立する．

なお，(3.14)の $\psi'(x)$ にさらに変換 g' をほどこす場合は，前述の注意により，(3.12)のユニタリー演算子 $U'(g')(=U^\dagger(g)U(g')U(g))$ を用いる必要がある．(3.14)からこのときの $U'(g')$ は $U(g')$ に含まれる ψ をすべて ψ' で置き替えたもので与えられる．

---

* Wigner 相であるから無限自由度は本質的でないので，簡単のために量子力学で考えれば，運動方程式は，$i\dot{q}_j=[q_j, H(q,p)]$，$i\dot{p}_j=[p_j, H(q,p)]$．左右から $U^\dagger, U$ をかければ $iU^\dagger\dot{q}_jU=[q'_j, H(q',p')]$，$iU^\dagger\dot{p}_jU=[p'_j, H(q',p')]$，ただし，$q'_j=U^\dagger q_jU$，$p'_j=U^\dagger p_jU$ である．よって運動方程式が U の変換で不変であるためには，$\dot{q}'_j=U^\dagger\dot{q}_jU$，$\dot{p}'_j=U^\dagger\dot{p}_jU$ が必要十分条件となる．U のユニタリー性を用いれば，これらは $[\dot{q}_j, \dot{U}U^\dagger]=[\dot{p}_j, \dot{U}U^\dagger]=0$ と同等，ゆえに $\dot{U}=icU$ (c は実定数)，すなわち $U=U_0e^{ict}$ を得る．ここで U_0 は $dU_0/dt=0$ なるユニタリー演算子．トリビアルな射線表現の扱いと同様，Ue^{-ict} をあらためて U とすれば(3.15)が導かれる．

3-2 Poincaré 群と非斉次 Galilei 群

Poincaré 群は非斉次 Lorentz 群ともよばれ，Lorentz 変換と Minkowski 空間内での 4 次元座標系の平行移動の変換がつくる群である．相対論的な場の量子論は，この群のもとでの不変性が要求される．ただしここでの Poincaré 群には，空間反転や時間反転のような不連続変換は含まれないものとする．したがってその任意の元は恒等変換から出発して無限小変換をつぎつぎと行なうことによってつくることができる．Lorentz 変換や座標系の平行移動を行なったときに，扱っている系が他の Hilbert 空間に移行してわれわれの観測の対象から離脱することはないので，この群のもとでは，系は Wigner 相にあると考えられる．

Poincaré 群のもとで不変な理論では，系はこの群に従って変換する．そこで Lorentz 変換 Λ に対するユニタリー演算子を $L(\Lambda)$，また平行移動の変換で座標の原点が a^μ $(\mu=0,1,2,3)$ だけずれている座標系への移行に対応するユニタリー演算子を $T(a)$ とかくことにすると，これらは次式を満足する．

$$\begin{aligned} L(\Lambda')L(\Lambda) &= L(\Lambda'\Lambda) \\ T(a)T(b) &= T(a+b) \\ L(\Lambda)T(a) &= T(\Lambda a)L(\Lambda) \end{aligned} \tag{3.17}$$ *

これらの式の意味は明らかであろう．Λ の Lorentz 変換につづいて Lorentz 変換 Λ' を行なったものは $\Lambda'\Lambda$ の Lorentz 変換を行なったものに等しく，a^μ, b^μ の 2 つの平行移動の合成は $a^\mu+b^\mu$ なる平行移動を与え，また平行移動 a^μ につづいて Lorentz 変換 Λ を行なえば，これはまず Lorentz 変換 Λ を行ない，そのあとで平行移動 $\Lambda^\mu{}_\nu a^\nu$ をほどこしたものに等しいことを示す．

相対論的な場 $\varphi(x)$ は，Klein-Gordon 場のように Lorentz 変換に従う添字をもたないものもあるが，一般には Dirac 場のように添字をもつので，それ

* Poincaré 群においては射線表現は，すべてトリビアル，したがってベクトル表現だけを考えれば十分である．例えば，V. Bargmann: Ann. Math. **59** (1954) 1 参照．

らを $a, b, \cdots$ で表わし，Lorentz 変換 Λ のもとでの場 $\psi_a(x)$ の変換を

$$\psi'_a(x') = \sum_b S_{ab}(\Lambda)\psi_b(x)$$

または単に

$$\psi'(x') = S(\Lambda)\psi(x) \tag{3.18}$$

とかくことにする．ここで $x'=\Lambda x$（$x'^\mu=\Lambda^\mu{}_\nu x^\nu$ の略記*）．また，$S(\Lambda)$ は $S(\Lambda')S(\Lambda)=S(\Lambda'\Lambda)$ をみたす行列で，すべての Λ に対し $S(\Lambda)=1$ のときは $\psi(x)$ は Klein-Gordon 場（またはスカラー場ともいう）を，$S(\Lambda)$ が Dirac スピノールの変換を表わすときは $\psi(x)$ は 4 成分の Dirac 場（スピノール場ともいう）を，$S(\Lambda)=\Lambda$ の場合は $\psi(x)$ はベクトルの添字をもついわゆるベクトル場を表わす．

Lorentz 変換 Λ は，ψ を ψ' に変えるわけであるから，$\psi'(x)=S(\Lambda)\psi(\Lambda^{-1}x)$ であることを考慮すれば，(3.14), (3.18) から $L(\Lambda)$ は

$$S(\Lambda)\psi(\Lambda^{-1}x) = L^\dagger(\Lambda)\psi(x)L(\Lambda) \tag{3.19}$$

なる変換を与える．また，平行移動の変換に対しては $x'^\mu=x^\mu-a^\mu$ かつ $\psi'(x')=\psi(x)$ であるから

$$\psi'(x) = \psi(x+a) = T^\dagger(a)\psi(x)T(a) \tag{3.20}$$

が成立する．

ここで，無限小 Poincaré 変換を考えよう．(2.60) の無限小 Lorentz 変換に対応して

$$S(\Lambda) = 1+\frac{i}{2}\epsilon_{\mu\nu}\mathcal{S}^{\mu\nu} \tag{3.21}$$

$$L(\Lambda) = 1+\frac{i}{2}\epsilon_{\mu\nu}J^{\mu\nu} \tag{3.22}$$

とかくことにしよう．$\mathcal{S}^{\mu\nu}$（$=-\mathcal{S}^{\nu\mu}$）は，スカラー場では 0，スピノール場では (2.62) により $\sigma^{\mu\nu}/2$，また，ベクトル場ではその λ 行 ρ 列 ($\lambda, \rho=0,1,2,3$) の要素は $(\mathcal{S}^{\mu\nu})_\lambda{}^\rho=-i(\delta^\mu_\lambda g^{\nu\rho}-\delta^\nu_\lambda g^{\mu\rho})$ である．さて，(2.60), (3.21), (3.22) を

---

* 以下いちいち断わらないが，この種の記法はしばしば用いられる．

(3.19)に用いて $\epsilon_{\mu\nu}$ の1次までとれば

$$\{(x^\mu\partial^\nu - x^\nu\partial^\mu)/i + \mathcal{S}^{\mu\nu}\}\psi(x) = i[\psi(x), J^{\mu\nu}] \tag{3.23}$$

また，(3.20)の a^μ を無限小量 ϵ^μ として

$$T(\epsilon) = 1 + i\epsilon_\mu P^\mu \tag{3.24}$$

とかけば，(3.20)からただちに

$$\partial^\mu\psi(x) = i[\psi(x), P^\mu] \tag{3.25}$$

が得られる．$L(\Lambda), T(a)$ のユニタリー性から $J^{\mu\nu}, P^\mu$ は Hermite 演算子で，J^{jk} $(j, k=1,2,3)$ は全角運動量の j-k 成分，また P^μ $(\mu=0,1,2,3)$ は系の全エネルギー・運動量を表わす．$J^{\mu\nu}$ は Lorentz 群の表現 $L(\Lambda)$ の生成子であって，スピノール表現の生成子 $\sigma_{\mu\nu}/2$ と同型の交換関係をみたす．すなわち

$$[J^{\mu\nu}, J^{\lambda\rho}] = i(g^{\mu\lambda}J^{\nu\rho} - g^{\mu\rho}J^{\nu\lambda} + g^{\nu\rho}J^{\mu\lambda} - g^{\nu\lambda}J^{\mu\rho}) \tag{3.26}$$

さらに(3.17)の第2，第3式から，それぞれ

$$[P^\mu, P^\nu] = 0 \tag{3.27}$$

$$[J^{\mu\nu}, P^\lambda] = i[g^{\mu\lambda}P^\nu - g^{\nu\lambda}P^\mu] \tag{3.28}$$

が導かれる．(3.26)～(3.28)は Poincaré 群の Lie 代数，または単に **Poincaré 代数**とよばれる．

真空はエネルギー・運動量がゼロの状態である．これと(3.28)および真空の一意性を考慮すれば，真空はまた $J^{\mu\nu}$ の固有状態で，その固有値は(3.26)の真空期待値をとることによってゼロであることが分かる．

$$P^\mu|0\rangle = J^{\mu\nu}|0\rangle = 0 \tag{3.29}$$

よって真空は Poincaré 群のもとで不変，すなわちこの群の既約な1次元表現に属し，(3.16)を満足する．

前章で述べたように漸近的な世界では粒子像が構成される．ところでここでの粒子の命名が Poincaré 変換で不変であることは注目してよい．例えば電子は他の慣性系からみてもやはり電子である．いわば Poincaré 変換は同一粒子のさまざまな状態間の移行を与えるだけであり，いいかえれば，相対論的な1体粒子の系は Poincaré 群のユニタリーな既約表現をつくっている．

逆に，ユニタリーな既約表現をすべて求めることができれば，相対論的な自

由粒子はそのいずれかに属するから，これによって相対論的自由粒子の分類が可能となる．この作業は Wigner によって行なわれた*．

自由場に対しては，(3.19)，(3.20)の変換は，自由粒子の消滅(あるいは生成)演算子に対する変換を与える．いま，簡単のために質量は有限($m>0$)とし，運動量 $\boldsymbol{k}$ をもつ粒子の消滅演算子を $a_{\boldsymbol{k},r}$ とかこう．r はスピンの自由度に対応し，この粒子のスピンが j のときは $2j+1$ 個の値をとる．相対論的な扱いの便宜上，場が大きな空間領域 V の中にあるとみなさずに，空間は無限に広がっていて，$\boldsymbol{k}$ の各成分は $-\infty$ から $+\infty$ に至る連続値をとるものとしよう．またこれにかかる $\boldsymbol{k}$ に依存する規格化の定数を適当にとり，その交換関係は Bose 統計，Fermi 統計に対応して

$$[a_{\boldsymbol{k},r}, a^{\dagger}_{\boldsymbol{k}',s}]_{\mp} = \delta_{rs}\omega_k\delta^3(\boldsymbol{k}-\boldsymbol{k}'), \qquad [a_{\boldsymbol{k},s}, a_{\boldsymbol{k}',s}]_{\mp} = 0$$

とする．ここで $\omega_k \equiv k^0 = \sqrt{m^2+\boldsymbol{k}^2}$ で，上の第1式右辺にこれをかけた形で $a_{\boldsymbol{k},r}$ を規格化したのは，$\omega_k\delta^3(\boldsymbol{k}-\boldsymbol{k}')$ が Poincaré 不変であることによる．

このときに，$a_{\boldsymbol{k},r}$ の Poincaré 群のもとでの変換は，その結果のみを記せば(3.19)，(3.20)のそれぞれに対応して，次のようになる(脚注の文献参照)．

$$a'_{\boldsymbol{k},r} = L^{\dagger}(\Lambda)a_{\boldsymbol{k},r}L(\Lambda) = \sum_s Q_{rs}(\Lambda, k)a_{\Lambda^{-1}\boldsymbol{k},s} \tag{3.30}$$

$$a'_{\boldsymbol{k},r} = T^{\dagger}(a)a_{\boldsymbol{k},r}T(a) = \exp[ik^{\mu}a_{\mu}]a_{\boldsymbol{k},r} \tag{3.31}$$

ここで，4次元ベクトル k^{μ} の空間および第0成分は，それぞれ $\boldsymbol{k}$ および ω_k，また $\Lambda^{-1}\boldsymbol{k}$ は $\Lambda^{-1}k$ の空間成分を表わす．$Q_{rs}(\Lambda, k)$ は $2j+1$ 次のユニタリー行列 $Q(\Lambda, k)$ (Wigner 回転とよばれる)の第 r 行第 s 列の成分である．

その具体的な形は一般の Λ に対しては単純ではないので，ここでは無限小 Lorentz 変換(2.60)の場合をかくことにしよう．ただし，パラメーターとして，$\theta^1 \equiv \epsilon^2{}_3 = -\epsilon^3{}_2$，$\theta^2 \equiv \epsilon^3{}_1 = -\epsilon^1{}_3$，$\theta^3 \equiv \epsilon^1{}_2 = -\epsilon^2{}_1$，$\tau^j \equiv \epsilon^j{}_0 = \epsilon^0{}_j$ ($j=1,2,3$) で定義される6個の無限小量を用いることにする．

この Lorentz 変換は，j 軸 ($j=1,2,3$) のまわりの角度 θ^j の空間回転と，そ

* E. P. Wigner: Ann. Math. 40 (1939) 149. より詳しくは，例えば，文献 [8] を参照．

の成分が τ^j $(j=1,2,3)$ であるような速度で動いている慣性系への変換とを与える．$\boldsymbol{\tau}=(\tau^1,\tau^2,\tau^3)$，$\boldsymbol{\theta}=(\theta^1,\theta^2,\theta^3)$ という 3 次元ベクトルの記法を用いれば，このとき Wigner 回転は

$$Q(\Lambda,k) = 1+i\left(\boldsymbol{\theta S}+\frac{\boldsymbol{\tau}(\boldsymbol{k}\times\boldsymbol{S})}{m+\omega_k}\right) \tag{3.32}$$

となる*．$\boldsymbol{S}=(S_1,S_2,S_3)$ はこの粒子のスピン行列で，スピンが j であれば $[S_1,S_2]=iS_3$ $(1,2,3;\ \text{cyclic})$ をみたす Hermite でかつ既約な $2j+1$ 次の行列を表わす．

ここで自由粒子の 1 体状態

$$|k,r\rangle = a^{\dagger}_{\boldsymbol{k},r}|0\rangle \tag{3.33}$$

の，Schrödinger 的描像における Lorentz 変換 Λ のもとでの振舞いをみてみよう．いうまでもなく，(3.33)は運動量が $\boldsymbol{k}$，エネルギーが $k^0=\omega_k$ の状態である．ところで，この状態の Λ のもとでの変化は，(3.6)の U に $L(\Lambda)$ を用いた $L(\Lambda)|k,r\rangle$ で与えられるので，$L^{\dagger}(\Lambda)=L^{-1}(\Lambda)=L(\Lambda^{-1})$ を考慮すれば，(3.30), (3.29)から

$$\begin{aligned} L(\Lambda)|k,r\rangle &= L(\Lambda)a^{\dagger}_{\boldsymbol{k},r}L^{\dagger}(\Lambda)L(\Lambda)|0\rangle \\ &= (L^{\dagger}(\Lambda^{-1})a^{\dagger}_{\boldsymbol{k},r}L(\Lambda^{-1}))^{\dagger}|0\rangle \\ &= \sum_s Q^{\dagger}_{sr}(\Lambda^{-1},k)|\Lambda k,s\rangle \end{aligned} \tag{3.34}$$

を得る．右辺から直ちにわかるように，$L(\Lambda)|k,r\rangle$ はエネルギー・運動量が Λk の状態で，これは Lorentz 変換の性質から期待された結果である．

このように 1 体の状態に関係した変換(3.34)または(3.30)は，場の Lorentz 変換(3.19)に比べてかなり複雑である．後者の $S(\Lambda)$ は系の運動学的な性質とは無関係に Λ のみに依存し，またさきに述べたように，$S(\Lambda')S(\Lambda)=S(\Lambda'\Lambda)$ をみたして Lorentz 群の表現をつくっている．ただし Lorentz 群においては，

---

* (3.32)は Poincaré 群のユニタリー表現論の結果として導かれるものであるが，それを示すにはやや長い議論を必要とし，また別に詳しく書いたこともあるので，その導出を省略する．なお，これは $m\neq0$ のときの既約表現で，$m=0$ では Wigner 回転は別のかたちになる(前注の文献参照)．

恒等表現を除き，有限次元の表現はすべて非ユニタリーになることが知られており，したがってスカラー場(このときは$S(\Lambda)=1$)以外は$S(\Lambda)$はすべて非ユニタリーな行列となる．他方，Wigner 回転$Q(k,\Lambda)$はユニタリー行列であるが，Λのほかに，運動量のような系の運動の状況を示す量にあらわに依存し，しかも Lorentz 群は(恒等表現を除き)有限次元のユニタリー表現をもたないから，$Q(k,\Lambda)$は一般に Lorentz 群の表現にはなっていない．あとの議論との関係もあるので，これを具体的にみてみよう．

(3.17)の第1式の両辺を$|k,r\rangle$に作用させて(3.34)を用いれば，

$$\sum_s [Q^\dagger(\Lambda'^{-1},\Lambda k)Q^\dagger(\Lambda^{-1},k)]_{sr}|\Lambda'\Lambda k,s\rangle = \sum_s Q^\dagger_{sr}((\Lambda'\Lambda)^{-1},k)|\Lambda\Lambda' k,s\rangle \tag{3.35}$$

である．よって，$Q^\dagger(\Lambda'^{-1},\Lambda k)Q^\dagger(\Lambda^{-1},k)=Q^\dagger((\Lambda'\Lambda)^{-1},k)$となるから，両辺の Hermite 共役をとり$\Lambda^{-1}\to\Lambda'$，$\Lambda'^{-1}\to\Lambda$と置き替えれば

$$Q(\Lambda',k)Q(\Lambda,\Lambda'^{-1}k) = Q(\Lambda'\Lambda,k) \tag{3.36}$$

となって，Qがkを含んでいる限り*，これは Lorentz 群の表現にはなり得ない．

(3.18)または(3.19)のように系の運動の様子に依存しないかたちの変換は**相対論的に共変な**(relativistically covariant)**変換**とよばれる．この表式はオンシェルという制約をあらわに受けていないために，相互作用がある場合にもそのまま適用することができるが，粒子像と直結したかたちにはなっていない．他方，(3.30)，(3.34)は粒子像そのものとの結びつきをもち，その意味で漸近的な世界において有用な変換ということができる．

これまで相対論の枠内で話をすすめてきたが，非相対論的な極限ではこれがどうなるかについても述べておこう．

Poincaré 群に対応する非相対論での群は**非斉次 Galilei 群**(inhomogeneous Galilei group)とよばれる．この群は次の3種類の3次元空間での座標変

---

* (3.32)からわかるように，$S=0$のときにのみ$Q=1$となって，kへの依存性が消滅する．

換からなる．

（i） 3 次元空間回転（以下，3 行 3 列の回転の行列を R とかく．すなわち $\sum_j R_{ij}R_{kj}=\delta_{ik}$，$\det R=1$）．

（ii） 任意の相対速度（$\boldsymbol{v}$ とかく）で運動する慣性系への変換．

（iii） 座標軸を平行に保ったまま原点を任意に移動させた座標系（もとの座標系からみたそれの原点の位置を $\boldsymbol{a}$ で表わす）への変換．

ただしこれらの変換を通じて時間変数 t は変換を受けない．

さて，上の 3 種の変換をそれぞれ $g_1(R)$，$g_2(\boldsymbol{v})$，$g_3(\boldsymbol{a})$ とかくならば，定義により

$$\begin{aligned} g_1(R):&\quad \boldsymbol{x}\to R\boldsymbol{x} \\ g_2(\boldsymbol{v}):&\quad \boldsymbol{x}\to \boldsymbol{x}-\boldsymbol{v}t \\ g_3(\boldsymbol{a}):&\quad \boldsymbol{x}\to \boldsymbol{x}-\boldsymbol{a} \end{aligned} \tag{3.37}$$

したがって，これらの間にはつぎの関係が成り立っている．

$$\begin{aligned} &g_1(R')g_1(R) = g_1(R'R), \qquad g_2(\boldsymbol{v}')g_2(\boldsymbol{v}) = g_2(\boldsymbol{v}'+\boldsymbol{v}) \\ &g_3(\boldsymbol{a}')g_3(\boldsymbol{a}) = g_3(\boldsymbol{a}'+\boldsymbol{a}), \qquad g_1(R)g_2(\boldsymbol{v}) = g_2(R\boldsymbol{v})g_1(R) \\ &g_1(R)g_3(\boldsymbol{a}) = g_3(R\boldsymbol{a})g_1(R), \qquad g_2(\boldsymbol{v})g_3(\boldsymbol{a}) = g_3(\boldsymbol{a})g_2(\boldsymbol{v}) \end{aligned} \tag{3.38}$$

これを利用すれば，任意の非斉次 Galilei 群の元は

$$g(\boldsymbol{a},\boldsymbol{v},R) \equiv g_3(\boldsymbol{a})g_2(\boldsymbol{v})g_1(R) \tag{3.39}$$

のかたちに表わすことができ，群の演算は(3.38)により

$$g(\boldsymbol{a}',\boldsymbol{v}',R')g(\boldsymbol{a},\boldsymbol{v},R) = g(\boldsymbol{a}'+R'\boldsymbol{a},\boldsymbol{v}'+R'\boldsymbol{v},R'R) \tag{3.40}$$

で与えられる．

他方，Poincaré 群による状態ベクトルの変換に対応するものを非相対論で考えるとするならば，それは Poincaré 群のユニタリー表現で光速 $c\to\infty$ としたときに，$\boldsymbol{k}/mc\to 0$ の極限をとることによって得られるはずである．これを**非相対論的極限**とよぶことにする．具体的にそれをつくってみよう．なお，以下では便宜上，(3.33)で定義した $|k,r\rangle$ を $|\boldsymbol{k},r\rangle$ のかたちで用いることにする．またこれまで $c=1$ の単位系を用いてきたが，$c\to\infty$ の極限をとらなければならないので，前提となる Poincaré 群の変換においては，c は省略せずに

かくことにする.

まず無限小 Lorentz 変換を考えよう. これは無限小角$\boldsymbol{\theta}$の空間回転と無限小の相対速度$\Delta\boldsymbol{v}$（$\equiv c\boldsymbol{\tau}$）で運動する慣性系への変換からなり, $c\to\infty$ の極限で

$$\Lambda\boldsymbol{k} = \boldsymbol{k}+\boldsymbol{k}\times\boldsymbol{\theta}-\frac{\Delta\boldsymbol{v}}{c}\sqrt{(mc)^2+\boldsymbol{k}^2}\xrightarrow[c\to\infty]{}\boldsymbol{k}+\boldsymbol{k}\times\boldsymbol{\theta}-m\Delta\boldsymbol{v} \tag{3.41}$$

$$Q^\dagger(\Lambda^{-1},k) = 1+i\left(\boldsymbol{\theta S}+\frac{\Delta\boldsymbol{v}(\boldsymbol{k}\times\boldsymbol{S})}{c(mc+\sqrt{(mc)^2+\boldsymbol{k}^2})}\right)\xrightarrow[c\to\infty]{}1+i\boldsymbol{\theta S} \tag{3.42}$$

を得る. したがって, 非相対論的極限において, 空間回転Rに対応するユニタリー演算子を$G_1(R)$, また, 相対速度$\boldsymbol{v}$の慣性系への変換を表わすユニタリー演算子を$G_2(\boldsymbol{v})$とかくことにすれば, (3.30), (3.32), (3.33)から, 上の無限小変換をくり返すことによって

$$\begin{aligned} G_1(R)|\boldsymbol{k},r\rangle &= \sum_s Q_{sr}(R)|R\boldsymbol{k},s\rangle \\ G_2(\boldsymbol{v})|\boldsymbol{k},r\rangle &= |\boldsymbol{k}-m\boldsymbol{v},r\rangle \end{aligned} \tag{3.43}$$

が導かれる. ここで$Q(R)$は Wigner 回転$Q(\Lambda,k)$において$\Lambda=R$, $\boldsymbol{k}=0$としたもので, (3.36)により$Q(R')Q(R)=Q(R'R)$を満足し, 3次元回転群の表現である.

他方, $T(a)$は(3.17)の第3式および(3.24)から$\exp(ia_\mu P^\mu)$とかかれるので, $T(a)|k,r\rangle=\exp(ia_\mu k^\mu)|k,r\rangle$であるから, 平行移動で$\boldsymbol{a}$だけ座標原点をずらす変換を与えるユニタリー演算子を$G_3(\boldsymbol{a})$（$\equiv T(a)\big|_{a^0=0}$）とかくならば

$$G_3(\boldsymbol{a})|\boldsymbol{k},r\rangle = e^{i\boldsymbol{ak}}|\boldsymbol{k},r\rangle \tag{3.44}$$

を得る. それゆえ(3.43), (3.44)により, (3.38)に対応するものとして直ちに次式が導かれる.

$$\begin{aligned} &G_1(R')G_1(R) = G_1(R'R), \quad G_2(\boldsymbol{v}')G_2(\boldsymbol{v}) = G_2(\boldsymbol{v}'+\boldsymbol{v}) \\ &G_3(\boldsymbol{a}')G_3(\boldsymbol{a}) = G_3(\boldsymbol{a}'+\boldsymbol{a}), \quad G_1(R)G_2(\boldsymbol{v}) = G_2(R\boldsymbol{v})G_1(R) \\ &G_1(R)G_3(\boldsymbol{a}) = G_3(R\boldsymbol{a})G_1(R), \quad G_2(\boldsymbol{v})G_3(\boldsymbol{a}) = e^{im\boldsymbol{av}}G_3(\boldsymbol{a})G_2(\boldsymbol{v}) \end{aligned} \tag{3.45}$$

(3.38)と違って, 最後の式に位相因子$\exp(im\boldsymbol{av})$が現われることに注意しよう. したがって, (3.39)に平行して

$$G(\boldsymbol{a}, \boldsymbol{v}, R) = G_3(\boldsymbol{a})G_2(\boldsymbol{v})G_1(R) \tag{3.46}$$

とするならば

$$G(\boldsymbol{a}', \boldsymbol{v}', R')G(\boldsymbol{a}, \boldsymbol{v}, R) = e^{im\boldsymbol{v}'\cdot R'\boldsymbol{a}}G(\boldsymbol{a}'+R'\boldsymbol{a}, \boldsymbol{v}'+R'\boldsymbol{v}, R'R) \tag{3.47}$$

となる．すなわち，Poincaré 群の非相対論的極限として得られる $G(\boldsymbol{a}, \boldsymbol{v}, R)$ は，非斉次 Galilei 群のベクトル表現ではなく，射線表現を与えることになる．この射線表現はトリビアルではなく，前記の方法によってベクトル表現に帰着させることができない．その証明は難しくないので読者に行なってもらうことにしよう．なお，非相対論的極限でのエネルギーは $c\omega_k = c\sqrt{(mc)^2+\boldsymbol{k}^2}$ から mc^2 を引いて $c\to\infty$ とした

$$E_k = \frac{1}{2m}\boldsymbol{k}^2 \tag{3.48}$$

を用いることにする．

さて

$$G(\boldsymbol{a}, \boldsymbol{v}, R)|\boldsymbol{k}, r\rangle = \sum_s Q_{sr}(R)e^{i\boldsymbol{a}(R\boldsymbol{k}-m\boldsymbol{v})}|R\boldsymbol{k}-m\boldsymbol{v}, s\rangle \tag{3.49}$$

であるから，

$$G(\boldsymbol{a}', \boldsymbol{v}', R')a^\dagger_{\boldsymbol{k},r}G^\dagger(\boldsymbol{a}', \boldsymbol{v}', R') = \sum_s Q_{sr}(R')e^{i\boldsymbol{a}'(R'\boldsymbol{k}-m\boldsymbol{v}')}a^\dagger_{R'\boldsymbol{k}-m\boldsymbol{v}', s} \tag{3.50}$$

なる関係が成り立つとみてよい．他方，(3.47)を用いれば

$$\boldsymbol{a}' = -R^{-1}\boldsymbol{a}, \quad \boldsymbol{v}' = -R^{-1}\boldsymbol{v}, \quad R' = R^{-1} \tag{3.51}$$

とするとき

$$G(\boldsymbol{a}', \boldsymbol{v}', R') = e^{-im\boldsymbol{a}\boldsymbol{v}}G^\dagger(\boldsymbol{a}, \boldsymbol{v}, R) \tag{3.52}$$

が成立することが分かる．そこで(3.50)の両辺の Hermite 共役をとり，(3.52)，(3.51)によって $\boldsymbol{a}', \boldsymbol{v}', R'$ を消去すると

$$G^\dagger(\boldsymbol{a}, \boldsymbol{v}, R)a_{\boldsymbol{k},r}G(\boldsymbol{a}, \boldsymbol{v}, R) = \sum_s Q_{rs}(R)e^{i\boldsymbol{a}(\boldsymbol{k}+m\boldsymbol{v})}a_{R^{-1}(\boldsymbol{k}+m\boldsymbol{v}), s} \tag{3.53}$$

が得られる．ここで $Q^\dagger(R) = Q(R^{-1})$ なる関係を用いた．(3.53)は消滅演算子 $a_{\boldsymbol{k},r}$ の非斉次 Galilei 群のもとでの変換である．

ここで非相対論的場 $\psi_r(x)$ $(r=1,2,\cdots,2j+1)$ を

$$\psi_r(x) = \frac{1}{(2\pi)^{3/2}}\int d^3\boldsymbol{k}\, e^{i(\boldsymbol{k}\boldsymbol{x}-E_k t)}a_{\boldsymbol{k},r} \tag{3.54}$$

で定義しよう．$\psi_r(x)$ は前章で述べた自由な de Broglie 場の方程式をみたす．これの非斉次 Galilei 群のもとでの変換は

$$\psi_r(x) \xrightarrow[g(\boldsymbol{a},\boldsymbol{v},R)]{} \psi'_r(x) = G^\dagger(\boldsymbol{a},\boldsymbol{v},R)\psi_r(x)G(\boldsymbol{a},\boldsymbol{v},R) \tag{3.55}$$

である．(3.55)の $\psi_r(x)$ に(3.54)を代入し(3.53)を用いれば，上記の $\psi'_r(x)$ は

$$\begin{aligned}\psi'_r(\boldsymbol{x},t) &= \sum_s \frac{e^{im\boldsymbol{a}\boldsymbol{v}}}{(2\pi)^{3/2}}Q_{rs}(R)\int d^3\boldsymbol{k}\,\exp\left\{i\left[\boldsymbol{k}(\boldsymbol{x}+\boldsymbol{a})-\frac{\boldsymbol{k}^2}{2m}t\right]\right\}a_{R^{-1}(\boldsymbol{k}+m\boldsymbol{v}),s} \\ &= \sum_s Q_{rs}(R)\exp\left[-im\left(\boldsymbol{v}\boldsymbol{x}+\frac{1}{2}\boldsymbol{v}^2t\right)\right]\psi_s(R^{-1}(\boldsymbol{x}+\boldsymbol{a}+\boldsymbol{v}t),t)\end{aligned} \tag{3.56}$$

となる．これが非斉次 Galilei 変換 $g(\boldsymbol{a},\boldsymbol{v},R)$ のもとにおける Heisenberg 的描像での de Broglie 場の変換である．ψ,ψ' の関係はまた，

$$\begin{cases}\boldsymbol{x}' = g(\boldsymbol{a},\boldsymbol{v},t)\boldsymbol{x} = R\boldsymbol{x}-\boldsymbol{v}t-\boldsymbol{a} \\ t' = t\end{cases} \tag{3.57}$$

とすれば，(3.56)から

$$\psi'_r(x') = \sum_s Q_{rs}(R)\exp\left\{-im\left[\boldsymbol{v}(R\boldsymbol{x}-\boldsymbol{a})-\frac{1}{2}\boldsymbol{v}^2t\right]\right\}\psi(x) \tag{3.58}$$

とかくこともできる．

非斉次 Galilei 群の物理的に意味のある表現は，このようにして射線表現によってのみ実現される．これをわれわれは Poincaré 群の $m>0$ の既約表現から $c\to\infty$ の極限として導いた．与えられた群の既約表現が分かっているとき，群に含まれる定数を無限大(あるいは無限小)にすることによって，別の群の表現に到達するこのような手法は一般に，**群の縮約**(group contraction)とよばれている．

3-3 内部自由度および Noether の定理

場の性質を指定する自由度には，前節に述べた時空間にかかわる自由度とは全く無関係なものがある．このような自由度は時空間以外という意味で**内部自由度**とよばれている*．場の種類の自由度，また複素場においては場およびその Hermite 共役を表わす自由度などはこれである．この節ではそのような内部自由度を示すため，添字 α を用いて場を $\psi_\alpha(x)$ とかくことにする．もちろん場を完全に指定するためには，このほかに外部自由度に関する添字もつけなければならないが，必要がない限り煩雑を避けて，これはあらわには記さないことにする．

さて，Wigner 相において，連続群 G による内部自由度の変換のもとでの対称性が存在したとしよう．無限小変換を表わすユニタリー演算子は

$$U = 1+i\sum_A \epsilon_A I_A \tag{3.59}$$

とかかれる．ϵ_A は無限小の実パラメーター，I_A $(A=1,2,\cdots,l)$ は群 G の生成子で，Lie 代数

$$[I_A, I_B] = i\sum_C f_{AB}^C I_C \tag{3.60}$$

をみたす Hermite 演算子，f_{AB}^C は群 G の構造定数である**．たとえば $G=SU(2)$（行列式の値が 1 であるような 2 行 2 列のユニタリー行列全体のつくる群）のときは，生成子は I_A $(A=1,2,3)$ の 3 個で，その Lie 代数は $[I_A, I_B]=i\sum_C \epsilon_{ABC}I_C$ となることはよく知られている．ここで ϵ_{ABC} は添字 A, B, C について完全反対称，かつ $\epsilon_{123}=1$ である．

対称性の定義により，U が(3.15)をみたすことはここでも仮定されている．すなわち

* これに対して，時空間に関係した自由度は**外部自由度**という．

** 内部自由度の対称性については，断わりがない限りベクトル表現が扱われる．

$$\frac{dI_A}{dt} = 0 \tag{3.61}$$

また内部自由度に関する対称性の変換は，Poincaré 群の変換とは可換，また非相対論の場合でも，時間発展の生成子であるハミルトニアンや，空間的平行移動および回転のそれぞれの生成子と可換である．それゆえ真空は，その一意性から I_A の固有状態であり，(必要に応じて適当な定数を付加することによって)つねに

$$I_A|0\rangle = 0 \tag{3.62}$$

を満足するようにすることができる．すなわち真空は内部対称性の群 G の1次元表現に属する．

(3.59), (3.61)により，任意の $g \in G$ に対応するユニタリー演算子 $U(g)$ は S 行列と可換である．

$$[S, U(g)] = 0 \tag{3.63}$$

その結果，「始状態が G のある既約表現に属していれば，終状態もまた同じ既約表現に属する」という選択則が導かれる．

群の既約表現空間内のベクトルは，その既約表現を指定するためのパラメーターと，そこでのベクトルの向きを指定するパラメーターによって与えられる．例えば，さきに述べた群 $SU(2)$ では，3個の生成子 I_A $(A=1,2,3)$ からつくられる $I_1^2+I_2^2+I_3^2$ の固有値と I_3 の固有値がこれにあたる．これらのパラメーターをまとめて ρ とかこう．これは内部自由度に関係した量であるから，状態を完全に指定するには ρ 以外のパラメーターが必要である．それを考慮して，始状態の状態ベクトルを $|\rho; f\rangle$ とかくことにする．それゆえ選択則は具体的には

$$|\rho; f'\rangle = S|\rho; f\rangle \tag{3.64}$$

とかかれ，始・終の両状態で ρ が同一であることを示す．

1つの既約表現空間において任意の2個の状態ベクトルの一方に，生成子 I_A $(A=1,2,\cdots,l)$ からつくられるさまざまな1次結合を，適当な順序で何回か作用させるならば，他方が得られることが知られている．したがって，$U(g)$ ($^\forall g$

$\in G$)と可換な，いいかえれば群 G の変換のもとで不変な Hermite 演算子の固有状態は，1つの既約表現空間内においてはすべて同一の固有値をもつことが分かる．例えば，1粒子系では G の1つの既約表現に属する粒子の質量(重心系での全エネルギー)，スピン(重心系での全角運動量)のそれぞれはすべて同一である．

物理的に重要な I_A は，それが局所的な量 $I_A(x)$ の空間積分，すなわち

$$I_A = \int d^3\boldsymbol{x}\, I_A(x) \tag{3.65}$$

なる形をとる場合である．ここで $I_A(x)$ は，時空点 x における場の量およびその x について有限階(通常はたかだか1階)微分の関数で，すぐあとに述べる Noether カレントの時間成分にあたる．

群 G の無限小変換のもとでの場 $\psi_\alpha(x)$ の変換を

$$\begin{aligned} &\psi_\alpha(x) \to \psi'_\alpha(x) = \psi_\alpha(x) + \delta\psi_\alpha(x) \\ &\delta\psi_\alpha(x) = \sum_A \epsilon_A f_{A,\alpha}(x) \end{aligned} \tag{3.66}$$

とするとき，Lagrange 関数 $L(x)$ の変化は

$$\delta L(x) = \sum_\alpha \left(\left[\delta\psi_\alpha(x) \frac{\partial}{\partial\psi_\alpha(x)} \right] + \left[\partial_\mu \delta\psi_\alpha(x) \frac{\partial}{\partial(\partial_\mu \psi_\alpha(x))} \right] \right) L(x) \tag{3.67}$$

となる．ここで

$$\left[\partial_\mu \delta\psi_\alpha(x) \frac{\partial}{\partial(\partial_\mu \psi_\alpha(x))} \right] L(x) = \partial_\mu \left(\left[\delta\psi_\alpha(x) \frac{\partial}{\partial(\partial_\mu \psi_\alpha(x))} \right] L(x) \right) + R_\alpha \tag{3.68}$$

とかこう．2-2節 a 項の中で(iii)として述べた Lagrange 関数内における $\delta\psi$ と場の交換則をノーマルケースに対応して一般化し，ψ_α が Bose 場のときは $\delta\psi_\alpha$ はすべての場と交換，また ψ_α が Fermi 場のときは $\delta\psi_\alpha$ はすべての Fermi 場と反交換，すべての Bose 場とは交換するものとする．このとき

$$R_\alpha = -\delta\psi_\alpha(x) \partial_\mu \frac{\partial L(x)}{\partial(\partial_\mu \psi_\alpha(x))}$$

同様の操作を(3.67)の右辺第1項でも行なえば，結局 $\delta L(x)$ は

$$\delta L(x) = -\sum_\alpha \delta\psi_\alpha(x)\left(\partial_\mu \frac{\partial L(x)}{\partial(\partial_\mu \psi_\alpha(x))} - \frac{\partial L(x)}{\partial \psi_\alpha(x)}\right) + \sum_\alpha \partial_\mu\left(\left[\delta\psi_\alpha(x)\frac{\partial}{\partial(\partial_\mu\psi_\alpha(x))}\right]L(x)\right) \tag{3.69}$$

とかかれる．場による Lagrange 関数の微分をどう行なうかは，やはり 2-2 節 a 項で述べた．ただし $\delta\psi_\alpha(x)$ の交換則は同項の(iii)を一般化した上記の処方に従う．

ここで $L(x)$ は(3.66)の変換で不変，つまり $\delta L(x)$ は恒等的にゼロであると仮定しよう．

$$\delta L(x) = 0 \tag{3.70}$$

ϵ_A は任意の微小パラメーターであるから，(3.69)から

$$\sum_\alpha f_{A,\alpha}(x)\left(\partial_\mu \frac{\partial L(x)}{\partial(\partial_\mu \psi_\alpha(x))} - \frac{\partial L(x)}{\partial \psi_\alpha(x)}\right) + \partial_\mu J_A^\mu(x) = 0 \tag{3.71}$$

となる．ただし

$$J_A^\mu(x) = -\sum_\alpha\left[f_{A,\alpha}(x)\frac{\partial}{\partial(\partial_\mu\psi_\alpha(x))}\right]L(x) \tag{3.72}$$

である．

(3.71)は $\delta\psi_\alpha(x)$ の交換則を認める限り，勝手な $\psi_\alpha(x)$ に対して成り立つ恒等式にほかならない．ここで $\psi_\alpha(x)$ がオンシェルにあって Euler-Lagrange の方程式

$$\partial_\mu \frac{\partial L(x)}{\partial(\partial_\mu \psi_\alpha(x))} - \frac{\partial L(x)}{\partial \psi_\alpha(x)} = 0 \tag{3.73}$$

をみたしているとしよう．このときただちに

$$\partial_\mu J_A^\mu(x) = 0 \tag{3.74}$$

を得る．$J_A^\mu(x)$ $(\mu=1,2,3,0)$ は一般に **Noether カレント**(Noether current)とよばれ，上式はそれが保存することを示す．

以上をまとめると，Lagrange 関数が(3.66)で不変であるとき，(3.72)で定

義されたカレント $J_A^\mu(x)$ の発散 $\partial_\mu J_A^\mu(x)$ を Euler-Lagrange の方程式を用いて計算すると，(3.74)が成立するということになる．これは古典場の理論，すなわち Bose 場は複素数，Fermi 場は Grassmann 数であるような理論においては完全に正しく，**Noether の定理**とよばれる．しかし，場の量子論では若干の注釈が必要であろう．

前章でも述べたが，Lagrange 関数の中の $\psi_\alpha(x)$ はオンシェルの制約を受けておらず，またその演算子としての性質も未定である．そのため $\delta\psi_\alpha(x)$ と場の間には交換則だけを仮定して議論を行なってきたが，じつはこれとても満足とはいえない．(3.66)の第2式右辺の $f_{A,\alpha}(x)$ は通常，x 点における場(およびその有限階の微分)の関数である．そうしてこの $f_{A,\alpha}(x)$ は $\delta\psi_\alpha(x)$ と同じ交換則に従う必要がある．この性質が Lagrange 関数の中ばかりでなく，$\psi_\alpha(x)$ がオンシェルにあるときも保証されていれば，Noether カレントの保存は成立する．もちろんこれは十分条件であるが，古典場の理論はこれを満足していた．

しかし，場の量子論では，Lagrange 関数を離れてオンシェルに移行すると，場は演算子として正準交換関係に従うことが要求される．それゆえ，上の条件は必ずしもみたされない．そのために，場の量子論においては Noether カレント(3.72)の保存を Euler-Lagrange 方程式をつかってあらためて確認する必要がある．さいわいに実用上の多くの場合，例えば $f_{A,\alpha}(x)$ が場について1次式であり，またラグランジアンが強い非線形性をもつ運動方程式を与えるものでなければ，Noether カレントの保存則が成り立つのをみることができる．

場の量子論にとってもう1つやっかいな問題がある．それは，ある種の相互作用のもとでは，上のような演算子に対する形式的な計算で Noether カレントの保存が示せたとしても，もとになる $J_A^\mu(x)$ が(3.72)のままでは定義が不完全であって，保存則そのものが意味を失う場合のあることである．これは $J_A^\mu(x)$ を表わす際の同一時空点における場の積が定義できない場合があることによる*．このとき $J_A^\mu(x)$ を2つの状態ベクトルではさんだ行列要素を，たと

---

* これの非常に簡単な例を前章(2.22)式でみた．

えば摂動論で計算しようとしても，そこでの数式が不完全で，答を導けないという事態に遭遇する．それゆえこれが明確に定義されるように手を加え，かつ物理的な要求(たとえば，すぐあとに述べるゲージ不変性)をみたすようにする必要がある．

ところが，このようにしてカレントを再定義すると，こんどはその保存則に破れの生ずることがある．この現象は，**量子異常**あるいは単に**アノマリー**(anomaly)とよばれ，無限自由度の量子論に特有のものとみなされる．これについては，本講座第20巻 藤川和男『ゲージ場の理論』で詳説されているのでこれ以上踏み込まない．しかし，Lagrange 関数を与えただけでは，場の量子論は必ずしも完全には定義されていないことに注意する必要がある．われわれは，さしあたり，Noether カレントの保存則は保証されているものとして話を進めることにする．

(3.74)の両辺を空間積分すると

$$\int d^3\boldsymbol{x}\, \nabla \boldsymbol{J}_A(x) + \frac{d}{dt}\int d^3\boldsymbol{x}\, J_A^0(x) = 0 \tag{3.75}$$

ここで第1項は，Gauss の定理により，系を囲む半径が無限大の球面上の面積分にかきかえられる．しかし，このような球面上からの寄与はゼロとみなしてよい*．それゆえ $\int d^3\boldsymbol{x}\, J_A^0(x)$ は保存量となる．このとき，われわれは

$$I_A = \int d^3\boldsymbol{x}\, J_A^0(x) \tag{3.76}$$

とおくことができる．すなわち I_A は，ノーマルケースの場の交換関係をつかって計算するとき，群 G の Lie 代数(3.60)をみたす．

さらにこの I_A は，(3.66)の $\delta\phi_\alpha(x)$ と

* $|\boldsymbol{x}|\to\infty$ における物理的な状況を無視して対象とする系の議論ができる(これは**クラスター性**(cluster property)とよばれる)ということを認めれば，状態ベクトルとして無限の遠方が真空であるようなものを考えても系の記述に問題は起こらない．他方，$\boldsymbol{J}_A(x)$ の真空期待値は，ベクトルとして変換する c 数はないのでゼロ，したがって，上記のような状態ベクトルによる $\boldsymbol{J}_A(x)$ の行列要素は $|\boldsymbol{x}|\to\infty$ でゼロにならなければならない．これが $|\boldsymbol{x}|\to\infty$ で $\boldsymbol{J}_A(x)$ をゼロとみなしてよい理由である．演算子そのものがゼロになるわけではない．なお場の量子論のクラスター性は，仮定ではなくてある条件のもとに証明される．例えば，参考文献[11]参照．

$$\delta\psi_\alpha(x) = i\sum_A \epsilon_A[\psi_\alpha(x), I_A] \tag{3.77}$$

なる関係で結ばれる．それゆえ $U=1+i\sum_A \epsilon_A I_A$ とすれば，(3.66)の第1行は $\psi'(x)=U^\dagger\psi(x)U$ とかかれて，Heisenberg 的描像での場の変換が再現される．(3.76)の I_A は **Noether 電荷**(Noether charge)とよばれる．

これが Lie 代数(3.60)をみたすことおよび(3.77)は，古典場の正準形式では，交換関係の代りに Poisson 括弧(ただし Grassmann 変数を含むときは一般化した Poisson 括弧)を用いて完全に証明することができる．しかし場の量子論での一般論はいろいろ注釈が必要となる．それはかえって煩雑であり必ずしも重要とは思えないので，ここでは，核子(nucleon)と π 中間子(pion)の系を例にとって説明することにしよう．

陽子場 $p(x)$ と中性子場 $n(x)$ はともに Dirac 場で，これらをまとめて核子場 $N(x)=(p(x), n(x))$ という．わずらわしいのであらわには記さないが，$N(x)$ は Lorentz 変換に関係した Dirac スピノールの添字と $p(x)$ と $n(x)$ を指定するための内部自由度の添字をもち，これらについての自由 Lagrange 関数は，(2.89)から

$$L_{\mathrm{N}}(x) = -\frac{1}{2}[\bar{N}(x), (\gamma^\mu\partial_\mu+m)N(x)] \tag{3.78}$$

とかくことができる．いうまでもなく $\bar{N}(x)=(\bar{p}(x), \bar{n}(x))$ で，ここでは陽子・中性子間の質量差は無視し，両者に共通の質量 m を仮定した．他方 π 中間子は電荷 $e, -e, 0$ の3種があり，これらは複素 Klein-Gordon 場 $\pi(x)$，その Hermite 共役 $\pi^\dagger(x)$，および実場 $\pi^0(x)\,(=\pi^{0\dagger}(x))$ によって記述される．これらの間の質量差を無視して共通の質量を κ とかくならば，π 中間子場の自由 Lagrange 関数は，(2.124)から

$$\begin{aligned} L_\pi(x) = &-\frac{1}{2}(\{\partial^\mu\pi^\dagger(x), \partial_\mu\pi(x)\}+\kappa^2\{\pi^\dagger(x), \pi(x)\}) \\ &-\frac{1}{2}(\partial_\mu\pi^0(x)\partial_\mu\pi^0(x)+\kappa^2(\pi^0(x))^2) \end{aligned} \tag{3.79}$$

となる．ここで便宜上3個の実場 $\phi_A(x)(=\phi_A^\dagger(x),\ A=1,2,3)$ を

$$\begin{cases} \phi_1(x) = \dfrac{1}{\sqrt{2}}(\pi(x)+\pi^\dagger(x)) \\ \phi_2(x) = \dfrac{i}{\sqrt{2}}(\pi(x)-\pi^\dagger(x)) \\ \phi_3(x) = \pi^0(x) \end{cases} \tag{3.80}$$

で定義し，これらを仮想的な3次元 Euclid 空間(**アイソ空間**(isospace)とよばれる)のベクトル $\boldsymbol{\phi}(x)$ の3成分とみなせば，(3.79)は

$$\begin{aligned} L_\pi(x) &= -\frac{1}{2}\sum_{A=1,2,3}(\partial^\mu\phi_A(x)\partial_\mu\phi_A(x)+\kappa^2\phi_A(x)\phi_A(x)) \\ &= -\frac{1}{2}(\partial^\nu\boldsymbol{\phi}(x)\partial_\nu\boldsymbol{\phi}(x)+\kappa^2\boldsymbol{\phi}(x)\boldsymbol{\phi}(x)) \end{aligned} \tag{3.81}$$

と表わされる．また核子・π 中間子の相互作用項は現象論によって

$$\begin{aligned} L_{\text{N-}\pi}(x) &= -i\frac{g}{\sqrt{2}}([\bar{p}(x),\gamma_5 n(x)]\pi(x)+[\bar{n}(x),\gamma_5 p(x)]\pi^\dagger(x)) \\ &\quad -i\frac{g}{2}([\bar{p}(x),\gamma_5 p(x)]-[\bar{n}(x),\gamma_5 n(x)])\pi^0(x) \\ &= -i\frac{g}{2}[\bar{N}(x),\gamma_5\boldsymbol{\tau}N(x)]\boldsymbol{\phi}(x) \end{aligned} \tag{3.82}$$

で与えられることが知られている．ここで $\gamma_5=i\gamma^1\gamma^2\gamma^3\gamma^0$ で，これは Dirac スピノールに作用する4行4列の Hermite 行列，また $\boldsymbol{\tau}=(\tau_1,\tau_2,\tau_3)$ は，$N(x)$ の陽子・中性子の2成分を区別する添字と結ばれる2行2列の行列で，Pauli のスピン行列と同形の

$$\tau_1 = \begin{pmatrix} 0 & 1 \\ 1 & 0 \end{pmatrix}, \quad \tau_2 = \begin{pmatrix} 0 & -i \\ i & 0 \end{pmatrix}, \quad \tau_3 = \begin{pmatrix} 1 & 0 \\ 0 & -1 \end{pmatrix} \tag{3.83}$$

である．このとき系は

$$L(x) = L_{\text{N}}(x)+L_\pi(x)+L_{\text{N-}\pi}(x) \tag{3.84}$$

なる Lagrange 関数によって記述される．連続的な Lorentz 変換 Λ のもとで，$\boldsymbol{\phi}'(\Lambda x)=\boldsymbol{\phi}(x)$，$N'(\Lambda x)=S(\Lambda)N(x)$ であるから，$L(x)$ がスカラー量であることは容易にわかる．ただし，$S(\Lambda)$ は無限小 Lorentz 変換に対しては(2.62)

で与えられるので，$S^{-1}(\Lambda)\gamma_5 S(\Lambda)=\gamma_5$ であることを使った．

正準運動量を(2.47)によって求め，Dirac 場である核子場にはプラス型交換関係，Klein-Gordon 場である π 中間子場にはマイナス型交換関係を適用すれば，同一時刻において

$$
\begin{aligned}
&\{N_{a,\alpha}(\boldsymbol{x},t), N^{\dagger}_{b,\beta}(\boldsymbol{y},t)\} = \delta_{ab}\delta_{\alpha\beta}\delta^3(\boldsymbol{x}-\boldsymbol{y})\\
&\{N_{a,\alpha}(\boldsymbol{x},t), N_{b,\beta}(\boldsymbol{y},t)\} = 0\\
&[\phi_A(\boldsymbol{x},t), \dot{\phi}_B(\boldsymbol{y},t)] = i\delta_{AB}\delta^3(\boldsymbol{x}-\boldsymbol{y})\\
&[\phi_A(\boldsymbol{x},t), \phi_B(\boldsymbol{y},t)] = 0\\
&[N_{a,\alpha}(\boldsymbol{x},t), \phi_A(\boldsymbol{y},t)] = [N_{a,\alpha}(\boldsymbol{x},t), \dot{\phi}_A(\boldsymbol{y},t)] = 0
\end{aligned}
\tag{3.85*}
$$

が導かれる．ここで $N_{a,\alpha}(x)$ の左の添字 a $(=1,2,3,4)$ は Dirac スピノールの成分を表わし，右の α $(=1,2)$ は $\alpha=1$ で陽子を，$\alpha=2$ で中性子を示す添字である．さらに Euler-Lagrange の方程式は

$$
\begin{aligned}
&(\gamma^{\mu}\partial_{\mu}+m+ig\boldsymbol{\tau\phi}(x)\gamma_5)N(x) = 0\\
&(\Box-\mu^2)\boldsymbol{\phi}(x) = \frac{ig}{2}[\bar{N}(x), \gamma_5\boldsymbol{\tau}N(x)]
\end{aligned}
\tag{3.86}
$$

となる．

$\boldsymbol{\phi}(x), N(x)$ をそれぞれアイソ空間でのベクトルおよびスピノールとみなせば，$L(x)$ は明らかにアイソ空間の回転で不変である．$\omega_1, \omega_2, \omega_3$ をアイソ空間の 1, 2, 3 軸それぞれの周りでの無限小回転の回転角とするとき，このような回転のもとでの $N(x)$, $\boldsymbol{\phi}(x)$ の変化は

$$
\delta N(x) = \frac{i}{2}\boldsymbol{\omega\tau}N(x), \qquad \delta\boldsymbol{\phi}(x) = \boldsymbol{\phi}(x)\times\boldsymbol{\omega} \tag{3.87}
$$

で与えられる．ここで $\boldsymbol{\omega}=(\omega_1, \omega_2, \omega_3)$，また $\boldsymbol{\phi}\times\boldsymbol{\omega}$ はアイソ空間での $\boldsymbol{\phi}$ と $\boldsymbol{\omega}$ のベクトル積である．それゆえ(3.72)から，Noether カレント

$$
J^{\mu}(x) = \frac{i}{4}[\bar{N}(x), \gamma^{\mu}\boldsymbol{\tau}N(x)]+\frac{1}{2}(\partial^{\mu}\boldsymbol{\phi}\times\boldsymbol{\phi}-\boldsymbol{\phi}\times\partial^{\mu}\boldsymbol{\phi}) \tag{3.88}
$$

---

* 異なる場の間の交換関係にはノーマルケースを採用した．

が導かれる．ここで，これが保存するかどうかを調べてみよう．$\partial_\mu \boldsymbol{J}^\mu(x)$ を計算すると

$$\partial_\mu \boldsymbol{J}^\mu(x) = \frac{i}{4}[\bar{N}(x)\overleftarrow{\partial}_\mu \gamma^\mu, \boldsymbol{\tau} N(x)] + \frac{1}{4}[\bar{N}(x), \boldsymbol{\tau}\gamma^\mu \partial_\mu N(x)]$$
$$+\frac{1}{2}(\Box \boldsymbol{\phi}(x) \times \boldsymbol{\phi}(x) - \boldsymbol{\phi}(x) \times \Box \boldsymbol{\phi}(x)) \tag{3.89}$$

となる．ただし $\bar{N}(x)\overleftarrow{\partial}_\mu = \partial_\mu \bar{N}(x)$ である．上式に(3.86)およびその第1式から得られる

$$\bar{N}(x)(\overleftarrow{\partial}_\mu \gamma^\mu - m - ig\boldsymbol{\tau}\boldsymbol{\phi}(x)\gamma_5) = 0 \tag{3.90}$$

を用い，また $[\boldsymbol{\tau}\boldsymbol{\phi}(x), \boldsymbol{\tau}] = 2i\boldsymbol{\tau} \times \boldsymbol{\phi}(x)$ なる関係が成り立つことを考慮すれば，(3.89)の右辺はゼロになることが分かる．

つぎに，$I_A = \int d^3\boldsymbol{x}\, J_A^0(x)$ $(A=1,2,3)$ を求めると，(3.88)から

$$I_A = \frac{1}{2}\int d^3\boldsymbol{x} \left(\frac{1}{2}[N^\dagger(x), \tau_A N(x)] + (\boldsymbol{\phi}(x) \times \dot{\boldsymbol{\phi}}(x) - \dot{\boldsymbol{\phi}}(x) \times \boldsymbol{\phi}(x))_A\right) \tag{3.91}$$

を得る．ここで $\bar{N}(x) = iN^\dagger(x)\gamma^0$ および $\partial^0 \boldsymbol{\phi}(x) = -\partial_0 \boldsymbol{\phi}(x) = -\dot{\boldsymbol{\phi}}(x)$ を用いた．(3.91)から3次元回転群のLie代数

$$[I_A, I_B] = i\sum_C \epsilon_{ABC} I_C \tag{3.92}$$

が成り立つことを，場の正準交換関係(3.85)を用いて容易に確かめることができる．また，(3.77)も導かれる．

ついでに述べておくと，電荷の保存則は，電荷をもった場に対してその電荷に比例する任意の位相の変換をほどこしたとき，Lagrange関数が不変であることから導かれる．上述の核子・π 中間子系でいうならば，ϵ を任意の実パラメーターとして $p(x) \to \exp[ie\epsilon]p(x)$ および $\pi(x) \to \exp[ie\epsilon]\pi(x)$（したがって $\pi^\dagger(x) \to \exp[-ie\epsilon]\pi^\dagger(x)$）なる変換のもとで $L(x)$ は不変である．よって ϵ を無限小パラメーターとしてNoetherカレントをつくれば，ただちに

$$J^{\mu}(x)=\frac{ie}{2}([\bar{p}(x),\gamma^{\mu}p(x)]+\{\partial^{\mu}\pi^{\dagger}(x),\pi(x)\}-\{\pi^{\dagger}(x),\partial^{\mu}\pi(x)\})\tag{3.93}$$

を得る．これが保存すること，およびこれから作られる Noether 電荷(これは系のもつ通常の電荷の総量を与える)が，(3.77)をみたすことは容易に示される*.

以上，われわれは内部自由度について考察してきたが，類似の議論は，場の理論におけるエネルギー，運動量あるいは角運動量などの保存則にも拡張される．ここでは Poincaré 群を扱うが，Galilei 群も同じように議論することができる．

平行移動の変換では，(3.20)のすぐ上に述べたように，$x'=x-a$ として $\psi'(x')=\psi(x)$，また Lorentz 変換は(3.18)の $\psi'(x')=S(\Lambda)\psi(x)$ で与えられる．Lagrange 関数はこれらの変換でスカラー，つまり $L(x)$ の中の $\psi(x)$ およびこれに作用する $\partial/\partial x^{\mu}$ のそれぞれを $\psi'(x')$ と $\partial/\partial x'^{\mu}$ で置き替えたものである．これを $L'(x')$ とかくとき

$$L'(x')=L(x)\tag{3.94}$$

であることが，Poincaré 不変の基本的な前提である．

さて，平行移動の変換において，a_{μ} を無限小量 ϵ_{μ} としたとき，Lagrange 関数および場 ψ の変化はそれぞれ

$$\delta L(x)=L'(x)-L(x)=\epsilon_{\mu}\partial^{\mu}L(x)\tag{3.95}$$

$$\delta\psi(x)=\psi'(x)-\psi(x)=\epsilon_{\mu}\partial^{\mu}\psi(x)\tag{3.96}$$

で与えられる．ただし，ψ は内部・外部の両自由度に関する添字(以下では a とかく)をもっているが，それをあらわにかくのを省略してある．(3.96)の $\delta\psi(x)$ に対してももちろん恒等式(3.69)は成立するから，その左辺の $\delta L(x)$ に(3.95)を代入し，かつ Euler-Lagrange の方程式を右辺に用い，無限小パラメーター ϵ_{μ} が任意にとれることを考慮すれば

* 保存量と力学変数の変換に関するより立ち入った考察は，例えば，本講座第1巻 大貫義郎・吉田春夫『力学』2-4 節参照．

$$T^{\nu\mu}(x) = g^{\nu\mu}L(x) - \sum_a \left[\partial^\nu \psi_a(x) \frac{\partial}{\partial(\partial_\mu \psi_a(x))} \right] L(x) \qquad (3.97)$$

とするとき，

$$\partial_\mu T^{\nu\mu}(x) = 0 \qquad (3.98)$$

を得る．このとき，前と同様の議論により

$$P^\mu = \int d^3\boldsymbol{x}\ T^{\mu 0}(x) \qquad (3.99)$$

は保存量となって，エネルギー・運動量演算子すなわち P^μ ($\mu=0,1,2,3$) は互いに可換で，かつ(3.77)に対応した式

$$\partial^\mu \psi_a(x) = i[\psi_a(x), P^\mu] \qquad (3.100)$$

を満足する．$T^{\mu\nu}(x)$ は**正準エネルギー・運動量テンソル**(canonical energy-momentum tensor)とよばれる．

他方 Lorentz 変換に関しては，Λ として無限小 Lorentz 変換(2.60)を用い，また $S(\Lambda)$ として(2.62)の一般化にあたる

$$S(\Lambda) = 1 + \frac{i}{2}\epsilon_{\mu\nu}\mathcal{S}^{\mu\nu} \qquad (3.101)$$

を用いることにしよう．もちろん $\mathcal{S}^{\mu\nu}$ ($=-\mathcal{S}^{\nu\mu}$) は Lorentz 群の Lie 代数に従う行列である．このとき

$$\begin{aligned}\delta L(x) &= L(\Lambda^{-1}x) - L(x) \\ &= \frac{1}{2}\epsilon_{\mu\nu}(x^\mu \partial^\nu - x^\nu \partial^\mu) L(x) \end{aligned} \qquad (3.102)$$

$$\begin{aligned}\delta \psi_a(x) &= \psi'_a(\Lambda^{-1}x) - \psi_a(x) \\ &= \frac{1}{2}\epsilon_{\mu\nu} \sum_b (x^\mu \partial^\nu - x^\nu \partial_\mu + i\mathcal{S}^{\mu\nu})_{ab} \psi_b(x) \end{aligned} \qquad (3.103)$$

よって前と同様にして(3.69)から，Euler-Lagrange 方程式の考慮のもとに

$$\partial_\rho M^{[\mu\nu]\rho}(x) = 0 \qquad (3.104)$$

ただし

$$M^{[\mu\nu]\rho}(x) = (x^\mu g^{\nu\rho} - x^\nu g^{\mu\rho})L(x)$$
$$- \sum_{a,b}\left[(x^\mu\partial^\nu - x^\nu\partial^\mu + i\mathcal{S}^{\mu\nu})_{ab}\psi_b(x)\frac{\partial}{\partial(\partial_\rho\psi_a(x))}\right]L(x)$$
$$= x^\mu T^{\nu\rho}(x) - x^\nu T^{\mu\rho}(x) - i\sum_{a,b}(\mathcal{S}^{\mu\nu})_{ab}\left[\psi_b(x)\frac{\partial}{\partial(\partial_\rho\psi_a(x))}\right]L(x) \tag{3.105}$$

を得る．ここで $M^{[\mu\nu]\rho}(x) = -M^{[\nu\mu]\rho}(x)$，さらに

$$J^{\mu\nu} = \int d^3\boldsymbol{x}\, M^{[\mu\nu]0}(x) \tag{3.106}$$

は，Lorentz 群の生成子となり，(3.99)の P^μ とともに Poincaré 群の Lie 代数(3.27),(3.28)をみたす．また(3.77)に対応して

$$\sum_b (x^\mu\partial^\nu - x^\nu\partial^\mu + i\mathcal{S}^{\mu\nu})_{ab}\psi_b(x) = i[\psi_a(x), J^{\mu\nu}] \tag{3.107}$$

が成立する．

正準エネルギー・運動量テンソル $T^{\mu\nu}(x)$ は一般に対称テンソルではない．実際(3.105)に ∂_ρ を作用させ，(3.104),(3.98)を用いれば

$$T^{\nu\mu}(x) - T^{\mu\nu}(x) = i\sum_{a,b}(\mathcal{S}^{\mu\nu})_{ab}\partial_\rho\left[\psi_b(x)\frac{\partial}{\partial(\partial_\rho\psi_a(x))}\right]L(x) \tag{3.108}$$

となる．ところで $f^{[\mu\sigma]\nu}(x)$ を $f^{[\mu\sigma]\nu}(x) = -f^{[\sigma\mu]\nu}(x)$ なる 3 階テンソルとし

$$\theta^{\nu\mu}(x) = T^{\nu\mu}(x) + \partial_\sigma f^{[\mu\sigma]\nu}(x) \tag{3.109}$$

とするとき

$$\begin{aligned} &\partial_\mu\theta^{\nu\mu}(x) = 0 \\ &P^\mu = \int d^3\boldsymbol{x}\,\theta^{\mu 0}(x) = 0 \end{aligned} \tag{3.110}$$

が成り立つ．すなわち，$\theta^{\nu\mu}$ を $T^{\nu\mu}$ の代りに用いても同一のエネルギー・運動量 P^μ が得られる．このような $f^{[\mu\sigma]\nu}(x)$ の任意性を利用すれば，P^μ を変えずに

$$\theta^{\mu\nu}(x) = \theta^{\nu\mu}(x) \tag{3.111}$$

とできることを下に示そう．

簡単のために

$$F^{[\mu\nu]\rho}(x) = i\sum_{a,b}(\mathcal{S}^{\mu\nu})_{ab}\left[\psi_b(x)\frac{\partial}{\partial(\partial_\rho\psi_a(x))}\right]L(x) \qquad (3.112)$$

として(3.108)の右辺を$\partial_\sigma F^{[\mu\nu]\sigma}$とかく．また場に含まれる変数$x$を陽にかくのを省略することにする．すなわち

$$T^{\nu\mu}-T^{\mu\nu} = \partial_\sigma F^{[\mu\nu]\sigma} \qquad (3.113)$$

よって(3.111)が成り立つためには，(3.109)により

$$\partial_\sigma(F^{[\mu\nu]\sigma}+f^{[\mu\sigma]\nu}-f^{[\nu\sigma]\mu}) = 0 \qquad (3.114)$$

でなければならない．それゆえ

$$F^{[\mu\nu]\sigma}+f^{[\mu\sigma]\nu}-f^{[\nu\sigma]\mu} = 0 \qquad (3.115)$$

をみたす$f^{[\sigma\nu]\mu}$が存在すれば十分である．上式でμ, ν, σを順次入れかえれば

$$F^{[\nu\sigma]\mu}+f^{[\nu\mu]\sigma}-f^{[\sigma\mu]\nu} = 0 \qquad (3.116)$$

$$F^{[\sigma\mu]\nu}+f^{[\sigma\nu]\mu}-f^{[\mu\nu]\sigma} = 0 \qquad (3.117)$$

を得る．そこで (3.115)−(3.116)−(3.117) をつくれば

$$f^{[\mu\nu]\sigma} = \frac{1}{2}(-F^{[\mu\nu]\sigma}+F^{[\nu\sigma]\mu}+F^{[\sigma\mu]\nu}) \qquad (3.118)$$

となって，$f^{[\mu\nu]\sigma}$が求まった．他方，$F^{[\mu\nu]\sigma}$の定義(3.112)から，(3.105)は

$$M^{[\mu\nu]\rho} = x^\mu T^{\nu\rho}-x^\nu T^{\mu\rho}-F^{[\mu\nu]\rho} \qquad (3.119)$$

とかけるので，右辺に(3.109)を用い，$T^{\nu\rho}$を消去すると

$$M^{[\mu\nu]\rho} = x^\mu\theta^{\nu\rho}-x^\nu\theta^{\mu\rho}-\partial_\sigma(x^\mu f^{[\rho\sigma]\nu}-x^\nu f^{[\rho\sigma]\mu})$$
$$+f^{[\rho\mu]\nu}-f^{[\rho\nu]\mu}-F^{[\mu\nu]\rho} \qquad (3.120)$$

ここで(3.115)を考慮すれば，右辺の第2行目はゼロとなる．よって

$$J^{[\mu\nu]\rho} \equiv x^\mu\theta^{\nu\rho}-x^\nu\theta^{\mu\rho} \qquad (3.121)$$

とすれば，(3.104),(3.106)から

$$\partial_\rho J^{[\mu\nu]\rho}(x) = 0, \qquad J^{\mu\nu} = \int d^3\boldsymbol{x}\,J^{[\mu\nu]0}(x) \qquad (3.122)$$

が導かれる．(3.121)で$\rho=0$とすると，これはよく知られたエネルギー・運

動量と4次元角運動量の関係を表わしている*. $\theta^{\mu\nu}(x)$ は**対称エネルギー・運動量テンソル**(symmetric energy-momentum tensor)とよばれる.

3-4 ゲージ変換

以上, われわれは場の量子論における連続群のもとでの対称性がどのように扱われるかをみてきた. 対称性のなかには, 電荷の保存則を与える位相変換やMinkowski空間内の系に対するPoincaré群のように対称性の精度が極めて高いもの, あるいは核子・π中間子系のように, 陽子・中性子間の質量差, また荷電および中性のπ中間子の質量差を無視したときにはじめて成り立ついわば近似的な対称性など, さまざまなものが存在する. しかしいずれにせよ, 変換のパラメーターは時空点xとは無関係であった. 例えば, アイソ空間のような内部自由度の対称性を記述する仮想的な空間を想定したとき, その空間の構造はあらゆる時空点にわたって同一であり, 変換は時空間のすみずみにいたるまで完全に同じかたちでいっせいに遂行されると考えられた. このこと自身は論理的な矛盾をもたらすものではないが, このような対称性は局所的な概念とはいえない.

他方, 場は時空点上で与えられるという意味で局所的である. したがって, 群のパラメーターも局所的つまり時空点の関数に拡張してみてはどうであろうか. じつはその代表的な1例を電磁相互作用にみることができる.

核子・π中間子系を例にとるならば, すでに述べたように, 電荷の保存則は, $p(x)\to\exp[ie\epsilon]p(x)$, $\pi(x)\to\exp[ie\epsilon]\pi(x)$ なる変換でLagrange関数(3.84)が不変なことから導かれるが, このϵをxの関数$\epsilon(x)$で置き替えるわけである. この変換は場に作用する微分演算∂_μとは可換でないから, Lagrange関数は不変でなくなる. つまり,

* ただしこのような$\theta^{\mu\nu}$は一意的ではない. われわれは(3.114)をみたすものとして(3.115)を用いたが, (3.114)の括弧の中は$\partial_\rho K^{[\mu\nu][\sigma\rho]}$といったかたちのものでよい. ただし$K^{[\mu\nu][\sigma\rho]}=-K^{[\nu\mu][\sigma\rho]}=-K^{[\mu\nu][\rho\sigma]}$. $\theta^{\mu\nu}$の表式とはいくぶん異なるが, このときも(3.121), (3.122)の関係は導かれる.

$$\partial_\mu p(x) \to \partial_\mu(\exp[ie\epsilon(x)]p(x)) = \exp[ie\epsilon(x)](\partial_\mu + ie\partial_\mu\epsilon(x))p(x)$$
$$\partial_\mu \pi(x) \to \partial_\mu(\exp[ie\epsilon(x)]\pi(x)) = \exp[ie\epsilon(x)](\partial_\mu + ie\partial_\mu\epsilon(x))\pi(x)$$
$$\partial_\mu \pi^\dagger(x) \to \partial_\mu(\exp[-ie\epsilon(x)]\pi^\dagger(x)) = \exp[-ie\epsilon(x)](\partial_\mu - ie\partial_\mu\epsilon(x))\pi^\dagger(x) \tag{3.123}$$

となって，位相変換 $\exp[\pm ie\epsilon(x)]$ を微分と交換する際にお釣りが出る．

しかし，N, π 以外にも，じつはある種の場が存在していて，それが適当に変換した結果，このお釣りの部分を吸収してしまえば不変性は回復されることになるであろう．それにはつぎのようにやればよい．

ベクトル場 $A^\mu(x)$ の存在を仮定し，Lagrange 関数のなかで $\partial_\mu p(x)$, $\partial_\mu\pi(x)$, $\partial_\mu\pi^\dagger(x)$ の代りに $(\partial_\mu - ieA_\mu(x))p(x)$, $(\partial_\mu - ieA_\mu(x))\pi(x)$, $(\partial_\mu + ieA_\mu(x))\pi^\dagger(x)$ を用いることにしよう．そうして前記の $p(x)$, $\pi(x)$ 等の x に依存した位相変換に応じて，$A^\mu(x)$ が

$$A_\mu(x) \to A_\mu(x) + \partial_\mu\epsilon(x) \tag{3.124}$$

と変換されれば，(3.123)に生じたお釣りの項は相殺されることになる．

もちろん，このときの Lagrange 関数には，$A^\mu(x)$ の運動を与えるために $A^\mu(x)$ とその微分 $\partial^\nu A^\mu(x)$ からつくられた項(A^μ の自由 Lagrange 関数)が付加され，それも(3.124)の変換で不変になっていなければならない．いうまでもなく $A^\mu(x)$ は電磁気学でよく知られた4次元ポテンシャルを表わすベクトル場であり，(3.124)はそのゲージ変換である．

古典電磁気学では4次元ポテンシャルは直接の物理的意味をもつ場ではないが，量子力学では Aharonov-Bohm 効果*にみるように現実的な役割を担う場である．そうしてさらに場の量子論からみるならば，それは荷電場の局所的な位相変換のもとでの不変性を保証するものとして存在するとみなすことができる．

この考えは他の群に対しても，そこでの変換パラメーターに x 依存性をもたせることによって拡張することができ，このときもやはりベクトル場の存在

---

* 本講座第3巻 河原林研『量子力学』第5章，大貫義郎『物理学最前線 9』(共立出版，1985)の「アハラノフ・ボーム効果」の項参照．

が導かれる．このようなベクトル場は一括して**ゲージ場**(gauge field)とよばれ，その場の量子論は，他の場合にはみられないさまざまな特徴のあることが知られている．

例えば，理論の形式を一貫して相対論的な共変性が明白であるようなかたちで定式化を行なうとき，状態ベクトルのつくる空間は通常の Hilbert 空間の枠を拡張して，負のメトリックをも許すようなものを考えなければならない．また演算子としてのゲージ場の表現を確定するためには，ゲージ不変にこれを行なうことができないので，いわゆるゲージの固定化という操作が要求され，ゲージ変換に代わる別の変換およびそれを支える影の場ともいうべきものの存在が必要になってくる．

このようにして，ゲージ場の量子論は独自の手の込んだ構造をもっているが，素粒子論においては極めて本質的な役割を演じている．本講座ではこれらは巻を改めて詳論される(本講座第 20 巻 藤川和男『ゲージ場の理論』)．それゆえゲージ場の量子論およびその応用の詳細はそこにゆずることにし，本書では少し別の面から場の量子論の基本的な性質を考察していくことにする．ただし，ゲージ場の最も簡単な場合である電磁場の量子論は広く使われるので，付録にまとめて述べてある．

4 不連続変換

この章では不連続変換のもとでの対称性が場の量子論でどのように定式化され扱われるかを考察しよう．

4-1 空間反転とパリティ

右手系から左手系への変換，また，これの逆の座標変換は

$$\boldsymbol{x} \to -\boldsymbol{x}, \qquad t \to t \tag{4.1}$$

で与えられる．いま相対論に従う系が与えられたとき(4.1)に対応して，Poincaré 群の生成子 $P^\mu, J^{\mu\nu}$ との間につぎの関係をみたすユニタリー演算子 $\mathcal{P}$ が存在するならば，$\mathcal{P}$ はこの系における**空間反転の演算子**とよぶことにする．すなわち

$$\begin{aligned} \mathcal{P}^\dagger P^j \mathcal{P} &= -P^j, \qquad \mathcal{P}^\dagger P^0 \mathcal{P} = P^0 \\ \mathcal{P}^\dagger J^{jk} \mathcal{P} &= J^{jk}, \qquad \mathcal{P}^\dagger J^{j0} \mathcal{P} = -J^{j0} \end{aligned} \qquad (j, k = 1, 2, 3) \tag{4.2}$$

もし系が非相対論に従い Galilei 不変をみたすときは，J^{j0} の代りに Galilei 変換 $G_2(\boldsymbol{v})$ の3個の生成子を用いることにする．また，電荷をもつ非相対論的な系が電磁場のような相対論的な系と相互作用をしているときには，J^{j0} に相

当する保存量はつくれないが，このような場合には，(4.2)式2行目の第2式を落として$\mathcal{P}$を定義することにしよう．なお，$\mathcal{P}$はPoincaré群のような外部自由度にだけ関係し，内部対称性の変換とは可換，また内部自由度の変換も$\mathcal{P}$によってはひき起こされないと仮定する．

以下では(4.2)にもとづいて相対論の場合を考察するが，非相対論，その他の場合も全く同様に議論することができる．いうまでもなく，Schrödinger的描像では，任意の状態ベクトル$|\ \rangle$は空間反転のもとで$|\ \rangle \rightarrow \mathcal{P}|\ \rangle$なる変換に従う．相対論にせよ非相対論にせよ，上に述べた性質をもつ$\mathcal{P}$が存在しないときは，そのような系に対してはわれわれは空間反転を定義することができない．このとき，系はパリティを保存しない，あるいは**パリティ非保存**であるという*．これに対して$\mathcal{P}$が存在する場合，つまり空間反転の不変性があるときはパリティ保存，または単に$\boldsymbol{P}$**不変**という．

ここで，一般の場$\psi(x)$の空間反転のもとにおける変換，すなわち$\mathcal{P}^{\dagger}\psi(x)\mathcal{P}$を調べることにしよう．ただし$\psi(x)$は外部自由度について何個かの成分をもち，必要に応じてこの章では添字aをもって成分を指定することにする．さてHeisenberg的描像では

$$\psi(x) = \exp[-iP^{\mu}x_{\mu}]\,\psi(0)\exp[iP^{\mu}x_{\mu}] \tag{4.3}$$

であるから，これに左右から$\mathcal{P}^{\dagger}, \mathcal{P}$を作用させれば

$$\begin{aligned}\psi'(\boldsymbol{x}, t) &= \mathcal{P}^{\dagger}\psi(\boldsymbol{x}, t)\mathcal{P}\\ &= \exp[i(\boldsymbol{P}\boldsymbol{x}+P^0t)]\,\mathcal{P}^{\dagger}\psi(0)\mathcal{P}\exp[-i(\boldsymbol{P}\boldsymbol{x}+P^0t)]\end{aligned} \tag{4.4}$$

ここで$\psi(0)$は空間反転のもとで外部自由度に対し線形変換，すなわち

$$\mathcal{P}^{\dagger}\psi_a(0)\mathcal{P} = \sum_b (\mathcal{S}_P)_{ab}\psi_b(0) \tag{4.5}$$

を仮定すれば

$$\psi'(\boldsymbol{x}, t) = \mathcal{P}^{\dagger}\psi(\boldsymbol{x}, t)\mathcal{P} = \mathcal{S}_P\psi(-\boldsymbol{x}, t) \tag{4.6}$$

となる．あとの例でみるように，(4.5)のようにかけない場合もないではないが，それは極めて例外的なので，そのような場合はそのつど考えることにする．

---

* パリティ非保存は素粒子の弱相互作用にみられる．

他方，(3.107)の両辺に再び左右から $\mathscr{P}^\dagger, \mathscr{P}$ を作用させ，(4.2)の第2行および(4.6)を用いると

$$\begin{aligned}(x^j\partial^k - x^k\partial^j + i\mathscr{S}^{jk})\mathscr{S}_P\psi(-\boldsymbol{x}, t) &= i[\mathscr{S}_P\psi(-\boldsymbol{x}, t), J^{jk}] \\ (x^j\partial^0 - x^0\partial^j + i\mathscr{S}^{j0})\mathscr{S}_P\psi(-\boldsymbol{x}, t) &= -i[\mathscr{S}_P\psi(-\boldsymbol{x}, t), J^{j0}]\end{aligned} \tag{4.7}$$

を得る．上式で $\boldsymbol{x}\to-\boldsymbol{x}$ としこれを(3.107)と比べると，(4.6)の $\mathscr{S}_P$ の従う条件式

$$[\mathscr{S}^{jk}, \mathscr{S}_P] = 0, \qquad \{\mathscr{S}^{j0}, \mathscr{S}_P\} = 0 \tag{4.8}$$

が導かれる．もちろんこれは必要条件であって十分条件ではない．(4.8)をみたす $\mathscr{S}_P$ には，その定数倍ということをも含めて，任意性がある．必要十分条件は，変換が内部自由度とは無関係であることと(4.2)の成立であることから，この任意性は，$P^\mu, J^{\mu\nu}$ のなかの $\psi(x)$ を(4.6)の $\psi'(x)$ で置き替えたときに，P^0 と J^{jk} は不変，P^j と J^{j0} は符号を変えるという条件で決められねばならない．またはこれと同等であるが，$\psi(x)$ を $\psi'(x)$ で置き替えたとき，Lagrange 関数の空間積分 $\int d^3\boldsymbol{x}\, L(x)$ が不変であるように決める必要がある．これができてはじめて(4.2)に従う $\mathscr{P}$ の存在が決定し，空間反転の不変性が示されたことになる．なおあとの例でみるように，$\mathscr{S}_P$ にはこのとき一般にまだ任意性が残っているが，空間反転という観点からはどういう形にせよ $\mathscr{P}$ が存在すればよいので，これは本質的でない．それゆえ，もし任意性が残っていれば取扱いに便利なものを選んで用いればよい．

他方，どうしても $\int d^3\boldsymbol{x}\, L(x)$ を不変にできなければ，(4.2)を前提とした議論が正しくないことを示すものであって，パリティは保存しないことになる．

以上の線に沿って議論を具体化してみよう．そこでまず(4.8)をみたす $\mathscr{S}_P$ から吟味する．

$\psi(x)$ が Klein-Gordon 場 $U(x)$ のときは，$\mathscr{S}^{\mu\nu}=0$ であるから $\mathscr{S}_P=$定数 となる．また $\psi(x)$ が Dirac 場のときは，(2.62)より $\mathscr{S}^{\mu\nu}=\sigma^{\mu\nu}/2$ であるから $\mathscr{S}_P=(a+b\gamma_5)\gamma^0$ となる．ただし，a, b は定数，そうして $\gamma_5=i\gamma^1\gamma^2\gamma^3\gamma^0$ であることはすでに述べた．

$\psi(x)$ がベクトル場 $V^\mu(x)$ のときには，$\mathscr{S}^{\mu\nu}$ の λ 行 ρ 列の要素は $(\mathscr{S}^{\mu\nu})^\lambda_{\ \rho}=$

$(g^{\mu\lambda}\delta^{\nu}_{\rho}-g^{\nu\lambda}\delta^{\mu}_{\rho})/i$ であるから，(4.8)から $\mathcal{S}_P$ は対角行列で，a を定数としてその対角要素は $(\mathcal{S}_P)^j_j=-a$，$(\mathcal{S}_P)^0_0=a$ となる．

その他の場合も同様に議論できる．

もし $\mathcal{P}$ が存在するならば $\int d^3\boldsymbol{x}\,L(x)$ は空間反転で不変ということから，以上にみられる不定定数を絞ることを考えよう．そこで全 Lagrange 関数 $L(x)$ を第2章で議論した自由 Lagrange 関数の部分と残りの相互作用を記述する部分に分けて考察する．この2つの部分が独立であれば，$\mathcal{P}$ が存在するときその各々の空間積分が空間反転で不変であるとみなすことができる．

まず，複素 Klein-Gordon 場の自由 Lagrange 関数は(2.124)で与えられる．また実 Klein-Gordon 場の自由 Lagrange 関数は(2.124)で $U^\dagger(x)=U(x)$ とおき，通常は便宜上全体に1/2をかけたものが用いられている．それゆえ，空間反転のもとで，複素 Klein-Gordon 場は δ_P を実定数として

$$U'(\boldsymbol{x},t) = \mathcal{P}^\dagger U(\boldsymbol{x},t)\mathcal{P} = e^{i\delta_P}U(-\boldsymbol{x},t) \tag{4.9}$$

また，実 Klein-Gordon 場は

$$U'(\boldsymbol{x},t) = \mathcal{P}^\dagger U(\boldsymbol{x},t)\mathcal{P} = U(-\boldsymbol{x},t) \text{ または } -U(-\boldsymbol{x},t) \tag{4.10}$$

となる．ここで δ_P や，符号の $+,-$ は，この段階では不定である．これらは，つぎのステップで全 Lagrange 関数の空間積分が不変になるように決められなければならない．

同様にして，Dirac 場 $\psi(x)$ に対しては，自由 Lagrange 関数(2.89)の空間積分の不変性の要求から前記の $\mathcal{S}_P=(a+b\gamma_5)\gamma^0$ は制限されて

$$\psi'(\boldsymbol{x},t) = \mathcal{P}^\dagger\psi(\boldsymbol{x},t)\mathcal{P} = e^{i\delta'_P}\gamma^0\psi(-\boldsymbol{x},t) \tag{4.11}$$

を得る．ここで δ'_P は実定数である．

複素ベクトル場 $V^\mu(x)$ の自由 Lagrange 関数は，$F_{\mu\nu}(x)=\partial_\mu V_\nu(x)-\partial_\nu V_\mu(x)$ とするとき

$$L(x) = -\frac{1}{4}(\{F^\dagger_{\mu\nu}(x), F^{\mu\nu}(x)\}+2m^2\{V^\dagger_\mu(x), V^\mu(x)\}) \tag{4.12}$$

で与えられることが知られている．また，実ベクトル場の Lagrange 関数は上式で $V^{\mu\dagger}(x)=V^\mu(x)$ とし，さらに便宜上全体に1/2をかけたものが用いら

れる．ただし質量 $m \neq 0$ とした（$m=0$ の場合は付録3を参照）．それゆえ $\mathscr{S}_P$ の定数は制限されて，複素ベクトル場に対しては

$$V'^{\mu}(\boldsymbol{x}, t) = \mathscr{P}^{\dagger} V^{\mu}(\boldsymbol{x}, t) \mathscr{P} = \epsilon(\mu) e^{i\delta''_P} V^{\mu}(-\boldsymbol{x}, t) \tag{4.13}$$

ただし $\epsilon(\mu)$ は符号因子で

$$\epsilon(\mu) = \begin{cases} - & (\mu=1, 2, 3) \\ + & (\mu=0) \end{cases} \tag{4.14}$$

である．また，実ベクトル場に対しては

$$V'^{\mu}(\boldsymbol{x}, t) = \mathscr{P}^{\dagger} V^{\mu}(\boldsymbol{x}, t) \mathscr{P} = \pm\epsilon(\mu) V^{\mu}(-\boldsymbol{x}, t) \tag{4.15}$$

である．

(4.9)，(4.11)，(4.13)にみられる位相因子および(4.10)，(4.15)右辺の符号が，相互作用を含めた全 Lagrange 関数の空間積分 $\int d^3\boldsymbol{x}\, L(x)$ の P 不変性から求められたとしよう．もちろんこれらは個々の系に依存して決められるものであるから，この段階では具体的なことは何もいえない．しかし議論をある程度整理することは可能である．

そのために，空間反転を続けて2回行なってみよう．ふたたび $\psi(x)$ は一般の場を表わす演算子とし，これが空間反転を受けて $\psi'(x)$ になったのち，もういちど空間反転がなされたとする．2度目の空間反転のユニタリー演算子 $\mathscr{P}'$ は，第3章の Heisenberg 描像での変換で注意したように，$\mathscr{P}$ のなかの $\psi(x)$ をすべて $\psi'(x)$ で置き替えたものである．しかし $\mathscr{P}'=\mathscr{P}^{\dagger}\mathscr{P}\mathscr{P}=\mathscr{P}$ となるゆえ，$\mathscr{P}'$ は $\mathscr{P}$ に他ならない．よって(4.6)より

$$\mathscr{P}'^{\dagger}\psi'(\boldsymbol{x}, t)\mathscr{P}' = \mathscr{S}_P \mathscr{P}^{\dagger}\psi(-\boldsymbol{x}, t)\mathscr{P} = \mathscr{S}_P^2 \psi(\boldsymbol{x}, t) \tag{4.16}$$

を得る．2度続けて3次元空間の3個の座標軸の向きを逆転させるのは何も変換しないことと同じであるから，$\mathscr{S}_P$ を制限するために

$$\mathscr{S}_P^2 = 1 \tag{4.17}$$

としても矛盾はない．もちろん，いまの場合に空間反転の不変性はすでに保証されているのであるから，(4.17)がみたされないと困るということは何もない．(4.17)は便宜上こうしてもよいというだけである．その結果はスカラー場やベクトル場に対しては $e^{2i\delta_P}=e^{2i\delta''_P}=1$，Dirac 場に対しては $(\gamma^0)^2=-1$ から $e^{2i\delta'_P}$

$=-1$ となる．ただし，Dirac 場は Lorentz 変換でスピノールとして変換し，他方，これを含む Lagrange 関数は Lorentz スカラーであるから，そこでは Dirac 場はいつも偶数次のベキで現われる．それゆえ，Dirac 場に対してのみは(4.17)右辺の符号を変えて $(\mathcal{S}_P)^2=-1$ つまり $e^{2i\delta_P'}=1$ とし，スカラー場やベクトル場はそのまま(4.17)に従うとすることができる．実はこの方が便利な点があることは次節で述べる．

以上をまとめると，連続的な Lorentz 変換のもとでのスカラー場 $U(x)$，スピノール場 $\psi(x)$，ベクトル場 $V^\mu(x)$ は，空間反転で理論が不変な場合，それぞれつぎの変換に従うものとすることができる．

$$\begin{aligned} U'(\boldsymbol{x},t) &= \mathcal{P}^\dagger U(\boldsymbol{x},t)\mathcal{P} = \pm U(-\boldsymbol{x},t) \\ \psi'(\boldsymbol{x},t) &= \mathcal{P}^\dagger \psi(\boldsymbol{x},t)\mathcal{P} = \pm\gamma^0\psi(-\boldsymbol{x},t) \\ V'^\mu(\boldsymbol{x},t) &= \mathcal{P}^\dagger V^\mu(\boldsymbol{x},t)\mathcal{P} = \pm\epsilon(\mu)V^\mu(-\boldsymbol{x},t) \end{aligned} \tag{4.18}$$

もちろん，この結果は(4.5)を前提として導かれたものであるから，(4.5)が成り立たない場合(それは非常に例外的であるが)は，この限りではない．その簡単な例はあとで述べる．いうまでもなく，(4.18)の $\pm$ は与えられた系に応じて決めなければならない．(4.18)の右辺で $U(x)$ がプラス符号をとるときは改めてこれを**スカラー場**，マイナス符号のときは**擬スカラー**(pseudoscalar)**場**とよぶ．同様に $V^\mu(x)$ についてもプラス符号をとるものを**ベクトル場**，マイナス符号をとるものを**擬ベクトル**(pseudovector)**場**という．

具体例として(3.84)の Lagrange 関数を考えてみよう．容易に分かるように，空間反転の不変性は

$$N'(\boldsymbol{x},t) = \gamma^0 N(-\boldsymbol{x},t), \qquad \phi_A'(\boldsymbol{x},t) = -\phi_A(-\boldsymbol{x},t) \tag{4.19}$$

によって保証される．もちろん，$N'(\boldsymbol{x},t)=e^{i\delta_P'}\gamma^0 N(-\boldsymbol{x},t)$ (δ_P' は任意の実定数)としてよいわけだが，ここでは(4.18)に従った*．上式は π 中間子が擬ス

* $\mathcal{S}_P$ としては γ^0 でなく $-\gamma^0$ でもよいわけだが，このようなときはできるだけ γ^0 の方を使うことにする．なお，γ^0 型と $-\gamma^0$ 型の場が共存するとき，後者に γ_5 をかけたものを改めて $\psi(x)$ とみなせば，この場も γ^0 の変換に従い，すべての Dirac 場を γ^0 型の変換で統一することができる．しかし γ_5 をかけると再定義された Dirac 場の自由 Lagrange 関数における質量項は，その符号が反転されるので，こうする方が好都合であるとはいい切れない．目的に応じてその扱いを考えるべきである．

カラーであることを示す.

荷電 Dirac 場 $\psi(x)$ と電磁場の系(付録 3 参照)では同様にして

$$\begin{aligned} \psi'(\boldsymbol{x},t) &= \gamma^0\psi(-\boldsymbol{x},t) \\ \boldsymbol{A}'(\boldsymbol{x},t) &= -\boldsymbol{A}(-\boldsymbol{x},t), \qquad A'^0(\boldsymbol{x},t) = A^0(-\boldsymbol{x},t) \\ B'(\boldsymbol{x},t) &= -B(-\boldsymbol{x},t) \end{aligned} \tag{4.20}$$

となる. このときも ψ に対する $\mathcal{S}_P$ としては $e^{i\delta_P'}\gamma^0$ でよいわけだが, 前と同じ理由から $\delta_P'=0$ とした.

以上, 空間反転がどのようなものかをみてきたが, ここで若干補足的な注意をしておこう.

Dirac 場の(4.5)から求めた $\mathcal{S}_P$ は $(a+b\gamma_5)\gamma^0$ であったが, 最終的に γ_5 が消えたのは自由 Lagrange 関数(2.89)の空間積分を不変にするという要求からであった. それゆえ別のかたちの自由 Lagrange 関数を用いれば $\mathcal{S}_P$ に γ_5 が残ることはある. 例えば

$$L(x) = -\frac{1}{2}[\bar{\psi}(x), \{(\alpha+\beta\gamma_5)\gamma^\mu\partial_\mu+(\alpha'+i\beta'\gamma_5)\kappa\}\psi(x)] \tag{4.21}$$
$$(\alpha, \beta, \alpha', \beta', \kappa \text{ は実定数}, \ \alpha>|\beta|)$$

とすると, これは連続的な Lorentz 変換でスカラー量であり, すぐあとで分かるように, 質量が $\kappa\sqrt{\alpha'^2+\beta'^2}/\sqrt{\alpha^2-\beta^2}$ の自由な Dirac 場を記述する. さらに(4.21)の空間積分は

$$\mathcal{S}_P = \frac{e^{i\delta_P'}}{\sqrt{(\alpha^2-\beta^2)(\alpha'^2+\beta'^2)}}(\alpha+\beta\gamma_5)(\alpha'-i\beta'\gamma_5)\gamma^0$$

とする空間反転で不変であり, それゆえ, このとき $\mathcal{S}_P$ には γ_5 が入ってくる. ただし, (4.21)の Lagrange 関数はかたちが煩雑なので, 通常は用いない. 実際, $\lambda=\tanh^{-1}(\beta/\alpha)$, $\lambda'=\tan^{-1}(\beta'/\alpha')$ として

$$\chi(x) = \sqrt{\alpha^2-\beta^2}e^{(-\lambda+\lambda')\gamma_5/2}\psi(x) \tag{4.22}$$

とするならば, (4.21)は

$$L(x) = -\frac{1}{2}\left[\bar{\chi}(x), \left(\gamma^\mu\partial_\mu+\frac{\kappa\sqrt{\alpha'^2+\beta'^2}}{\sqrt{\alpha^2-\beta^2}}\right)\chi(x)\right] \tag{4.23}$$

となってよく知られたかたちに帰着するからである．したがって $\psi(x)$ ではなく $\chi(x)$ を用いて空間反転を考えることにすれば，$\mathscr{S}_P$ に γ_5 を導入しないですむ．そのため Dirac 場の自由 Lagrange 関数としては，(4.12)の型に書き直して使う方が便利である．

(4.21)において $\kappa=0$ かつ $\alpha=|\beta|>0$ として $\psi(x)$ を規格化し直せば

$$L(x) = -\frac{1}{2}\left[\bar{\psi}(x), \frac{1+\gamma_5}{2}\gamma^\mu\partial_\mu\psi(x)\right] \tag{4.24}$$

または

$$L(x) = -\frac{1}{2}\left[\bar{\psi}(x), \frac{1-\gamma_5}{2}\gamma^\mu\partial_\mu\psi(x)\right] \tag{4.25}$$

とかくことができる．γ_5 の固有値は $1, 1, -1, -1$ となるので，γ_5 が対角化された表示(γ 行列，付録 2 参照)でみれば，(4.13)，(4.14)はいずれも ψ については 4 成分のうち半分の 2 成分だけが使われている．他方，$\mathscr{S}_P=(a+b\gamma_5)\gamma^0$ は a, b をどうとっても $(1\pm\gamma_5)/2$ とは非可換であるから，このような $\mathscr{S}_P$ の ψ への作用は 2 成分の枠のなかで閉じていない．それゆえ(4.24)，(4.25)は(4.5)と両立せず，パリティは非保存になる．$\frac{1}{2}(1+\gamma_5)\psi(x)$ または $\frac{1}{2}(1-\gamma_5)\psi(x)$ の実質 2 成分の場は **Weyl 場**(Weyl field)とよばれ，質量ゼロの Fermi 粒子を記述する．

なお，(4.5)における $\psi(0)$ についての線形性を改めれば，ことによると(4.2)をみたす $\mathscr{P}$ が存在してパリティ保存になりはしないかという疑問にはまだ答えられていない．これについては次節に述べる Majorana 場と関連するので，そこで議論をすることにしよう．

通常はほとんど考えなくてすむことだが，(4.5)に基づいた(4.18)を用いると P 不変にはできないにもかかわらず，場についての非線形変換を用いれば，パリティ保存が示せる例をあげておこう．

Dirac 場 $\psi(x)$ および実 Klein-Gordon 場 $\phi(x)$ からなる系を考えよう．その Lagrange 関数は

$$L(x) = -\frac{1}{2}[\bar{\psi}(x), (\gamma^\mu\partial_\mu + m)\psi(x)] - \frac{1}{2}(\partial^\mu\phi(x)\partial_\mu\phi(x) + \kappa^2\phi^2(x))$$
$$+ i\frac{g}{2}[\bar{\psi}(x), \gamma_5\psi(x)]\phi(x) + i\frac{g'}{2}[\bar{\psi}(x), \gamma^\mu\psi(x)]\partial_\mu\phi(x) \qquad (4.26)$$

とする．いうまでもなく，上式右辺第1行の第1，第2項がそれぞれ Dirac 場および実 Klein-Gordon 場の自由 Lagrange 関数，第2行目が相互作用項で，相互作用定数 g, g' は実数である．(4.18)の第2式を用いれば，空間反転で $[\bar{\psi}(x), \gamma_5\psi(x)]$ は擬スカラー，また $[\bar{\psi}(x), \gamma^\mu\psi(x)]$ はベクトルとして変換する．それゆえ，(4.26)右辺の空間積分が不変であるためには，相互作用 Lagrange 関数において，第1項に含まれる $\phi(x)$ は擬スカラー，すなわちその変換性は $\phi'(\boldsymbol{x}, t) = -\phi(-\boldsymbol{x}, t)$ であり，また第2項に含まれる $\phi(x)$ はスカラーで，$\phi'(\boldsymbol{x}, t) = \phi(-\boldsymbol{x}, t)$ として変換せねばならないという結果になる．いいかえれば，(4.18)を用いる限り，P 不変ならしめるような $\phi(x)$ の変換は存在しないことになる．しかし，だからといってこの系はパリティ非保存だと結論するわけにはいかない．それをみるために $\psi(x) = \exp[ig'\phi(x)]\chi(x)$ を用いて，$\psi(x)$ を $\chi(x)$ にかきかえよう．このとき(4.26)の Lagrange 関数は

$$L(x) = -\frac{1}{2}[\bar{\chi}(x), (\gamma^\mu\partial_\mu + m)\chi(x)] - \frac{1}{2}(\partial^\mu\phi(x)\partial_\mu\phi(x) + \kappa^2\phi^2(x))$$
$$+ i\frac{g}{2}[\bar{\chi}(x), \gamma_5\chi(x)]\phi(x) \qquad (4.27)$$

となり，こんどは空間反転 $\chi'(\boldsymbol{x}, t) = \gamma^0\chi(-\boldsymbol{x}, t)$，$\phi'(\boldsymbol{x}, t) = -\phi(-\boldsymbol{x}, t)$ の変換で理論は不変になることがわかる．この変換をもとの $\psi(x), \phi(x)$ の変換に戻すと

$$\begin{aligned} \psi'(\boldsymbol{x}, t) &= e^{-2ig'\phi(-\boldsymbol{x}, t)}\gamma^0\psi(-\boldsymbol{x}, t) \\ \phi'(\boldsymbol{x}, t) &= -\phi(-\boldsymbol{x}, t) \end{aligned} \qquad (4.28)$$

となる．たしかにこれは Lagrange 関数(4.26)の空間積分を不変にしている．すなわち(4.26)はパリティ保存の系なのである．注意すべきことは，(4.28)は ϕ については非線形の変換であって，(4.5)をみたさない．この種のことはま

れであるが，これは(4.18)の機械的な適用が許されない1例である．

$\mathcal{P}$ が存在すればそれは P^0 と可換であるから，真空はその固有状態となり

$$\mathcal{P}|0\rangle = |0\rangle \tag{4.29}$$

とできることは，前章の議論と同様である．$J_j = \sum_{k,l}\epsilon_{jkl}J^{kl}/2\ (j=1,2,3)$ かつ $\boldsymbol{J}=(J_1, J_2, J_3)$ とかけば，$\mathcal{P}$ は $\boldsymbol{J}$ と可換，$\boldsymbol{P}$ とは反可換だが，$\boldsymbol{P}$ の固有値がゼロの状態は $\mathcal{P}$ および $J_3, \boldsymbol{J}^2$ の同時固有状態にとることができる．静止系で $\mathcal{P}$ の固有値が1であるとき系は**パリティ偶**(parity even)の状態にあるといい，またそれが -1 であれば**パリティ奇**(parity odd)の状態にあるという．

$\mathcal{P}$ が保存量であることから選択則を導くことができる．ここにその1例をあげよう．

静止系で角運動量ゼロで電気的に中性の状態が2個の光子に崩壊して消滅する現象を考えてみよう．終状態は互いに反対方向に同じエネルギーで運動する2個の光子からなる状態の適当な重ね合わせである．すなわち，一方を運動量 $\boldsymbol{k}$ の粒子とすれば他方は $-\boldsymbol{k}$ の運動量をもつ．運動量 $\boldsymbol{k}$ の光子の消滅演算子は光子が横波であることから，$\boldsymbol{k}$ 方向の単位ベクトルを $\boldsymbol{e}_3$ とするとき，これと直交する2つの単位ベクトル $\boldsymbol{e}_1, \boldsymbol{e}_2$ (ただし $\boldsymbol{e}_1, \boldsymbol{e}_2, \boldsymbol{e}_3$ は互いに直交する右手系をつくるとする)方向の成分 $a_{\boldsymbol{k},1}$, $a_{\boldsymbol{k},2}$ をもつ．それゆえ，運動量 $\boldsymbol{k}$ の右旋性($\boldsymbol{e}_3$ のまわりの回転角運動量が1)および左旋性(同角運動量が -1)の光子の消滅演算子は，それぞれ

$$a_{\boldsymbol{k}}^{\mathrm{R}} = \frac{1}{\sqrt{2}}(a_{\boldsymbol{k},1} - ia_{\boldsymbol{k},2}), \qquad a_{\boldsymbol{k}}^{\mathrm{L}} = \frac{1}{\sqrt{2}}(a_{\boldsymbol{k},1} + ia_{\boldsymbol{k},2}) \tag{4.30}$$

となる．実際，$\boldsymbol{e}_3$ のまわりの角度 θ の回転では，回転のユニタリー演算子を $G(\theta)$ とするとき

$$\begin{aligned} G^{\dagger}(\theta)a_{\boldsymbol{k},1}G(\theta) &= a_{\boldsymbol{k},1}\cos\theta + a_{\boldsymbol{k},2}\sin\theta \\ G^{\dagger}(\theta)a_{\boldsymbol{k},2}G(\theta) &= -a_{\boldsymbol{k},1}\sin\theta + a_{\boldsymbol{k},2}\cos\theta \end{aligned} \tag{4.31}$$

であるから，ただちに

$$G^{\dagger}(\theta)a_{\boldsymbol{k}}^{\mathrm{R}}G(\theta) = e^{i\theta}a_{\boldsymbol{k}}^{\mathrm{R}}, \qquad G^{\dagger}(\theta)a_{\boldsymbol{k}}^{\mathrm{L}}G(\theta) = e^{-i\theta}a_{\boldsymbol{k}}^{\mathrm{L}} \tag{4.32}$$

を得る．同様にして運動量が $-\boldsymbol{k}$ の右旋性，左旋性の光子の消滅演算子は，

それぞれ

$$a^{\mathrm{R}}_{-\boldsymbol{k}}=\frac{1}{\sqrt{2}}(a_{-\boldsymbol{k},1}+ia_{-\boldsymbol{k},2}),\qquad a^{\mathrm{L}}_{-\boldsymbol{k}}=\frac{1}{\sqrt{2}}(a_{-\boldsymbol{k},1}-ia_{-\boldsymbol{k},2}) \tag{4.33}$$

で与えられ，

$$G^{\dagger}(\theta)a^{\mathrm{R}}_{-\boldsymbol{k}}G(\theta)=e^{-i\theta}a^{\mathrm{R}}_{-\boldsymbol{k}},\qquad G^{\dagger}(\theta)a^{\mathrm{L}}_{-\boldsymbol{k}}G(\theta)=e^{i\theta}a^{\mathrm{L}}_{-\boldsymbol{k}} \tag{4.34}$$

となる．角運動量の保存則から2光子系の$\boldsymbol{e}_3$のまわりの角運動量はゼロ，すなわち$G(\theta)$の固有値が1の状態であたえられ，一般にこれは，$a^{\mathrm{R}\dagger}_{-\boldsymbol{k}}a^{\mathrm{R}\dagger}_{\boldsymbol{k}}|0\rangle$，$a^{\mathrm{L}\dagger}_{-\boldsymbol{k}}a^{\mathrm{L}\dagger}_{\boldsymbol{k}}|0\rangle$の重ね合わせとして表わされる．他方，(4.2)第1式から空間反転により，運動量ベクトルの各成分はその符号を変えるので

$$\mathcal{P}^{\dagger}a_{\pm\boldsymbol{k},j}\mathcal{P}=-a_{\mp\boldsymbol{k},j}\qquad (j=1,2) \tag{4.35}$$

したがって，(4.33),(4.30)より

$$\begin{aligned}\mathcal{P}a^{\mathrm{R}\dagger}_{-\boldsymbol{k}}a^{\mathrm{R}\dagger}_{\boldsymbol{k}}|0\rangle&=a^{\mathrm{L}\dagger}_{-\boldsymbol{k}}a^{\mathrm{L}\dagger}_{\boldsymbol{k}}|0\rangle\\ \mathcal{P}a^{\mathrm{L}\dagger}_{-\boldsymbol{k}}a^{\mathrm{L}\dagger}_{\boldsymbol{k}}|0\rangle&=a^{\mathrm{R}\dagger}_{-\boldsymbol{k}}a^{\mathrm{R}\dagger}_{\boldsymbol{k}}|0\rangle\end{aligned} \tag{4.36}$$

が導かれる．ここで光子のBose統計性により，生成演算子は互いに可換であることを用いた．よって，始状態のパリティの偶・奇に応じ，$\mathcal{P}$の保存より2光子系に対して

$$(a^{\mathrm{R}\dagger}_{-\boldsymbol{k}}a^{\mathrm{R}\dagger}_{\boldsymbol{k}}\pm a^{\mathrm{L}\dagger}_{-\boldsymbol{k}}a^{\mathrm{L}\dagger}_{\boldsymbol{k}})|0\rangle\propto\begin{cases}(a^{\dagger}_{-\boldsymbol{k},1}a^{\dagger}_{\boldsymbol{k},1}+a^{\dagger}_{-\boldsymbol{k},2}a^{\dagger}_{\boldsymbol{k},2})|0\rangle & (\text{パリティ偶})\\ (a^{\dagger}_{-\boldsymbol{k},1}a^{\dagger}_{\boldsymbol{k},2}-a^{\dagger}_{-\boldsymbol{k},2}a^{\dagger}_{\boldsymbol{k},1})|0\rangle & (\text{パリティ奇})\end{cases} \tag{4.37}$$

が得られる．もちろん，系の全角運動量はゼロであるから，パリティの偶・奇それぞれの終状態は，(4.37)を$\boldsymbol{k}$のすべての方向について一様に重ね合わせることにより与えられる．このとき運動量$\boldsymbol{k}$をもつ光子の偏りを測定し，その結果ある方向($\boldsymbol{e}$と記す)に偏った直線偏光の光子が観測されたとしよう．測定前，運動量$\boldsymbol{k}$の光子の$\boldsymbol{e}$方向の偏りの成分を$a_{\boldsymbol{k},/\!/}$，これと直角な$\boldsymbol{e}\times\boldsymbol{e}_3$方向の偏りの成分を$a_{\boldsymbol{k},\perp}$とかく．運動量$-\boldsymbol{k}$の光子に対しても同様に$a_{-\boldsymbol{k},/\!/}$，$a_{-\boldsymbol{k},\perp}$を定義すれば，パリティ偶のとき，測定前の状態(4.37)は$(a^{\dagger}_{-\boldsymbol{k},/\!/}a^{\dagger}_{\boldsymbol{k},/\!/}+a^{\dagger}_{-\boldsymbol{k},\perp}a^{\dagger}_{\boldsymbol{k},\perp})|0\rangle$とかくことができ，これが観測の結果$a^{\dagger}_{-\boldsymbol{k},/\!/}a^{\dagger}_{\boldsymbol{k},/\!/}|0\rangle$なる状態に遷移したことになる．すなわち，$\boldsymbol{k}$の光子の偏りが測定されると，$-\boldsymbol{k}$

の光子も同じ方向に偏った状態に移ることが分かる．これに対してパリティが奇のときは，(4.37)は$(a^{\dagger}_{-\boldsymbol{k},\perp}a^{\dagger}_{\boldsymbol{k},/\!/}-a^{\dagger}_{-\boldsymbol{k},/\!/}a^{\dagger}_{\boldsymbol{k},\perp})|0\rangle$とかかれるゆえ，運動量$\boldsymbol{k}$の光子の偏りの測定により系の状態は$a^{\dagger}_{-\boldsymbol{k},\perp}a^{\dagger}_{\boldsymbol{k},/\!/}|0\rangle$に遷移する．そうして，その結果$-\boldsymbol{k}$の光子の偏りは$\boldsymbol{k}$の光子の偏りに(偏光面内で)直交する方向をとることが分かる．

π^0中間子や^{1}S状態にあるポジトロニウム(電子と陽電子の束縛状態，次節参照)は2光子に崩壊する．これらはともに静止系での角運動量(スピン)はゼロ，パリティは奇の状態で上記後者の選択則に従う．

なお，スピン1の状態から2光子へ崩壊は不可能である．これは空間反転の不変性とは関係ないが，ついでなのでここで簡単に述べておこう．

運動量$\boldsymbol{k}$，$-\boldsymbol{k}$の2光子の状態は一般に，(i) $a^{\mathrm{L}\dagger}_{-\boldsymbol{k}}a^{\mathrm{R}\dagger}_{\boldsymbol{k}}|0\rangle$，(ii) $a^{\mathrm{R}\dagger}_{-\boldsymbol{k}}a^{\mathrm{L}\dagger}_{\boldsymbol{k}}|0\rangle$，(iii) $a^{\mathrm{R}\dagger}_{-\boldsymbol{k}}a^{\mathrm{R}\dagger}_{\boldsymbol{k}}|0\rangle$，(iv) $a^{\mathrm{L}\dagger}_{-\boldsymbol{k}}a^{\mathrm{L}\dagger}_{\boldsymbol{k}}|0\rangle$の重ね合わせである．$\boldsymbol{e}_3$のまわりの角運動量は，(i)，(ii)がそれぞれ2および-2，(iii)，(iv)はともに0である．他方，運動量が0でスピンが1の始状態の$\boldsymbol{e}_1$, $\boldsymbol{e}_2$, $\boldsymbol{e}_3$方向の成分をそれぞれ$|1\rangle$, $|2\rangle$, $|3\rangle$とするとき，これらは空間回転のもとでは

$$|i\rangle' = \sum_j R_{ji}|j\rangle \qquad (i,j=1,2,3) \tag{4.38}$$

の変換に従う．いうまでもなくRは回転の行列で，$\det R=1$，$R^{\mathrm{T}}R=1$なる3行3列の実行列である．さて，$\boldsymbol{e}_3$のまわりの回転の固有状態は$|1\rangle+i|2\rangle$，$|1\rangle-i|2\rangle$，$|3\rangle$で，対応する角運動量固有値はそれぞれ$1,-1,0$である．それゆえ，$\boldsymbol{e}_3$のまわりの角運動量の保存則からもし2光子崩壊が起こるとすれば，$|3\rangle$の状態から(iii)，(iv)の重ね合わせの状態への遷移だけである．しかし，$|3\rangle$は3次元回転のもとでは(4.38)に従って変換するのに対し，(iii)，(iv)は(4.37)からわかるようにスカラー，よってこの遷移は禁止され*，スピン1の状態からの2光子崩壊は不可能なことが分かる．

---

* 同じことだがつぎのように考えてもよい．$\boldsymbol{e}_1$のまわりの180°回転を表わすユニタリー演算子をD_1とすれば，$D_1|3\rangle=-|3\rangle$．他方，$D_1^{\dagger}a_{\pm\boldsymbol{k},1}D_1=a_{\mp\boldsymbol{k},1}$，$D_1^{\dagger}a_{\pm\boldsymbol{k},2}D_1=-a_{\mp\boldsymbol{k},2}$により状態(iii)，(iv)は$D_1$の固有状態でその固有値は1．$D_1$は保存量であるから$|3\rangle\to$(iii)，(iv)は禁止となる．

4-2 荷電共役変換

複素場 $U(x)$ が自由な Klein-Gordon の方程式(2.99)をみたすとき，$U^{\dagger}(x)$ も同じ方程式を満足し，また逆も成立する．これは Lagrange 関数(2.124)が不連続変換

$$U(x) \rightleftarrows U^{\dagger}(x) \tag{4.39}$$

で不変なことの反映である．

自由な Dirac 場 $\psi(x)$ の場合，その Hermite 共役 $\psi^{\dagger}(x)$ のみたす式は

$$\sum_{j=1,2,3} \partial_j \psi^{\dagger}(x)\gamma^j - \partial_0 \psi^{\dagger}(x)\gamma^0 + m\psi^{\dagger}(x) = 0 \tag{4.40}$$

となるから，$\psi(x)$ の従う方程式と同形ではない．しかし $\psi^{\dagger}$ のもつ Dirac スピノールの添字について適当な 1 次結合をつくれば，これが Dirac 方程式をみたすことが示される．実際，(4.26)に右から $i\gamma^0$ をかけると $(-\gamma^{\mu\mathrm{T}}\partial_\mu + m)\bar{\psi}(x) = 0$，ここで，$\gamma^{\mu\mathrm{T}}$ は γ^μ の転置行列で，$-\gamma^{\mu\mathrm{T}}$ は(2.58)を満足し，$-\gamma^{j\mathrm{T}}$ $(j=1, 2, 3)$ は Hermite，$-\gamma^{0\mathrm{T}}$ は反 Hermite 行列であるから

$$-C\gamma^{\mu\mathrm{T}}C^{\dagger} = \gamma^{\mu} \tag{4.41}$$

となるようなユニタリー行列 C が存在する．ただし C は一意的ではなく位相因子の不定性がある．そこで基準となる C を任意に 1 つ設定し，δ_C' を実定数として

$$\psi^{C} = e^{i\delta_C'} C\bar{\psi} \tag{4.42}$$

とかくことにすれば，ψ^C は Dirac 方程式をみたす．(4.41)より C は

$$C^{\mathrm{T}} = -C \tag{4.43}$$

を満足することが示される．C は**荷電共役行列**(charge conjugation matrix)とよばれる．また別の Dirac 場に対しては，同じ C を用い位相因子はその粒子に応じた適当なものを用いることにする．もちろん(4.25)の右辺にもこのような位相因子をつける任意性は存在するから

$$U^{C}(x) = e^{i\delta_C} U^{\dagger}(x) \tag{4.44}$$

とかくことができる．

同様にしてベクトル場などを含め，自由な運動方程式に従う任意のBose場（それを仮に$B(x)$とかく）においても，$B^C(x)=e^{i\delta}B^\dagger(x)$は同じ運動方程式を満足する．ただし，実場($B^\dagger=B$)に対しては位相因子の自由度はないので，$B^C(x)$は$B(x)$そのものか，$-B(x)$である．

これを相互作用がある場合まで一般化して考えよう．このとき，上記の変換に現われた位相因子を場ごとに適当にとったときに，この変換によって作用$\int d^4x\, L(x)$が不変であったとしよう．この対称性のもとで系がWigner相にあれば，ユニタリー演算子$\mathcal{C}$が存在して

$$\psi^C(x) = \mathcal{C}^\dagger\psi(x)\mathcal{C}, \quad U^C(x) = \mathcal{C}^\dagger U(x)\mathcal{C}, \quad \cdots \tag{4.45}$$

とかくことができる．もちろん，このとき運動方程式は不変になるから$\mathcal{C}$はPoincaré群の生成子と可換で

$$[P^\mu, \mathcal{C}] = [J^{\mu\nu}, \mathcal{C}] = 0 \tag{4.46}$$

かつ，$\mathcal{C}|0\rangle=|0\rangle$を満足する．ユニタリー演算子$\mathcal{C}$による変換を**荷電共役(charge conjugation)変換**といい，これによる理論の不変性を**荷電共役不変性(charge conjugation invariance)**，または単に**C不変性**という．

この変換のもう1つの特徴は，場に対してHermite共役をとるという操作をつねに伴うゆえ，もしいくつかの場に対する連続的な位相変換のもとで系のLagrange関数が不変な場合にこれによって与えられるNoether電荷Nは，荷電共役変換で符号を変え$\mathcal{C}^\dagger N\mathcal{C}=-N$となる．つまり荷電共役変換によって上記の位相の符号が逆転する結果，変換前に求めたNoether電荷と変換後のそれとは符号が変わるわけである．

連続的な位相変換の不変性が導くNoether電荷Nを，われわれは一般に**粒子数演算子**，または単に**粒子数**とよぶことにしよう．もちろん，いかなる場にどのような位相変換がほどこされるかによって粒子数演算子の内容は変わってくる．通常の電気的な電荷を記述する演算子も粒子数演算子の1種である．また，(3.84)のLagrange関数は$N(x)\to e^{i\epsilon}N(x)$で不変であるが，このときのNoether電荷，すなわち核子数演算子も粒子数の1種である．しかしいずれ

にせよ，これらは荷電共役変換のもとで符号をかえ，したがって

$$\{N, \mathcal{C}\} = 0 \tag{4.47}$$

を満足する．ここで N は内部自由度に関連した保存量であり，それゆえ定義により空間反転の演算子 $\mathcal{P}$ とは可換，すなわち $[N, \mathcal{P}]=0$ である．

われわれは，話を具体的にするために自由場から出発して議論を行なってきたが，むしろ一般論としては(4.45)，(4.46)をみたすユニタリー演算子 $\mathcal{C}$ をもって荷電共役変換を与える演算子の定義とすべきである．

粒子像が明確に定義される漸近的な世界においては，第2章で述べた自由 Dirac 場や Klein-Gordon 場で記述される粒子の生成・消滅演算子 $a_{\boldsymbol{k}}^{\dagger}$, $a_{\boldsymbol{k}}$ は，荷電共役変換で反粒子の生成・消滅演算子 $b_{\boldsymbol{k}}^{\dagger}$, $b_{\boldsymbol{k}}$ に，また逆に後者は前者に変換される．しかし，より一般的には反粒子の定義はむしろ荷電共役変換によって与えられるべきであろう．すなわち，1粒子状態があったときに，これに荷電共役変換をほどこして得られる状態をもって，この粒子に対応した反粒子の状態とみなすことにする．Hermite な Klein-Gordon 場やベクトル場といった実 Bose 場は，すぐあとに述べるように，荷電共役変換ではたかだかその符号を変えるだけの変化であるから，これらで記述される粒子像は，粒子と反粒子が同一になることを示す．また，Dirac 場に対しては，これもすぐあとに述べるように，これが Majorana 場と呼ばれるもののときは，やはりこれによって記述される粒子と反粒子は同一であるという結果を導く．

ただこの議論では，C 不変でない場合には演算子 $\mathcal{C}$ が存在しないために，反粒子を定義することができない．われわれは，CPT 定理の項において上の定義をさらに一般化して，相対論的に不変な理論においては，つねに反粒子の定義が可能であることを示すであろう．

(4.42)，(4.43)を用いれば，Dirac 場 $\psi(x)$ に対して

$$(\psi^C(x))^C = e^{i\delta'_C} C\, \overline{\psi^C}(x) = \psi(x) \tag{4.48}$$

なる関係が導かれる．理論が C 不変であれば，変換前の理論と変換後の(すべて場の右肩に添字 C を付けた)理論はあらゆる点で同じ形式に従う．それゆえ，$\mathcal{C}'^{\dagger}\psi^C(x)\mathcal{C}'=(\psi^C(x))^C$ とするユニタリー演算子 $\mathcal{C}'$ は，$\mathcal{C}$ に含まれている場の

肩に添字 C をすべて付けることによって与えられる．したがって，空間反転を続けて行なったときと同様に，$\mathcal{C}'=\mathcal{C}^\dagger\mathcal{C}\mathcal{C}=\mathcal{C}$ を用いて，(4.48)より

$$\mathcal{C}^\dagger \psi^C(x)\mathcal{C} = \psi(x) \tag{4.49}$$

を得る．

ここで，ある Dirac 場 $\psi(x)$ が $\psi^C(x)=e^{i\alpha}\psi(x)$ (α：実定数) となる場合を考えてみよう．この $\psi^C(x)$ を(4.49)に代入し(4.45)の第1式を考慮すれば，このときには $e^{2i\alpha}=1$，よって

$$\psi^C(x) = \psi(x), \quad \text{または} \quad \psi^C(x) = -\psi(x) \tag{4.50}$$

となることがわかる．条件(4.50)をみたす場 $\psi(x)$ は **Majorana 場**(Majorana field)とよばれる．そして，これと区別するために，$\psi^C(x)\neq\pm\psi(x)$ なる $\psi(x)$ を改めて**複素 Dirac 場**(complex Dirac field)，または単に **Dirac 場**とよぶことにする．

C 不変のときに，複素 Dirac 場の変換が(4.42)で与えられた場合，じつは $\psi(x)$ を再定義することによって位相因子 $e^{i\delta_C'}$ を消去することができる．実際，$\chi(x)=e^{i\beta}\psi(x)$ (β：実定数) として $\chi^C(x)=\mathcal{C}^\dagger\chi(x)\mathcal{C}=e^{i\beta}\psi^C(x)$ とすれば，(4.42)より $\chi^C(x)=e^{i(\delta_C'+2\beta)}C\bar{\chi}(x)$，よって $2\beta=-\delta_C'$ とすれば，$\chi^C(x)=C\bar{\chi}(x)$ を得る．それゆえ，再定義のあとではすべての複素 Dirac 場に対して $\psi^C(x)=C\bar{\psi}(x)$ とすることができる．しかしこうしてしまうとかえって不便なこともあるので，再定義後の荷電共役変換を

$$\psi^C(x) = C\bar{\psi}(x), \quad \text{または} \quad \psi^C(x) = -C\bar{\psi}(x) \tag{4.51}$$

とゆるめておいた方がよい．実際には，ほとんどの場合前者が用いられる．

以上と同様の議論は Bose 場に対しても用いることができる．すなわち，Bose 場を一般に $B(x)$ とかくとき，これが実 Bose 場($B^\dagger(x)=B(x)$)であれば

$$B^C(x) = B(x), \quad \text{または} \quad B^C(x) = -B(x) \tag{4.52}$$

また複素 Bose 場に対しては，適当な位相因子をこれにかけることによって

$$B^C(x) = B^\dagger(x), \quad \text{または} \quad B^C(x) = -B^\dagger(x) \tag{4.53}$$

とできる．

核子場と π 中間子場の系(3.84)の相互作用項(3.82)において，(4.41)から

導かれる $C\gamma_5^{\mathrm{T}}C^\dagger=\gamma_5$ および(4.43)を用いれば，

$$p^C(x) = C\bar{p}(x), \qquad n^C(x) = C\bar{n}(x) \tag{4.54}$$

とするとき，

$$\begin{aligned}
[\overline{p^C}(x), \gamma_5 n^C(x)] &= [\bar{n}(x), \gamma_5 p(x)] \\
[\overline{n^C}(x), \gamma_5 p^C(x)] &= [\bar{p}(x), \gamma_5 n(x)] \\
[\overline{p^C}(x), \gamma_5 p^C(x)] &= [\bar{p}(x), \gamma_5 p(x)] \\
[\overline{n^C}(x), \gamma_5 n^C(x)] &= [\bar{n}(x), \gamma_5 n(x)]
\end{aligned} \tag{4.55}$$

が導かれる．それゆえ(4.54)とともに

$$\pi^C(x) = \pi^\dagger(x), \qquad \pi^{\dagger C}(x) = \pi(x), \qquad \pi^{0C}(x) = \pi^0(x) \tag{4.56}$$

とすれば，Lagrange 関数(3.84)の C 不変性が成り立つ．

また，付録3における電磁相互作用の系では，電磁場の自由 Lagrange 関数(A3.3)，Dirac 場の自由 Lagrange 関数(2.89)および Dirac 場と電磁場との相互作用 Lagrange 関数(A3.15)の和が，系の全 Lagrange 関数を与え，このときに

$$\begin{aligned}
&\psi^C(x) = C\bar{\psi}(x) \\
&A^{\mu C}(x) = -A^\mu(x), \qquad B^C(x) = -B(x)
\end{aligned} \tag{4.57}$$

とすれば，C 不変性が成り立つことが分かる．

ここで荷電共役変換について，いくつかの補足的な注意を述べておこう．

いま系は荷電共役変換と空間反転のそれぞれで不変になっていたとしよう．このとき，Dirac 場 $\psi(x)$ に対して，まず空間反転をほどこし，つづいて荷電共役変換を行なった場合を考えよう．この演算子は $\mathcal{C}\mathcal{P}$ で与えられるゆえ，変換後の $\psi(x)$ は

$$\begin{aligned}
\mathcal{P}^\dagger\mathcal{C}^\dagger\psi(\boldsymbol{x}, t)\mathcal{C}\mathcal{P} &= \mathcal{P}^\dagger\psi^C(\boldsymbol{x}, t)\mathcal{P} = \pm iC\gamma^{0\mathrm{T}}\mathcal{P}^\dagger\psi^\dagger(\boldsymbol{x}, t)\mathcal{P} \\
&= \mp C\gamma^{0\mathrm{T}}\bar{\psi}(-\boldsymbol{x}, t) = \gamma^0\psi^C(-\boldsymbol{x}, t)
\end{aligned} \tag{4.58}$$

で与えられる．上式の途中の符号は(4.51)の ψ^C の 2 つの表式に対応する．また空間反転については，(4.18)の第 2 式右辺の上の符号を用いた．下の符号を用いれば(4.58)の右辺にマイナス符号がつく．つぎに，まず荷電共役変換を行ない，つづいて空間反転を行なうと

$$\mathcal{C}^\dagger \mathcal{P}^\dagger \psi(\boldsymbol{x}, t)\mathcal{P}\mathcal{C} = \gamma^0 \mathcal{C}^\dagger \psi(-\boldsymbol{x}, t)\mathcal{C} = \gamma^0 \psi^C(-\boldsymbol{x}, t) \tag{4.59}$$

となる．もし空間反転に(4.18)の第2式右辺の下の符号を用いれば(4.59)の右辺にはマイナス符号がつく．しかしいずれにせよ，結果は空間反転と荷電共役変換のどちらを先に行なうかの順序には関係しない．

ところが，もしDirac場$\psi(x)$に対して(4.17)を用いて，$\mathcal{P}^\dagger\psi(-\boldsymbol{x}, t)\mathcal{P}$が$i\gamma^0\psi(-\boldsymbol{x}, t)$，または$-i\gamma^0\psi(-\boldsymbol{x}, t)$であったとすると，上と同様の計算によって

$$\mathcal{P}^\dagger \mathcal{C}^\dagger \psi(\boldsymbol{x}, t)\mathcal{C}\mathcal{P} = -\mathcal{C}^\dagger \mathcal{P}^\dagger \psi(\boldsymbol{x}, t)\mathcal{P}\mathcal{C}$$

が導かれる．つまりDirac場に作用するときには，$\mathcal{P}$と$\mathcal{C}$は可換ではなくなる．他方，Bose場への作用に際しては，$\mathcal{P}$と$\mathcal{C}$を可換として扱えることが(4.18),(4.52)を用いて容易に確かめられる．

この意味で，一貫して$\mathcal{P}$と$\mathcal{C}$が可換として扱えるという便利さから，Dirac場の空間反転に対してのみ$\mathcal{S}_P^2 = -1$とした(4.18)が通常用いられる．

Weyl場の場合，すなわちDirac場ψの実質2成分だけが生きていて，相互作用をも含め，つねに$\frac{1}{2}(1+\gamma_5)\psi(x)$または$\frac{1}{2}(1-\gamma_5)\psi(x)$でかかれている場合を考えよう．以下では前者を扱うが，後者も同様の議論ができることはいうまでもない．

$$\varphi(x) = \frac{1}{2}(1+\gamma_5)\psi(x) \tag{4.60}$$

とし，$\varphi(x)$および$\psi(x)$に(4.51)を用いると

$$\varphi^C(x) = \pm C\bar{\varphi}(x) = \frac{1}{2}(1-\gamma_5)\psi^C(x) \tag{4.61}$$

となる．このように荷電共役変換で$\varphi(x)$と$\varphi^C(x)$は対称ではないので，自由Lagrange関数(4.24)はこの変換で不変でない．

しかし場を再定義してつぎのようにも考えることができる．すなわち

$$\chi(x) = \frac{1}{\sqrt{2}}(\varphi(x) + \varphi^C(x)) = \frac{1}{2\sqrt{2}}\{(1+\gamma_5)\psi(x) + (1-\gamma_5)\psi^C(x)\} \tag{4.62}$$

とすると $\chi(x)$ は Majorana 場で(4.50)の第1式をみたす*．逆に Majorana 場 $\chi(x)$ が与えられるとこれに $(1+\gamma_5)/2$ を作用させると Weyl 場 $\frac{1}{2}(1+\gamma_5)\psi(x)$ が得られる．つまり，質量項をもたない Majorana 場は Weyl 場と同等であり，Lagrange 関数(4.24)は，$\chi(x)$ を用いれば

$$L(x) = -\frac{1}{4}[\bar{\chi}(x), \gamma^\mu\partial_\mu\chi(x)] \tag{4.63}$$

とかくことができる．それゆえ，Weyl 場でなく $\chi(x)$ を用いれば，少なくとも自由 Lagrange 関数に関しては空間反転および荷電共役変換をそれぞれ

$$\begin{aligned} \mathcal{P}^\dagger\chi(\boldsymbol{x}, t)\mathcal{P} &= \gamma^0\chi(-\boldsymbol{x}, t) \\ \mathcal{C}^\dagger\chi(x)\mathcal{C} &= C\bar{\chi}(x) = \chi(x) \end{aligned} \tag{4.64}$$

と定義してよい．ただし，これは Majorana 場に対する変換であって，すでに述べたように，Weyl 場に対してこれと同等な変換を定義することはできないことに注意しよう．

相互作用があるときでも，Weyl 場を用いた記述では空間反転や荷電共役変換は定義できないが，Majorana 場を用いればその一方または両方が定義できる場合がある．このときは，後者によって系は P 不変性あるいは C 不変性をもつということができるが，議論の混乱を避けるために，通常はつぎのように約束している．

Weyl 場による記述と Majorana 場による記述との大きな違いは，自由 Lagrange 関数でいえば，前者では場の任意の位相変換でこれが不変であるのに対し，後者では(4.64)の第2式から分かるように，位相変換ないしはこれと等価な変換そのものが導入できない点にある．つまり，前者においてはこの位相変換に対応する Noether 電荷として粒子数演算子 N が定義できるのに対し，後者ではこれが不可能である．もとより N は Poincaré 群の生成子とは可換であって，その固有値には自由粒子を特徴づける量子数としての役割を担わせる

---

* $(\varphi(x)-\varphi^C(x))/\sqrt{2}$ とすると(4.50)の第2式をみたす Majorana 場が得られる．しかし，$\chi(x)$ と独立ではなく，$\gamma_5\chi(x)$ に他ならない．どちらが適当かは，具体的な場合に応じて考えなければならない．

ことができる.

それゆえ相互作用がある場合にもこれを拡張して考えるならば，Weyl 場の位相変換を含むさまざまな場の適当な位相変換で全 Lagrange 関数が不変であるとき，これに対応して保存量としての粒子数演算子 N が導入される．そうして漸近的世界においてはその固有値が各粒子に付与される量子数となって，しかもこれが S 行列に対する選択則を与えることになる．このような場合，とくに断わりがない限り，われわれは保存量 N の存在，つまり Weyl 場による記述に重きをおいて，たとえ Majorana 場の記述で P 不変または C 不変が可能であっても，これらの不変性を犠牲にすることにする．すなわち，このときはパリティは非保存，C 不変性は破れると約束する.

他方，上記の位相変換の不変性を相互作用が破る場合，もし Majorana 場にかきかえることによって，$\mathcal{P}$ または $\mathcal{C}$ が定義できるなら，このときにはそれぞれに対応してパリティは保存，または C 不変性があるということにする*.

以上で，空間反転および荷電共役変換がどのようなものかを述べてきた．この節を終えるまえに，簡単な応用例を 1 つあげておこう.

Dirac 場は非相対論的極限では 2 成分の de Broglie 場として扱うことができる．これは，(2.56)のすぐあとに述べた $\beta\,(=i\gamma^0)$ を対角化して，その対角要素を上から順に $1, 1, -1, -1$ とするとき，4 成分の Dirac 場の上 2 つの成分によって記述されることによる．もちろん，このときの 2 成分はスピンの 2 つの向きに対応する．それゆえ，Dirac 場 $\psi(x)$ と区別して，対応する de Broglie 場をここでは $\psi_{\mathrm{NR}}(x)$ とかくと，(4.18)の第 1 式から空間反転のもとでは，それは

$$\mathcal{P}^\dagger \psi_{\mathrm{NR}}(\boldsymbol{x}, t)\mathcal{P} = \mp i\psi_{\mathrm{NR}}(-\boldsymbol{x}, t) \tag{4.65}$$

なる変換を受ける．以下，便宜上右辺の符号は上側のマイナスを用いることにしよう．このとき運動量 $\boldsymbol{k}$ の粒子の消滅演算子 $a_{\boldsymbol{k},r}$ $(r=1,2)$ の空間反転のもとでの変換は

---

* 極端な場合として $\mathcal{C}=1$ とならざるを得ないときには，C 不変は無意味となる．何らかの保存量としての N が存在して，$\mathcal{C}$ は(4.47)をみたす必要がある.

$$\mathcal{P}^\dagger a_{\boldsymbol{k},r}\mathcal{P} = -ia_{-\boldsymbol{k},r} \qquad (r=1,2) \tag{4.66}$$

で与えられる．いうまでもなく，添字 r (=1,2) はスピンの 2 つの向きを表わす．また，x, y, z 軸それぞれのまわりの無限小角度 $\theta_1, \theta_2, \theta_3$ の回転 $R(\boldsymbol{\theta})$ に対応するユニタリー演算子を $G(\boldsymbol{\theta})$ とかくことにすると，(3.53)の $Q(R)$ を $1+i\boldsymbol{\sigma\theta}/2$ とおくことによって

$$G^\dagger(\boldsymbol{\theta})a_{\boldsymbol{k},r}G(\boldsymbol{\theta}) = \sum_s \left(1+\frac{i}{2}\boldsymbol{\sigma\theta}\right)_{rs} a_{R^{-1}(\boldsymbol{\theta})\boldsymbol{k},s} \tag{4.67}$$

を得る．

同様にして，非相対論で反粒子の与える de Broglie 場 $\psi^C_{\rm NR}(\boldsymbol{x},t)$ は，ψ^C の上 2 つの成分によって与えられる．(4.58)により $\psi^C(x)$ の空間反転は $\psi(x)$ と同形であるから，結局(4.66)と同じかたちをした

$$\mathcal{P}^\dagger b_{\boldsymbol{k},r}\mathcal{P} = -ib_{-\boldsymbol{k},r} \qquad (r=1,2) \tag{4.68}$$

を得る．$b_{\boldsymbol{k},r}$ は，いうまでもなく運動量 $\boldsymbol{k}$ をもつ非相対論的な反粒子の消滅演算子であって，無限小空間回転のもとでは，(4.67)と同様

$$G^\dagger(\boldsymbol{\theta})b_{\boldsymbol{k},r}G(\boldsymbol{\theta}) = \sum_s \left(1+\frac{i}{2}\boldsymbol{\sigma\theta}\right)_{rs} b_{R^{-1}(\boldsymbol{\theta})\boldsymbol{k},s} \tag{4.69}$$

に従う．

また，荷電共役変換では粒子と反粒子が入れ替わるから

$$\mathcal{C}^\dagger a_{\boldsymbol{k},r}\mathcal{C} = b_{\boldsymbol{k},r}, \qquad \mathcal{C}^\dagger b_{\boldsymbol{k},r}\mathcal{C} = a_{\boldsymbol{k},r} \tag{4.70}$$

とかくことができる(付録 2，$(\mathrm{A2.25})_{\rm I}$ 参照)．

ここで粒子 1 個と反粒子 1 個の非相対論的な束縛系状態を考えよう*．ただし簡単のために，この状態においてはスピンと軌道角運動量間には結合はないものとする．それゆえ，重心系における量子力学での波動関数は，軌道角運動量の大きさを l，その z 成分の値を m とすると，$2\boldsymbol{k}$ を相対運動量としたとき，運動量表示で $f_l^m(\boldsymbol{k})u_{rs}$ とかくことができる．ここで u_{rs} はスピン部分の振幅で，第 1，第 2 の添字 r, s はそれぞれ束縛状態を構成する粒子・反粒子のスピ

* 相対論的な束縛状態の扱いには，5-3 節の Bethe-Salpeter 振幅が用いられる．

ン波動関数の成分を表わし，$\sum_{r,s}|u_{rs}|^2=1$ とする．

これに対応する場の理論の状態ベクトルは

$$|l,m;u\rangle = \sum_{r,s}\int d^3\boldsymbol{k}\, f_l^m(\boldsymbol{k})u_{rs}a^\dagger_{\boldsymbol{k},r}b^\dagger_{-\boldsymbol{k},s}|0\rangle \tag{4.71}$$

とかかれる．(4.67),(4.69)によればこの状態の無限小回転のもとでの変換は

$$\begin{aligned} G(\boldsymbol{\theta})|l,m;u\rangle &= \sum_{r,s}\int d^3\boldsymbol{k}\, f_l^m(R^{-1}(\boldsymbol{\theta})\boldsymbol{k})u'_{rs}a^\dagger_{\boldsymbol{k},r}b^\dagger_{-\boldsymbol{k},s}|0\rangle \\ &= \sum_{m'}D^{(l)}_{mm'}(\boldsymbol{\theta})|l,m';u'\rangle \end{aligned} \tag{4.72}$$

となる．ここでは，無限小回転に対する回転群の既約な表現行列 $D^{(l)}(\boldsymbol{\theta})$ を用いるならば，球関数の性質より

$$f_l^m(R^{-1}(\boldsymbol{\theta})\boldsymbol{k}) = \sum_{m'}D^{(l)}_{mm'}(\boldsymbol{\theta})f_l^{m'}(\boldsymbol{k})$$

なる関係が成り立つことを利用した．また u'_{rs} は

$$u'_{rs} = \sum_{s',r'}\left(1+\frac{i}{2}\boldsymbol{\sigma\theta}\right)_{rr'}\left(1+\frac{i}{2}\boldsymbol{\sigma\theta}\right)_{ss'}u_{r's'} \tag{4.73}$$

である．ここで粒子・反粒子の合成スピンの1重項(singlet)，3重項(triplet)に対応して u_{rs} をそれぞれ $(i\sigma_2)_{rs}/2$ および $(i\sigma_j\sigma_2)_{rs}/2$ $(j=1,2,3)$ とし，このときの状態ベクトルを

$$\begin{aligned} |l,m\rangle_1 &= \sum_{r,s}\int d^3\boldsymbol{k}\, f_l^m(\boldsymbol{k})(i\sigma_2)_{rs}a^\dagger_{\boldsymbol{k},r}b^\dagger_{-\boldsymbol{k},s}|0\rangle \\ |l,m;j\rangle_3 &= \sum_{r,s}\int d^3\boldsymbol{k}\, f_l^m(\boldsymbol{k})(i\sigma_j\sigma_2)_{rs}a^\dagger_{\boldsymbol{k},r}b^\dagger_{-\boldsymbol{k},s}|0\rangle \end{aligned} \tag{4.74}$$

とかこう．ここに，第1式がスピンの1重項を，第2式が3重項を表わす．(4.73)を用いればこれらは無限小空間回転のもとで，それぞれ

$$\begin{aligned} G(\boldsymbol{\theta})|l,m\rangle_1 &= \sum_{m'}D^{(l)}_{mm'}(\boldsymbol{\theta})|l,m'\rangle_1 \\ G(\boldsymbol{\theta})|l,m;j\rangle_3 &= \sum_{m'}\sum_{j'=1,2,3}D^{(l)}_{mm'}(\boldsymbol{\theta})R_{jj'}(\boldsymbol{\theta})|l,m';j'\rangle_3 \end{aligned} \tag{4.75}$$

の変換性を示す．

このような状態は空間反転に対して $f_l^m(-\boldsymbol{k})=(-1)^l f_l^m(\boldsymbol{k})$ を考慮すれば，(4.66)および(4.68)により，

$$\begin{aligned}\mathcal{P}|l,m\rangle_1 &= (-1)^{l+1}|l,m\rangle_1 \\ \mathcal{P}|l,m;j\rangle_3 &= (-1)^{l+1}|l,m;j\rangle_3\end{aligned} \tag{4.76}$$

が導かれる*．すなわち，相対軌道角運動量の偶・奇に応じてパリティはそれぞれ奇・偶になることが分かる．さきに ^{1}S 状態のポジトロニウムのパリティが奇であると述べたのは以上の理由による．

他方，荷電共役変換に対しては，(4.70)を用いれば

$$\begin{aligned}\mathcal{C}|l,m\rangle_1 &= \sum_{r,s}\int d^3\boldsymbol{k}\, f_l^m(\boldsymbol{k})(i\sigma_2)_{rs} b_{\boldsymbol{k},r}^\dagger a_{-\boldsymbol{k},s}^\dagger|0\rangle \\ &= -\sum_{r,s}\int d^3\boldsymbol{k}\, f_l^m(-\boldsymbol{k})(i\sigma_2)_{rs} a_{\boldsymbol{k},s}^\dagger b_{-\boldsymbol{k},r}^\dagger|0\rangle \\ &= (-1)^l|l,m\rangle_1\end{aligned} \tag{4.77}$$

を得る．ここで $\sigma_2^{\mathrm{T}}=-\sigma_2$ を用いた．同じようにして，$|l,m;j\rangle_3$ に対しては $(\sigma_j\sigma_2)^{\mathrm{T}}=\sigma_j\sigma_2$ を考慮すれば

$$\mathcal{C}|l,m;j\rangle_3 = (-1)^{l+1}|l,m;j\rangle_3 \tag{4.78}$$

である．粒子・反粒子のスピンが 1 重項，3 重項をつくるとき，合成スピンの大きさ S は前者では $S=0$，後者では $S=1$ で与えられる．これを用いると(4.77)，(4.78)で与えられた $\mathcal{C}$ の固有値は $(-1)^{l+S}$ とかくことができる．それゆえ，系が C 不変をみたす限り，$\mathcal{C}$ の保存から，粒子・反粒子の束縛状態の崩壊過程における選択則が導かれる．

たとえば，(4.57)によれば光子 n 個の状態は $\mathcal{C}$ の固有値が $(-1)^n$ となる．したがって $l+S$ が偶数(奇数)値の状態から奇数(偶数)個の光子への崩壊は禁止される．さきに ^{1}S $(l=S=0)$ 状態にあるポジトロニウムの 2 光子崩壊について触れたが，この状態からの 3 光子崩壊は，これによって禁止されることになる．

* ここでは理論の P 不変性，C 不変性は仮定してある．

4-3 時間反転

時間反転の不変性を論じるためには，変換後の状態ベクトル $|A'\rangle, |B'\rangle, \cdots$ は(3.4)を満たさねばならないことはすでに述べた．このような $|A'\rangle, |B'\rangle, \cdots$ の張る空間は，$|A\rangle, |B\rangle, \cdots$ の張る Hilbert 空間 $\mathscr{H}$ に**双対な**(dual) **Hilbert 空間**とよばれ，$\tilde{\mathscr{H}}$ と記すことにする．また $\tilde{\mathscr{H}}$ に属するベクトルは，記号の便宜上ダッシュではなく ~ をつけることにする．すなわち，$|A\rangle, |B\rangle, \cdots (\in \mathscr{H})$ に双対なベクトルをそれぞれ $|\tilde{A}\rangle, |\tilde{B}\rangle, \cdots (\in \tilde{\mathscr{H}})$ とかく．以下，$\mathscr{H}$ に関係するものとこれに双対な $\tilde{\mathscr{H}}$ に関するものとの対応を示すときには，前者を左側に後者を右側にかいて矢印 $\underset{\text{dual}}{\longleftrightarrow}$ で結ぶことにしよう．例えば

$$|A\rangle \underset{\text{dual}}{\longleftrightarrow} |\tilde{A}\rangle, \qquad |B\rangle \underset{\text{dual}}{\longleftrightarrow} |\tilde{B}\rangle, \qquad \cdots \tag{4.79}$$

である．このとき定義により

$$\langle A|B\rangle = \langle\tilde{B}|\tilde{A}\rangle \tag{4.80}$$

また，$\mathscr{H}$ における演算子 F に双対な $\tilde{\mathscr{H}}$ 上の演算子 $\tilde{F}$ を，F の定義域 $D(F)$ に属する任意の $|A\rangle (\in \mathscr{H})$ に対して，$\widetilde{F|A\rangle} = \tilde{F}|\tilde{A}\rangle$ なる関係を設定して定義する．すなわち

$$F \underset{\text{dual}}{\longleftrightarrow} \tilde{F} \Longleftrightarrow \widetilde{F|A\rangle} = \tilde{F}|\tilde{A}\rangle \qquad ({}^{\forall}|A\rangle \in D(F) \subset \mathscr{H}) \tag{4.81}$$

これと(4.80)よりただちに

$$\langle\tilde{A}|\tilde{F}|\tilde{B}\rangle = \langle B|F^{\dagger}|A\rangle \tag{4.82}$$

が導かれる．(4.82)の両辺の複素共役をとったものと，(4.82)の F を $F^{\dagger}$ でおき換えた式を比較すれば，$\langle\tilde{A}|\tilde{F}^{\dagger}|\tilde{B}\rangle = \langle\tilde{A}|\widetilde{F^{\dagger}}|\tilde{B}\rangle$，すなわち

$$\tilde{F}^{\dagger} = \widetilde{F^{\dagger}} \tag{4.83}$$

が成り立つ．さらに F_1, F_2 を $\mathscr{H}$ における演算子，λ_1, λ_2 を複素数とすれば

$$F = \lambda_1 F_1 + \lambda_2 F_2 \underset{\text{dual}}{\longleftrightarrow} \tilde{F} = \lambda_1^* \tilde{F}_1 + \lambda_2^* \tilde{F}_2 \tag{4.84}$$

また

$$\widetilde{F_1 F_2} = \tilde{F}_1 \tilde{F}_2 \tag{4.85}$$

なる関係が成り立つことも(4.81),(4.82)から容易に得られる.

演算子に ~ をつける操作は，複素数をそれの複素共役に変える点では，Hermite 共役をとる操作に似ているが，(4.85)にみられるように積の順序を変えない点が，これと大きく異なっている．そこであとの議論の便宜上，~ を演算子につける操作を，Hermite 共役をとることと積の順序を逆転させることの 2 つの操作に別けて考えることにする*．後者は演算子の右肩に τ をつけて表わすことにし，$\mathscr{H}$ 上の任意の演算子 F に対してこれを次式で定義する.

$$F^\tau = \widetilde{F^\dagger} \tag{4.86}$$

ここで(4.83)を用いれば

$$\tilde{F} = (F^\dagger)^\tau = (F^\tau)^\dagger \tag{4.87}$$

また

$$(\lambda_1 F_1 + \lambda_2 F_2)^\tau = \lambda_1 F_1^\tau + \lambda_2 F_2^\tau \tag{4.88}$$

$$(F_1 F_2)^\tau = F_2^\tau F_1^\tau \tag{4.89}$$

が得られる．F^τ はもちろん $\tilde{\mathscr{H}}$ 上の演算子で

$$\langle \tilde{A} | F^\tau | \tilde{B} \rangle = \langle B | F | A \rangle \tag{4.90}$$

である.

以上の準備のもとに，場の量子論における時間反転を考察しよう.

まず簡単のために自由な Dirac 場に対する時間反転を考えてみる．Dirac 方程式(2.57)において $t \to -t$ とし，また $\tilde{\mathscr{H}}$ 上の方程式にするために両辺に ~ をつければ，(4.84)により

$$(\boldsymbol{\gamma}^* \nabla - \gamma^{0*} \partial_t + m) \tilde{\psi}(\boldsymbol{x}, -t) = 0 \tag{4.91}$$

となる．ここで $\gamma^{\mu *}$ は γ^μ の各行列要素をすべてその複素共役でおきかえたもので，γ^j $(j=1,2,3)$ が Hermite，γ^0 が反 Hermite 行列であるから，$\gamma^{j*} = \gamma^{j\mathrm{T}}$，$\gamma^{0*} = -\gamma^{0\mathrm{T}}$ である．この式および(4.87),(4.51)(簡単のためにその第 1 式を用

* これは相対論的な場の理論での時間反転を扱う便宜上行なうことであって，非相対論的場の理論や通常の量子力学での時間反転では，わざわざこのようなことをする必要はない.

いる)から導かれる関係

$$\tilde{\psi}(\boldsymbol{x}, -t) = -i\gamma^{0\mathrm{T}}\bar{\psi}^{\tau}(\boldsymbol{x}, -t) = -i\gamma^{0\mathrm{T}}C^{\dagger}\psi^{C\tau}(\boldsymbol{x}, -t) \tag{4.92}$$

を使えば,(4.91)は

$$(\gamma^{\mu\mathrm{T}}\partial_{\mu}+m)\gamma^{0\mathrm{T}}C^{\dagger}\psi^{C\tau}(\boldsymbol{x}, -t) = 0 \tag{4.93}$$

となる.ここで $\psi^{C}(x)=C\bar{\psi}(x)$ とした.また $\psi^{C\tau}(\boldsymbol{x}, -t)$ は $(\psi^{C}(\boldsymbol{x}, -t))^{\tau}$ の略記で,この種の記法はこれからもしばしば用いられる.(4.93)に左から $\gamma_5 C$ をかけ,(4.41)および $\{\gamma^{\mu}, \gamma_5\}=0$ を考慮すれば

$$(\gamma^{\mu}\partial_{\mu}+m)\gamma_5\gamma^{0}\psi^{C\tau}(\boldsymbol{x}, -t) = 0 \tag{4.94}$$

となる.それゆえ,時間の流れの方向が逆転された系で Dirac 場を

$$\psi'(x) = e^{i\delta_T'}i\gamma_5\gamma^{0}\psi^{C\tau}(\boldsymbol{x}, -t) \tag{4.95}$$

とするとき,変換前と同形の Dirac 方程式

$$(\gamma^{\mu}\partial_{\mu}+m)\psi'(x) = 0 \tag{4.96}$$

が成立し,時間反転での不変性が成立する.なお(4.95)の位相因子は,この段階ではまだ不定である*.

自由な Klein-Gordon 場 $U(x)$ でこれを $\tilde{U}(\boldsymbol{x}, -t)$ と変換するときにはやはり Klein-Gordon 方程式(2.99)を満足する.したがって

$$\tilde{U}(\boldsymbol{x}, -t) = U^{\dagger\tau}(\boldsymbol{x}, -t) \propto U^{C\tau}(\boldsymbol{x}, -t)$$

とみなして,時間反転された系での Klein-Gordon 場を

$$U'(x) = e^{i\delta_T}U^{C\tau}(\boldsymbol{x}, -t) \tag{4.97}$$

とすることができる.

ここで記号についての注意をしておこう.(4.95),(4.97)では荷電共役変換の記号 C が用いられている.時間反転におけるこの記法は慣行に従ったまでであるが,相互作用のある場合にも用いられる.しかし,もともと場の右肩に C をつけるのは,(4.45)にみられるように保存量としての演算子 $\mathscr{C}$ の存在が前

---

* (4.95)の代りに $\psi'(x)=e^{i\delta_T}\gamma_5\gamma^{0}\psi^{\tau}(\boldsymbol{x}, -t)$ としても,Dirac 方程式(4.96)はみたされる.これも 1 種の時間反転で,両者を区別する場合は,これは**Pauli 型時間反転**,(4.95)は **Wigner 型時間反転**とよばれる.あとでみるように,Pauli 型時間反転では粒子数の符号が変わるが,Wigner 型ではこのような符号の変化は現われない.通常,時間反転という場合は Wigner 型が用いられている.Wigner 型は非相対論的な場の理論の時間反転に直結するという利点があり,本書でも Wigner 型時間反転を単に時間反転とよぶことにする.

提となっていた．このような前提に拘束されずに議論を進めるためには別の記号を導入すればよいのであろうが，慣行に反するうえに煩雑である．ここでは，系の C 不変性の有無にかかわらず，つぎの約束のもとに，記号 C を場の時間反転の定義に用いることにする．すなわち，「時間反転において，右肩に C をつけた場は，Dirac 場では $\psi^C(x)=C\bar{\psi}(x)$ を，また Bose 場ではそれの Hermite 共役を指す」ものとする．

さて，上記のように時間反転された場 $\psi'(x), U'(x)$ を Lagrange 関数 $L(x)$ のなかの $\psi(x), U(x)$ の代りに用いたものを $L'(x)$ とかこう．例えば，自由な Dirac 場の場合は(2.89)の $L(x)$ を用いれば

$$L'(x)=-\frac{1}{2}[\bar{\psi}'(x),(\gamma^\mu\partial_\mu+m)\psi'(x)] \tag{4.98}$$

である．これを(4.95)を用いてかき換えよう．計算はやや長いが機械的にこれを実行すると

$$L'(x)=\tilde{L}(x)\Big|_{t\to-t} \tag{4.98$'$}$$

が得られる．

同様に，自由な Klein-Gordon 場の Lagrange 関数(2.124)に対しても，時間反転のもとで(4.98′)の成立しているのを確かめることができる．

じつは，(4.98′)が，相互作用のある場合も含めて時間反転が成立するための条件になっている．いま一般に場を，(3.96)以下での記号を用いて，$\varphi_a(x)$ とかく．そうして，これの時間反転を

$$\varphi'_a(x)=\sum_b(\mathcal{S}_T)_{ab}\tilde{\varphi}_b(\boldsymbol{x},-t) \tag{4.99}$$

とかこう．$\mathcal{S}_T$ は適当なユニタリー行列であって，(4.99)を系の Lagrange 関数 $L(x)$ に用いた場合に，(4.98′)がみたされているものとする．このとき

$$\partial_\mu\frac{\partial L'(x)}{\partial(\partial_\mu\varphi'_a(x))}-\frac{\partial L'(x)}{\partial\varphi'_a(x)}$$
$$=\sum_b(\mathcal{S}^{-1})_{ab}\left[\partial_\mu\frac{\partial}{\partial(\partial_\mu\tilde{\varphi}_b(\boldsymbol{x},-t))}-\frac{\partial}{\partial\tilde{\varphi}_b(\boldsymbol{x},-t)}\right]\left(\tilde{L}(x)\Big|_{t\to-t}\right)$$

$$= \sum_b (\mathcal{S}_T^{-1})_{ab} \left[\partial_\mu \frac{\partial L(x)}{\partial(\partial_\mu \psi_b(x))} - \frac{\partial L(x)}{\partial \psi_b(x)} \right]^{\sim} \Bigg|_{t\to -t} \tag{4.100}$$

となる．ここで右辺$[\cdots]^{\sim}$は括弧の中全体に ~ を付けることを意味する．上式から，$\psi_a(x)$に関する Euler-Lagrange の方程式

$$\partial_\mu \frac{\partial L(x)}{\partial(\partial_\mu \psi_a(x))} - \frac{\partial L(x)}{\partial \psi_a(x)} = 0$$

は，$\psi_a'(x)$に関する Euler-Lagrange の方程式

$$\partial_\mu \frac{\partial L'(x)}{\partial(\partial_\mu \psi_a'(x))} - \frac{\partial L'(x)}{\partial \psi_a'(x)} = 0$$

と同等であることが分かる．しかも$L'(x)$は$L(x)$の中の$\psi_a(x)$を$\psi_a'(x)$で置きかえたものであるから，$\psi_a(x)$, $\psi_a'(x)$について，上の2つの方程式は完全に同形になっている．以下，$\psi_a(x)$，および$\psi_a(x)$の有限階微分の関数$F(x)$に対し，$F(x)$の中の$\psi_a(x)$をすべて(4.99)の$\psi_a'(x)$で置きかえたものを$F'(x)$とかくことにする．また$F(x)|_{t\to -t}$を$F(\boldsymbol{x}, -t)$とかく．

つぎにエネルギー・運動量テンソルについて考えてみよう．(4.98′)の仮定のもとに，(3.97)より時間を反転した系では

$$\begin{aligned} T'^{\nu\mu}(x) &= g^{\nu\mu} L'(x) - \sum_a \left[\partial^\nu \psi_a'(x) \frac{\partial}{\partial(\partial_\mu \psi_a'(x))} \right] L'(x) \\ &= g^{\nu\mu} \tilde{L}(\boldsymbol{x}, -t) - \sum_a \left[\partial^\nu \tilde{\psi}_a(\boldsymbol{x}, -t) \frac{\partial}{\partial(\partial_\mu \tilde{\psi}_a(\boldsymbol{x}, -t))} \right] \tilde{L}(\boldsymbol{x}, -t) \end{aligned} \tag{4.101}$$

が導かれる．その結果

$$\begin{aligned} T'^{jk}(x) &= \tilde{T}^{jk}(\boldsymbol{x}, -t) \\ T'^{j0}(x) &= -\tilde{T}^{j0}(\boldsymbol{x}, -t) \\ T'^{0j}(x) &= -\tilde{T}^{0j}(\boldsymbol{x}, -t) \\ T'^{00}(x) &= \tilde{T}^{00}(\boldsymbol{x}, -t) \end{aligned} \qquad (j, k = 1, 2, 3) \tag{4.102*}$$

よって，

* 対称エネルギー・運動量テンソル$\theta^{\mu\nu}(x)$に対しても同様に，$\theta'^{ij}(x) = \tilde{\theta}^{ij}(\boldsymbol{x}, -t)$，$\theta'^{j0}(x) = -\tilde{\theta}^{j0}(\boldsymbol{x}, -t)$，$\theta'^{00}(x) = \tilde{\theta}^{00}(\boldsymbol{x}, -t)$であることが示される．

$$P'^j = \int d^3\boldsymbol{x}\, T'^{j0}(x) = -\tilde{P}^j = -\int d^3\boldsymbol{x}\, \tilde{T}^{j0}(\boldsymbol{x}, -t)$$
$$P'^0 = \int d^3\boldsymbol{x}\, T'^{00}(x) = \tilde{P}^0 = \int d^3\boldsymbol{x}\, \tilde{T}^{00}(\boldsymbol{x}, -t) \qquad (4.103)$$

が成り立つ．ここで，$P'^\mu, \tilde{P}^\mu$ は保存量なので時間変数を記入しなかった．P'^μ, P^μ は Hermite であるから，(4.82)より

$$\langle\tilde{A}|P'^j|\tilde{A}\rangle = -\langle A|P^j|A\rangle$$
$$\langle\tilde{A}|P'^0|\tilde{A}\rangle = \langle A|P^0|A\rangle \qquad (4.104)$$

すなわち，時間反転によって運動量の期待値は符号を変え，エネルギーの期待値は変わらないという期待された結果が導かれた．

同様にして，Lorentz 群の生成子に対しては

$$J'^{j0} = \tilde{J}^{j0}, \qquad J'^{jk} = -\tilde{J}^{jk} \qquad (4.105)$$

を得る．

また，粒子数演算子 N を与える Noether カレントは，(3.72)の $f_{A,\alpha}(x)$ を $ie_A\psi_{A,\alpha}(x)$ として与えられる．ただし e_A は(3.66)が Lagrange 関数を不変にするような適当な実定数である．それゆえ(3.72),(4.98′)より容易に

$$J'^j_A(x) = -\tilde{J}^j_A(\boldsymbol{x}, -t), \qquad J'^0_A(x) = \tilde{J}^0_A(\boldsymbol{x}, -t) \qquad (4.106)$$

となることが確かめられる．したがって $N_A = \int d^3\boldsymbol{x}\, J^0(x)$ は

$$N'_A = \tilde{N}_A \qquad (4.107)$$

となり，その期待値は時間反転によって変えられることはない．つまり，時間反転で粒子・反粒子像は変更されずに保持される*.

変換(4.99)によって(4.98′)がみたされるとき，系は**時間反転不変**(time-reversal invariant)，あるいは ***T* 不変性**をもつ，または単に ***T* 不変**であるという．

T 不変のときには，荷電共役変換のときと同様にして，時間反転に伴って現われる位相因子を，場に適当な位相因子をつけてこれを再定義することによ

* これに対して Pauli 型時間反転では，Wigner 型に荷電共役変換をほどこしたものになっているので，時間反転で粒子と反粒子が入れ代わり，粒子数の期待値は符号を変える．

り，1 または -1 に単純化することができる．例えば，Dirac 場 $\psi(x)$ の時間反転(4.95)において，$\chi(x)=e^{i\beta'}\psi(x)$ (β' は実定数)としよう．T 不変ならこの関係は時間反転後も成立すると考えてよい．よって $\chi'(x)=e^{i\beta'}\psi'(x)$，この右辺に(4.95)を用いれば，$\chi'(x)=ie^{i(\delta_T'+2\beta')}\gamma_5\gamma^0\chi^{C\tau}(\boldsymbol{x},-t)$ を得る．ここで $\chi^C(x)=e^{-i\beta'}\psi^C(x)$ を使った．ゆえに $2\beta'=-\delta_T'$ とすれば，$\chi'(x)=i\gamma_5\gamma^0\chi^{C\tau}(\boldsymbol{x},-t)$ となって位相因子は消去される．しかしこの場合も -1 の可能性を残しておいたほうが便利な場合がある．同様の議論は，スカラー場 $U(x)$，ベクトル場 $V^\mu(x)$，… にも行なうことができ，結局，T 不変の場合には時間反転を

$$U'(x) = U^{C\tau}(\boldsymbol{x},-t),\ \text{または}\quad U'(x) = -U^{C\tau}(\boldsymbol{x},-t) \tag{4.108}$$
$$\psi'(x) = i\gamma_5\gamma^0\psi^{C\tau}(\boldsymbol{x},-t),\ \text{または}\quad \psi'(x) = -i\gamma_5\gamma^0\psi^{C\tau}(\boldsymbol{x},-t) \tag{4.109}$$
$$V'^\mu(x) = -\epsilon(\mu)V^{\mu C\tau}(\boldsymbol{x},-t),\ \text{または}\quad V'^\mu(x) = \epsilon(\mu)V^{\mu C\tau}(\boldsymbol{x},-t) \tag{4.110}$$

....

で与えることができる．$\epsilon(\mu)$ は(4.14)で定義した．

空間反転のときと違い，C 不変性，あるいは T 不変性がある場合，変換にともなう位相因子を簡易化するためには，場の再定義が必要であることに注意しよう．逆にどう場を再定義しても，位相因子が 1 または -1 の変換で C 不変，または T 不変が示されない場合には，C 不変性，または T 不変性は破れていることになる．

(3.84)の核子・π 中間子の系においては，$N'(x)=i\gamma_5\gamma^0N^{C\tau}(\boldsymbol{x},-t)$，$\phi_1'(x)=\phi_1^\tau(\boldsymbol{x},-t)$，$\phi_2'(x)=-\phi_2^\tau(\boldsymbol{x},-t)$，$\phi_3'(x)=\phi_3^\tau(\boldsymbol{x},-t)$ で T 不変になっていることは容易に確かめられる．また，付録 3 の電磁相互作用の系は，$\psi'(x)=i\gamma_5\gamma^0\psi^{C\tau}(\boldsymbol{x},-t)$，$A^{\mu\prime}(x)=-\epsilon(\mu)A^{\mu\tau}(\boldsymbol{x},-t)$，$B'(x)=B^\tau(\boldsymbol{x},-t)$ で T 不変である．素粒子の相互作用では極めて微弱ながら T 不変性の破れがあることが実験で知られている*．しかし，それがどのような理由によるのかは，まだ完全に分かっていない．以下は，T 不変性が破れる簡単な例の 1 つである．

---

* 本講座第 10 巻 戸塚洋二『素粒子物理』参照．

$\psi(x)$, $\chi(x)$ は有限質量の Dirac 場，そして場 $\phi(x)$ は Hermite かつ連続的 Lorentz 変換のもとでスカラーで，これらの間の相互作用 Lagrange 関数を

$$L_{\text{int}}(x) = \frac{1}{2}[\bar{\psi}(x), (g_1+g_2\gamma_5)\chi(x)]\phi(x) + \frac{1}{2}[\bar{\chi}(x), (g_1^*-g_2^*\gamma_5)\psi(x)]\phi(x) \tag{4.111}$$

とする．ただし，$g_1, g_2 \neq 0$ でこれらはともに複素数の定数，また右辺の第 2 項は第 1 項の Hermite 共役で，P 不変性は破れている．さて，$\psi(x)$ と $\chi(x)$ に (4.109)の時間反転の変換をほどこしてみると，計算の結果

$$[\bar{\psi}'(x), (g_1+g_2\gamma_5)\chi'(x)] = [\bar{\chi}(\boldsymbol{x}, -t), (g_1-g_2\gamma_5)\psi(\boldsymbol{x}, -t)]^\tau = [\bar{\psi}(\boldsymbol{x}, -t), (g_1^*+g_2^*\gamma_5)\chi(\boldsymbol{x}, -t)]^\sim$$

同様に

$$[\bar{\chi}'(x), (g_1^*-g_2^*\gamma_5)\psi'(x)] = [\bar{\chi}(\boldsymbol{x}, -t), (g_1-g_2\gamma_5)\psi(\boldsymbol{x}, -t)]^\sim$$

となる．ただし，ψ, χ の変換は，ともに(4.109)の第 1 式または第 2 式を用いた．もし一方に第 1 式，他方に第 2 式を用いれば，上式右辺にはともにマイナス符号がつく．しかし，いずれにせよ，ϕ は実場で $\phi'(x) = \pm\phi^\tau(\boldsymbol{x}, -t)$ の可能性しかないから，g_1, g_2 がともに実数でないかぎり，(4.111)は条件(4.98′)を満足させることができない．しかし

$$g_1^* g_2 = \text{実数} \tag{4.112}$$

のときには，$\chi(x)$ を再定義することによって，g_1, g_2 の共通の位相因子をこれに吸収させることができる．その結果 g_1, g_2 は実数になるので，そこでは条件(4.98′)が満足される．いいかえれば，(4.112)のときに限って(4.111)は T 不変となる．なお，このとき ψ, χ の変換として，ともに(4.109)の第 1 式または第 2 式を採用すれば，$\phi'(x) = \phi^\tau(\boldsymbol{x}, -t)$ で T 不変，また一方を第 1 式，他方を第 2 式とすれば，$\phi'(x) = -\phi^\tau(\boldsymbol{x}, -t)$ で T 不変である．理論の不変性にまつわるこのような任意性を排除することはできない．通常は，このような場合，簡単のために Dirac 場に対しては同形の変換性を採用している．

ついでながら，(4.111)が C 不変であるための必要十分条件は「$g_1^* g_2$＝純虚

数」である．これは演習としてやってもらうことにする．

T 不変な理論では，$\mathcal{P}$ や $\mathcal{C}$ に相当するユニタリー演算子がないために，選択則は異なるかたちをとる．それをみることにしよう．

ふたたび $\psi_a(x)$ は，Dirac 場に限らず，さまざまな場を表わすものとする．変換前の Hilbert 空間 $\mathcal{H}$ における任意の演算子 F に対して，F の中の $\psi_a(x)$ をすべて $\psi'_a(x)$ で置き換えて得られる $\tilde{\mathcal{H}}$ の演算子を F' としよう．また $\mathcal{H}$ 上の演算子を用いて構成された $\mathcal{H}$ における状態ベクトル $|A\rangle$ に対して，これらの演算子を，それに単にダッシをつけたもので置き換えてつくられた $\tilde{\mathcal{H}}$ の状態を $|A'\rangle$ とかく．T 不変性から $\mathcal{H}$ 上のダッシのつかない演算子や状態ベクトルを用いてかかれた理論の形式は，対応するダッシのついた演算子や状態ベクトルの理論形式と，すべての点で同一である．つまり，単に演算子や状態ベクトルにダッシをつければ，前者の理論は後者の理論に移行する．ここで $|A'\rangle$ に双対な関係にある $\mathcal{H}$ のベクトルを $|\underline{A}\rangle$ とかこう．すなわち

$$|A'\rangle = |\underline{\tilde{A}}\rangle \tag{4.113}$$

とする．$|\underline{\tilde{A}}\rangle$ は一般に $|\tilde{A}\rangle$ とは異なることに注意しよう．例えば，F を運動量演算子の z 成分 P_z とし，$|A\rangle$ はその固有状態で固有値を k とする．このとき時間反転前後での理論の同形性から，$P_z|A\rangle=k|A\rangle$ および $P'_z|A'\rangle=k|A'\rangle$ が成り立つ．前者は両辺に ~ をつけることによって $\tilde{P}_z|\tilde{A}\rangle=k|\tilde{A}\rangle$ となり，他方，後者は(4.103)，(4.113)により $\tilde{P}_z|\underline{\tilde{A}}\rangle=-k|\underline{\tilde{A}}\rangle$ となって，$|\tilde{A}\rangle$ と $|\underline{\tilde{A}}\rangle$ は $\tilde{P}_z$ の異なる固有値をもつ．さらに，$\tilde{P}_z|\underline{\tilde{A}}\rangle=-k|\underline{\tilde{A}}\rangle$ から ~ をはずすと，$P_z|\underline{A}\rangle=-k|\underline{A}\rangle$，すなわち $|\underline{A}\rangle$ は固有値が $-k$ の P_z の固有状態であることが分かる．

さて，時刻 t_{I} から t_{F} までの系の時間発展を考えよう．このときには，T 不変性は

$$\langle A|e^{-i(t_{\mathrm{F}}-t_{\mathrm{I}})H}|B\rangle = \langle A'|e^{-i(t_{\mathrm{F}}-t_{\mathrm{I}})H'}|B'\rangle \tag{4.114}$$

を要求する．それゆえ(4.103)および(4.82)を用い，H（$=P^0$）の Hermite 性を考慮して右辺をかきかえるならば

$$\langle A|e^{-i(t_{\mathrm{F}}-t_{\mathrm{I}})H}|B\rangle = \langle \underline{B}|e^{-i(t_{\mathrm{F}}-t_{\mathrm{I}})H}|\underline{A}\rangle \tag{4.114'}$$

これは S 行列に対して

$$\langle A|S|B\rangle = \langle \underline{B}|S|\underline{A}\rangle \tag{4.115}$$

が成り立つことを示す．これが T 不変性にもとづく選択則である．ここで漸近的世界で $|A\rangle$ が何個かの自由粒子からなり，それら個々のもつエネルギー，運動量，ヘリシティ*，電荷，… を $\{E_j, k_j, \lambda_j, e_j, \cdots\}$ $(j=1,2,\cdots)$ とすれば，(4.103), (4.105), (4.107) より $|\underline{A}\rangle$ は対応する固有値のセットが $\{E_j, -k_j, \lambda_j, e_j, \cdots\}$ $(j=1,2,\cdots)$ であるような状態である．

ただし，これだけでは固有状態にかかる位相因子が分からないので，異なるスピンの向きの干渉効果などは議論できない．それを行なうためには，定義に従って $|A\rangle$ から $|\underline{A}\rangle$ を忠実に構成する必要がある．ここでは Dirac 粒子を例にとって説明するが，他の場合も同じように議論をすることができる．なお，記号は付録 2 に与えたものを用いる．また，生成・消滅演算子の構成は同付録での(I)の形式に従い，また γ 行列の表示は，やはりそこに与えた Dirac 表示を用いて計算する．

付録 2 の $(\mathrm{A2.25})_{\mathrm{I}}$ により自由な Dirac 場 $\psi(x)$ を

$$\psi(x) = \frac{1}{(2\pi)^{3/2}}\sum_r\int d^3\boldsymbol{k}\,(a_{\boldsymbol{k},r}u_r(\boldsymbol{k})e^{ik^\mu x_\mu}+b^\dagger_{\boldsymbol{k},r}v_r(\boldsymbol{k})e^{-ik^\mu x_\mu}) \tag{4.116}$$

とかく．ここで $k^0=\omega_k$ である．$(\mathrm{A2.25})_{\mathrm{I}}$ 右辺の記号の右肩につけられた添字 I は省略した．$\psi'(x)$ は上式右辺の演算子にすべてダッシをつければよいから

$$\psi'(x) = \frac{1}{(2\pi)^{3/2}}\sum_r\int d^3\boldsymbol{k}\,(a'_{\boldsymbol{k},r}u_r(\boldsymbol{k})e^{ik^\mu x_\mu}+b'^\dagger_{\boldsymbol{k},r}v_r(\boldsymbol{k})e^{-ik^\mu x_\mu}) \tag{4.117}$$

ここで

$$\psi'(x) = i\gamma_5\gamma^0\psi^{C\tau}(\boldsymbol{x}, -t) \tag{4.118}$$

として**，(4.97) のすぐ下の注意を考慮し，この右辺を付録 2 の (A2.10) に与えた Dirac 表示を用いて計算すると

* 粒子の運動量方向へのスピン成分，その演算子 Λ は $\Lambda=(J^{12}P^3+J^{23}P^1+J^{31}P^2)/2|\boldsymbol{P}|$ で，(4.103), (4.105) より $\Lambda'=-\tilde{\Lambda}$ である．ヘリシティはその粒子の静止系では定義できない．

** もし $\psi'(x)=-i\gamma_5\gamma^0\psi^{C\tau}(\boldsymbol{x},-t)$ ならば，マイナスをつけて同様の計算をする．

$$\psi'(x) = i\sigma_2\tilde{\psi}(\boldsymbol{x}, -t)$$
$$= \frac{i\sigma_2}{(2\pi)^{3/2}}\int d^3\boldsymbol{k}\,(\tilde{a}_{\boldsymbol{k},r}u_r^*(\boldsymbol{k})e^{-i(\boldsymbol{kx}+\omega_k t)}+\tilde{b}_{\boldsymbol{k},r}^\dagger v_r^*(\boldsymbol{k})e^{i(\boldsymbol{kx}+\omega_k t)}) \tag{4.119}$$

となる．ここで $u_r(\boldsymbol{k})$, $v_r(\boldsymbol{k})$ に対して付録2の(A2.24)の表式を用いよう．そのとき

$$\begin{aligned} i\sigma_2 u_1^*(\boldsymbol{k}) &= -u_2(-\boldsymbol{k}), \qquad i\sigma_2 u_2^*(\boldsymbol{k}) = u_1(-\boldsymbol{k}) \\ i\sigma_2 v_1^*(\boldsymbol{k}) &= -v_2(-\boldsymbol{k}), \qquad i\sigma_2 v_1^*(\boldsymbol{k}) = v_2(-\boldsymbol{k}) \end{aligned} \tag{4.120}$$

が成り立つから，これを(4.119)に代入し(4.117)と比較すれば

$$a'_{\boldsymbol{k},r} = \sum_s \epsilon_{rs}\tilde{a}_{-\boldsymbol{k},s}, \qquad b'_{\boldsymbol{k},r} = \sum_s \epsilon_{rs}\tilde{b}_{-\boldsymbol{k},s} \tag{4.121}$$

が導かれる．ここで $\epsilon_{rs}=-\epsilon_{sr}$ かつ $\epsilon_{12}=1$ である．かくして，例えば粒子の2体系

$$|A\rangle = \sum_{r,s}\int d^3\boldsymbol{k}d^3\boldsymbol{k}'\,f_{rs}(\boldsymbol{k},\boldsymbol{k}')a_{\boldsymbol{k},r}^\dagger a_{\boldsymbol{k}',s}^\dagger|0\rangle \tag{4.122}$$

に対しては

$$\begin{aligned} |A'\rangle &= \sum_{r,s}\int d^3\boldsymbol{k}d^3\boldsymbol{k}'\,f_{rs}(\boldsymbol{k},\boldsymbol{k}')a_{\boldsymbol{k},r}'^\dagger a_{\boldsymbol{k}',s}'^\dagger|\tilde{0}\rangle \\ &= \sum_{r,s,r',s'}\int d^3\boldsymbol{k}d^3\boldsymbol{k}'\,f_{rs}(\boldsymbol{k},\boldsymbol{k}')\epsilon_{rr'}\epsilon_{ss'}\tilde{a}_{-\boldsymbol{k},r'}^\dagger\tilde{a}_{-\boldsymbol{k}',s'}^\dagger|\tilde{0}\rangle \\ &= \left[\sum_{r,s,r',s'}\int d^3\boldsymbol{k}d^3\boldsymbol{k}'\,f_{rs}^*(\boldsymbol{k},\boldsymbol{k}')\epsilon_{rr'}\epsilon_{ss'}a_{-\boldsymbol{k},r'}^\dagger a_{-\boldsymbol{k}',s'}^\dagger|0\rangle\right]^\sim \end{aligned} \tag{4.123}$$

となるゆえ，

$$\begin{aligned} |\underline{A}\rangle &= \sum_{r,s,r',s'}\int d^3\boldsymbol{k}d^3\boldsymbol{k}'\,f_{rs}^*(\boldsymbol{k},\boldsymbol{k}')\epsilon_{rr'}\epsilon_{ss'}a_{-\boldsymbol{k},r'}^\dagger a_{-\boldsymbol{k}',s'}^\dagger|0\rangle \\ &= \sum_{r,s}\int d^3\boldsymbol{k}d^3\boldsymbol{k}'\,(f_{rr}^*(\boldsymbol{k},\boldsymbol{k}')a_{-\boldsymbol{k},s}^\dagger a_{-\boldsymbol{k}',s}^\dagger - f_{rs}^*(\boldsymbol{k},\boldsymbol{k}')a_{-\boldsymbol{k},s}^\dagger a_{-\boldsymbol{k}',r}^\dagger)|0\rangle \end{aligned} \tag{4.124}$$

を得る．ここで $\epsilon_{rr'}\epsilon_{ss'}=\delta_{rs}\delta_{r's'}-\delta_{rs'}\delta_{r's}$ を用いた．$|A\rangle$ と $|\underline{A}\rangle$ の関係は，他の場合も同様にして計算される．

4-4 *CPT* 定理

この節では，連続的な Lorentz 変換で不変であるよう相対論的な系が議論の対象となる．大切なことは前節までに述べた，個々の不連続変換で系が不変になっているかどうか，また不変なとき場の変換の形がどうなるか等は，ここでは直接問題とはしないことである．したがって場 $U(x), \psi(x), V_\mu(x)$ は連続的な Lorentz 変換のもとでスカラー場，Dirac 場，ベクトル場というのみで，例えば $U(x)$ が擬スカラー場であるかどうかは問わないこととなる．このとき，これらを双対な Hilbert 空間上の演算子 $U'(x), \psi'(x), V'_\mu(x)$ へ次式によって変換することを考えよう．

$$
\begin{aligned}
U(x) &\to U'(x) \equiv U^\tau(-x) \\
\psi(x) &\to \psi'(x) \equiv i\gamma_5\psi^\tau(-x) \\
V_\mu(x) &\to V'_\mu(x) \equiv -V_\mu^\tau(-x)
\end{aligned}
\tag{4.125}
$$

ここで右辺の変数 $-x$ は，$x=(\boldsymbol{x}, t)$ に対して，$-x=(-\boldsymbol{x}, -t)$ を意味する．上式は，空間反転，荷電共役，時間反転の各変換を，あたかもそれらが系を不変にするかのようにみなして，つぎつぎと場にほどこしこれに適当な位相定数をかけたものに他ならない．その意味で(4.125)は ***CPT* 変換**とよばれる．この変換で Lagrange 関数がどう変化するかを調べてみよう．

1例として，有限質量の2種類の Dirac 場 $\psi(x)$，$\chi(x)$ および実スカラー場 $\phi(x)$ からなり，その相互作用 Lagrange 関数は(4.111)であるような系を考えよう．(4.111)に自由 Lagrange 関数を加えた全 Lagrange 関数を $L(x)$ とし，ここの $\phi(x), \psi(x), \chi(x)$ の代りに *CPT* 変換をほどこした $\phi'(x), \psi'(x), \chi'(x)$ を用いたものを $L'(x)$ とかくことにする．いうまでもなく，$\phi(x)$ は(4.125)の第1行の変換に，また $\psi(x), \chi(x)$ は第2行の変換に従う．このとき，Dirac 場，スカラー場 $\phi(x)$ それぞれの自由 Lagrange 関数および相互作用 Lagrange 関数(4.111)から容易に

$$
L'(x) = L^\tau(x)\Big|_{x\to -x} \quad (\equiv L^\tau(-x))
\tag{4.126}
$$

が導かれる．ここで，Lagrange 関数内での Dirac 場の 2 次式が反対称化されて書かれていること，また Bose 場 $\phi(x)$ が同一時空点での Dirac 場と可換であることが本質的である．上式を 4 次元積分して *CPT* 変換された世界での作用を求めると $\int d^4x L'(x) = \int d^4x L^{\tau}(-x)$ となるが，右辺でさらに $x \to -x$ なる変数変換を行ない積分の上下限を入れ換えれば，結局，右辺は $\int d^4x L^{\tau}(x)$ とかかれる．すなわち，変換の前後における 2 つの変分原理

$$\delta \int d^4x\, L'(x) = 0 \quad と \quad \delta \int d^4x\, L(x) = 0$$

は同等で，一方から他方が導かれる．$L'(x)$ は定義によって $L(x)$ 内の場を *CPT* 変換をしたダッシのついた場で置き替えたものであるから，場に対する運動方程式が *CPT* 変換で不変となることは明らかである．読者はさらに

$$\begin{aligned} T'^{\mu\nu}(x) &= [T^{\mu\nu}(-x)]^{\tau} \\ M'^{[\mu\nu]\rho}(x) &= -[M^{[\mu\nu]\rho}(-x)]^{\tau} \end{aligned} \tag{4.127}$$

が成り立つことを実際に確かめることができるであろう．

以上は相互作用 Lagrange 関数(4.111)を用いて得られた結果であるが，じつはこれは連続的 Lorentz 変換で不変であるような Lagrange 関数の一般的な性質に由来する結果なのである．これを具体的に述べることにしよう．

われわれが扱ってきた Lorentz 変換に関係する量としては，テンソル量つまり 4 次元ベクトルの添字 $\mu, \nu, \cdots$ をもったものと，Dirac スピノールがある．Dirac スピノールの成分を表わす添字には a, b 等を用いる．しかしスピノールであることが明らかであれば，いちいちこれをあらわに書かないこともある．注意すべきことは，われわれは連続的な Lorentz 変換だけを問題にしているので，γ_5 が対角的な表示での Weyl 場にみたように，Dirac スピノールの 4 成分のうちの 2 成分がこの表示でゼロになるものも，ここでは Dirac スピノールという名称のもとに一括して扱われることである．以下この節で単に Lorentz 変換といった場合は，連続的 Lorentz 変換を指すものとする．さて，われわれが議論の対象とする場は，Lorentz 変換のもとで有限個の成分をもつ場であって，これは一般に

$$U^{\mu_1\mu_2\cdots\mu_n}(x), \quad \text{または} \quad \psi_a^{\mu_1\mu_2\cdots\mu_m}(x) \tag{4.128}$$

のかたちをとる．前者は n 階のテンソル，後者は m 階のテンソルと 1 階の Dirac スピノールの混合表示である．もちろん理論にはこれらの Hermite 共役も現われる．しかし前者は Hermite 共役をとってもやはり n 階のテンソルでその Lorentz 変換性は変更を受けず，また後者の Hermite 共役 $\psi_a^{\dagger\mu_1\cdots\mu_m}(x)$ に対しては，$\bar{\psi}_a^{\mu_1\cdots\mu_m}(x)\equiv i\sum_b\psi_b^{\dagger\mu_1\cdots\mu_m}(x)(\gamma^0)_{ba}$ として，その 1 次結合である $\psi_a^{C;\mu_1\cdots\mu_m}(x)=\sum_b C_{ab}\bar{\psi}_b^{\mu_1\cdots\mu_m}(x)$ を用いることにすれば，4-2 節の議論により，これは $\psi_a^{\mu_1\cdots\mu_m}(x)$ と同一の Lorentz 変換性をもつことが分かる．つまり，Lorentz 変換性だけを問題にする限り，Hermite 共役の量を改めて議論する必要はない．またすぐあとに示すように，2 階の Dirac スピノールはテンソル の 1 次結合で表わされるので，(4.128)以外の高階の Dirac スピノールは考えなくてよい．とくに，Lorentz 変換に対して有限個の成分で変換する量は，テンソルやスピノール以外には存在しないことが知られている．それゆえ，有限成分の場としては(4.128)を考えれば十分であることが分かる．

ここでまず 2 階の Dirac スピノール ψ_{ab} がテンソルでかかれることを示しておこう．ψ_{ab} を 4 行 4 列の行列 ψ の a 行 b 列の要素とみなすと，その Lorentz 変換性は(2.63)の $S(\Lambda)$ を用いて $\psi'=S(\Lambda)\psi S^{\mathrm{T}}(\Lambda)$ とかくことができる．それゆえ ψ の代りに $\chi\equiv\psi C^\dagger$ を用いると，χ の Lorentz 変換は $\chi'=\psi' C^\dagger$ より

$$\chi' = S(\Lambda)\chi S^{-1}(\Lambda) \tag{4.129}$$

となる．これは $S(\Lambda)$ として無限小変換(2.62)を用い，(4.41)を考慮すれば直ちに得られる式である．ここで，χ および χ' を付録 2 の(A2.3)における 16 個の 1 次独立な γ^A で次のように展開しよう．

$$\begin{cases} \chi = S+V_\mu\gamma^\mu+\dfrac{1}{2}T_{\mu\nu}\sigma^{\mu\nu}+A_\mu\gamma^\mu\gamma_5+P\gamma^5 \\ \chi' = S'+V'_\mu\gamma^\mu+\dfrac{1}{2}T'_{\mu\nu}\sigma^{\mu\nu}+A'_\mu\gamma^\mu\gamma_5+P'\gamma^5 \end{cases} \tag{4.130}$$

(2.61)の左・右にそれぞれ $S(\Lambda), S^{-1}(\Lambda)$ をかければ $S(\Lambda)\gamma^\mu S^{-1}(\Lambda)=\gamma^\nu\Lambda_\nu{}^\mu$ が得られるゆえ，これと(4.129), (4.130)より，

$$S' = S, \quad V'_\mu = \Lambda_\mu{}^\nu V_\nu, \quad T'_{\mu\nu} = \Lambda_\mu{}^\lambda \Lambda_\nu{}^\rho T_{\lambda\rho}, \quad A'_\mu = \Lambda_\mu{}^\nu A_\nu, \quad P' = P$$

が導かれる．すなわち，$\psi = \chi C$ であるから

$$\psi_{ab} = SC_{ab} + V_\mu(\gamma^\mu C)_{ab} + \frac{1}{2} T_{\mu\nu}(\sigma^{\mu\nu} C)_{ab} + A_\mu(\gamma^\mu \gamma_5 C)_{ab} + P(\gamma^5 C)_{ab} \tag{4.131}$$

は，Lorentz 変換のもとで，スカラー，ベクトル，反対称テンソルといったいわゆるテンソル量の 1 次結合として表わされることが分かる．

場の量子論においては，Lorentz 変換を受けるのは場の演算子だけであって，その結果が場を用いてかかれたさまざまな量の変換性に反映する．いうまでもなく，(4.128)に示した場の量の Lorentz 変換は

$$\begin{aligned} U'^{\mu_1\mu_2\cdots\mu_n}(x) &= \Lambda^{\mu_1}{}_{\nu_1}\Lambda^{\mu_2}{}_{\nu_2}\cdots\Lambda^{\mu_n}{}_{\nu_n} U^{\nu_1\nu_2\cdots\nu_n}(\Lambda^{-1}x) \\ \psi'^{\mu_1\mu_2\cdots\mu_m}(x) &= \Lambda^{\mu_1}{}_{\nu_1}\Lambda^{\mu_2}{}_{\nu_2}\cdots\Lambda^{\mu_m}{}_{\nu_m} S(\Lambda)\psi^{\nu_1\nu_2\cdots\nu_m}(\Lambda^{-1}x) \end{aligned} \tag{4.132}$$

である．以下この節で，場といった場合はつねにこの性質をもつものを意味する．

ここで相対論的場の量子論での**局所的量**(local quantity)をつぎのように定義しよう．

局所的量とは，x^μ および有限種類の場 $U^{\mu_1\mu_2\cdots\mu_n}(x)$, $\psi_a^{\mu_1\mu_2\cdots\mu_m}(x)$ $(n, m = 0, 1, 2, \cdots)$ およびこれらの x^μ についての有限階微分よりなる多項式で，かつその Lorentz 変換が

$$\begin{aligned} F'^{\mu_1\mu_2\cdots\mu_N}(x) &= \Lambda^{\mu_1}{}_{\nu_1}\Lambda^{\mu_2}{}_{\nu_2}\cdots\Lambda^{\mu_N}{}_{\nu_N} F^{\nu_1\nu_2\cdots\nu_N}(\Lambda^{-1}x) \\ \Xi'^{\mu_1\mu_2\cdots\mu_M}(x) &= \Lambda^{\mu_1}{}_{\nu_1}\Lambda^{\mu_2}{}_{\nu_2}\cdots\Lambda^{\mu_M}{}_{\nu_M} S(\Lambda)\Xi^{\nu_1\nu_2\cdots\nu_M}(\Lambda^{-1}x) \end{aligned} \tag{4.133}$$

であるようなテンソル $F^{\mu_1\mu_2\cdots\mu_N}(x)$ $(N = 0, 1, \cdots)$，あるいはテンソルと 1 階の Dirac スピノールの混合表示の量 $\Xi_a^{\mu_1\mu_2\cdots\mu_M}(x)$ $(M = 1, 2, \cdots)$ の(有限個の) 1 次結合で与えられるものをいう．

もちろん，(4.133)の変換は場の変換(4.132)の結果として与えられるものでなければならない．(4.131)を考慮すれば，局所的量の和および積はまた局所的量であることは容易に分かる．

さて，われわれは局所的量の CPT 変換をつぎのように定義する．

(i) 2個の局所的量の和の CPT 変換は，それぞれを CPT 変換したものの和である．(ii) その1次結合が局的的量を構成する $F^{\mu_1\cdots\mu_N}(x)$ および $\Xi_a^{\mu_1\cdots\mu_M}(x)$ の CPT 変換は

$$\begin{aligned} F^{\mu_1\mu_2\cdots\mu_N}(x) &\underset{CPT}{\longrightarrow} F'^{\mu_1\mu_2\cdots\mu_N}(x) \equiv (-1)^N[F^{\mu_1\mu_2\cdots\mu_N}(-x)]^\tau \\ \Xi^{\mu_1\mu_2\cdots\mu_M}(x) &\underset{CPT}{\longrightarrow} \Xi'^{\mu_1\mu_2\cdots\mu_M}(x) \equiv (-1)^M i\gamma_5[\Xi^{\mu_1\mu_2\cdots\mu_M}(-x)]^\tau \end{aligned} \tag{4.134}$$

である．

右辺の $F^{\mu_1\mu_2\cdots\mu_N}(-x)$ は $F^{\mu_1\mu_2\cdots\mu_N}(x)|_{x\to-x}$ を意味する．$\Xi^{\mu_1\mu_2\cdots\mu_M}(-x)$ も同様である．(4.134)は(4.125)の一般化で，ここでは CPT 変換は Lorentz 変換にかかわる添字にだけ一定のかたちで依存して決定されるとしているが，この定義が整合性をもつかどうかについてはさらに吟味されなければならない．そのためには，場(4.128)が(4.134)の変換に従うとしたとき，場，x^μ，および場の x-微分から構成された $F^{\cdots}(x)$ や $\Xi^{\cdots}(x)$ の CPT 変換が，このような出発点にとった場の変換のみを通して(4.134)のかたちで実現されるかどうかを調べる必要がある．最も簡単な場合として，局所的量が x^μ すなわち $F^\mu(x)=x^\mu$ のときを考えてみよう．これは場の演算子でないから CPT 変換を受けず $F'^\mu(x)=x^\mu$ であるが，$x^\mu=-(-x^\mu)=-(-x^\mu)^\tau$ であるからこのような $F^\mu(x)$ は(4.134)を満足することが分かる．また $\partial^\nu U^{\mu_1\cdots\mu_n}(x)$ は，$U^{\mu_1\cdots\mu_n}(x)$ が(4.134)に従えば，やはり(4.134)の変換を満足する．これは $\psi_a^{\mu_1\cdots\mu_m}(x)$ の微分に対しても同様である．もちろん微分の階数がふえても問題は起こらない．それゆえ，(4.134)の定義の整合性を調べるには，CPT 変換を受けた2つの量の積が，まずそれらの積をつくってから CPT 変換をほどこしたものと一致するかどうか，また一致するための条件は何かを吟味すればよいことになる．

そこで2つの量がともにテンソル $F^{\mu_1\mu_2\cdots\mu_N}(x)$ と $G^{\nu_1\nu_2\cdots\nu_M}(x)$ の場合を考えよう．それぞれを CPT 変換したものの積は，(4.134)および(4.89)より

$$F'^{\mu_1\cdots\mu_N}(x)G'^{\nu_1\cdots\nu_M}(x) = (-1)^{N+M}[G^{\nu_1\cdots\nu_M}(-x)F^{\mu_1\cdots\mu_N}(-x)]^\tau$$

他方，積の CPT 変換は $(-1)^{N+M}[F^{\mu_1\cdots\mu_N}(-x)G^{\nu_1\cdots\nu_M}(-x)]^\tau$ となるゆえ，これが一致するという上記の要請から

$$[F^{\mu_1\cdots\mu_N}(x), G^{\nu_1\cdots\nu_M}(x)] = 0 \tag{4.135}$$

が成立することが必要十分の条件となる.

同様にして，2つの量が $F^{\mu_1\cdots\mu_N}(x)$, $\Xi_a^{\nu_1\cdots\nu_M}(x)$ の場合には

$$[F^{\mu_1\cdots\mu_N}(x),\ \Xi_a^{\nu_1\cdots\nu_M}(x)] = 0 \tag{4.136}$$

が導かれる.

最後に，Dirac スピノールの添字をもった2つの量 $\Xi_a^{\mu_1\cdots\mu_N}(x)$ と $Z_b^{\nu_1\cdots\nu_M}(x)$ の場合を考えよう．このときには(4.134)の第2式より

$$\Xi_a'^{\mu_1\cdots\mu_N}(x) Z_b'^{\nu_1\cdots\nu_M}(x) = -(-1)^{N+M}\sum_{c,d}(\gamma_5)_{ac}[X_{cd}^{(N,M)}(-x)]^{\tau}(\gamma_5^{\mathrm{T}})_{db} \tag{4.137}$$

とかかれる．ただし

$$X_{cd}^{(M,N)}(x) \equiv Z_d^{\nu_1\cdots\nu_M}(x)\Xi_c^{\mu_1\cdots\mu_N}(x) \tag{4.138}$$

他方，$\Xi_a^{\mu_1\cdots\mu_N}(x)Z_b^{\nu_1\cdots\nu_M}(x)$ の *CPT* 変換に関しては，この量が Dirac スピノールにつき2階の量であるために，直接(4.134)を用いることができない．それゆえ(4.131)の右辺のようにいちどこれをテンソルの形にかき直してから(4.134)を用いる必要がある．すなわち

$$\begin{aligned}
&\Xi_a^{\mu_1\cdots\mu_N}(x)Z_b^{\nu_1\cdots\nu_M}(x)\\
&\quad = S^{(N,M)}(x)C_{ab} + V^{(N,M)}{}_{\lambda}(x)(\gamma^{\lambda}C)_{ab} + \frac{1}{2}T^{(N,M)}{}_{\lambda\rho}(x)(\sigma^{\lambda\rho}C)_{ab}\\
&\qquad + A^{(N,M)}{}_{\lambda}(x)(\gamma^{\lambda}\gamma_5 C)_{ab} + P^{(N,M)}(x)(\gamma_5 C)_{ab}
\end{aligned} \tag{4.139}$$

とかこう．上式右辺の上つきの (N, M) は，本来は $N+M$ 階のテンソルの添字 $\mu_1\cdots\mu_N\nu_1\cdots\nu_M$ とかくべきところを煩雑さを避けて略記したものである．よって $\Xi_a^{\mu_1\cdots\mu_N}(x)Z_b^{\nu_1\cdots\nu_M}(x)$ の *CPT* 変換は

$$\begin{aligned}
&[\Xi_a^{\mu_1\cdots\mu_N}(x)Z_b^{\nu_1\cdots\nu_M}(x)]'\\
&\quad = (-1)^{N+M}\Big[S^{(N,M)}(-x)C_{ab} - V^{(N,M)}{}_{\lambda}(-x)(\gamma^{\lambda}C)_{ab}\\
&\qquad + \frac{1}{2}T^{(N,M)}{}_{\lambda\rho}(-x)(\sigma^{\lambda\rho}C)_{ab} - A^{(N,M)}{}_{\lambda}(-x)(\gamma^{\lambda}\gamma_5 C)_{ab}\\
&\qquad + P^{(N,M)}(-x)(\gamma_5 C)_{ab}\Big]^{\tau}
\end{aligned} \tag{4.140}$$

となる．これと(4.137)を等置すれば

$$X_{ab}^{(N,M)}(x) = -\Big[\gamma_5(S^{(N,M)}(x)C - V^{(N,M)}{}_\lambda(x)\gamma^\lambda C + \frac{1}{2}T^{(N,M)}{}_{\lambda\rho}(x)\sigma^{\lambda\rho}C$$

$$- A^{(N,M)}{}_\lambda(x)\gamma^\lambda\gamma_5 C + P^{(N,M)}(x)\gamma_5 C)\gamma_5^{\mathrm{T}}\Big]_{ab}$$

$$= -(S^{(N,M)}(x)C_{ab} + V^{(N,M)}{}_\lambda(x)(\gamma^\lambda C)_{ab} + \frac{1}{2}T^{(N,M)}{}_{\lambda\rho}(x)(\sigma^{\lambda\rho}C)_{ab}$$

$$+ A^{(N,M)}{}_\lambda(x)(\gamma^\lambda\gamma_5 C)_{ab} + P^{(N,M)}(x)(\gamma_5 C)_{ab})$$

$$= -\Xi_a^{\mu_1\cdots\mu_N}(x)Z_b^{\nu_1\cdots\nu_M}(x) \tag{4.141}$$

を得る．ここで $C\gamma_5^{\mathrm{T}}C^\dagger = \gamma_5$, $\{\gamma^\lambda, \gamma_5\} = 0$, $(\gamma_5)^2 = 1$ を用いた．それゆえ，上式左辺において(4.138)を考慮すれば

$$\{\Xi_a^{\mu_1\cdots\mu_N}(x), Z_b^{\nu_1\cdots\nu_M}(x)\} = 0 \tag{4.142}$$

が得られる．

このようにして，条件(4.135),(4.136),(4.142)のもとに任意の局所的な量の CPT 変換は，この量の Lorentz 変換性を規定する添字によって完全に決定されることになる．この結果は，1955 年 Pauli によって導かれ，現在は ***CPT* 定理**とよばれている．

しかし，(4.135),(4.136),(4.142)の条件をすべての場合に要求するとその制限が強すぎて，$F^{\mu_1\cdots\mu_N}(x)$ は複素数，$\Xi_a^{\mu_1\cdots\mu_M}(x)$ は Grassmann 数ということになり，議論が場の量子論から離れてしまう．これはむしろノーマルケースにおける場の量子論の古典的極限とみなすべきものであって，相互作用のある場合をも含め，Dirac スピノールをもった場同士は同時刻において互いに反可換なプラス型の交換関係に，またその他の場合の 2 個の場はマイナス型の交換関係に従うべきことを示していると考えられる．いわば，これは相互作用のある系にまで一般化されたスピンと統計の関係である．(アノマラスケースに対応した CPT 変換は，(4.135),(4.136),(4.142)を拡張し，また変換(4.134)に適当な位相因子をつけることによって定義できることが示されている．)

われわれは場 $U^{\mu_1\cdots\mu_n}(x)$ および $\varphi_a^{\mu_1\cdots\mu_m}(x)$ (またこれらの x-微分)をそれぞれテンソル型の場およびスピノール型の場とよぶことにしよう．Lorentz 変換性

(4.133)をもつ局所的な量は，このような場および x^μ の斉次式の和として表わすことができる．このとき各斉次式は，そこでのスピノール型の場同士の交換に対しては反対称，またテンソル型の場同士の間，およびテンソル型の場とスピノール型の場の間の交換に対しては対称であるように，その積がかかれているものと仮定しよう．このような操作がほどこされた積を **Weyl 積**とよぶ．斉次式ではこの種の記述はつねに可能であるが，議論が長くなるので証明は省略し，以下ではそれができたものとして話をすすめる．

このようにしてつくられた局所的な量が *CPT* 変換(4.134)に従うことは，これまでの議論から明らかであろう*．したがって，Lagrange 関数において場の積について上記の操作がなされていれば，これが Lorentz スカラーであることから，一般の場合にも，(4.126)が成立していることは明らかである．このとき理論は ***CPT* 不変**であるという．また，運動方程式も *CPT* 変換で不変，さらにこの Lagrange 関数から導かれる $T^{\mu\nu}(x)$, $M^{[\mu\nu]\rho}(x)$ が(4.127)を満たすことは明らかであり，また対称化されたエネルギー・運動量テンソルは $\theta'^{\mu\nu}(x)=[\theta^{\mu\nu}(-x)]^\tau$ を満足する．もし Lagrange 関数から Noether の定理により保存カレント $J^\mu(x)$ が与えられるときは，*CPT* 変換のもとで

$$J'^\mu(x) = -[J^\mu(-x)]^\tau \tag{4.143}$$

となることは，$J^\mu(x)$ がベクトル量であることから当然である．それゆえに，$T^{\mu0}(x)$, $M^{[\mu\nu]0}(x)$, $J^0(x)$ をそれぞれ空間積分したエネルギー・運動量 P^μ, 4 次元時空角運動量 $J^{[\mu\nu]}$, Noether 電荷 I は *CPT* 変換によって

$$P'^\mu = [P^\mu]^\tau, \quad J'^{[\mu\nu]} = -[J^{\mu\nu}]^\tau, \quad I' = -I^\tau \tag{4.144}$$

なる変換を受ける．これらは双対な Hilbert 空間 $\tilde{\mathcal{H}}$ 上の演算子であり，そこでの任意の状態ベクトル $|\tilde{A}\rangle$ で期待値をとれば，(4.90)により

$$\begin{aligned}
\langle\tilde{A}|P'^\mu|\tilde{A}\rangle &= \langle A|P^\mu|A\rangle \\
\langle\tilde{A}|J'^{[\mu\nu]}|\tilde{A}\rangle &= -\langle A|J^{[\mu\nu]}|A\rangle \\
\langle\tilde{A}|I'|\tilde{A}\rangle &= -\langle A|I|A\rangle
\end{aligned} \tag{4.145}$$

---

* ただし，この種の 2 つの局所的な量の積が(4.135), (4.136)，または(4.142)をみたすという保証はない．

となり，CPT 変換でそれぞれの期待値(したがって固有値)がどのように変わるかが示される．

時間反転のときに行なったように，$|A\rangle \in \mathscr{H}$ に対応して，$|A'\rangle \in \tilde{\mathscr{H}}$ を導入しよう．すなわち $|A'\rangle$ は，$|A\rangle$ を指定する操作においてそこに用いられる場をすべて CPT 変換した場で置き替え，これによって指定される $\tilde{\mathscr{H}}$ のベクトルである．CPT 不変性から，$\mathscr{H}$ 上での演算子 F を CPT 変換したものを F' とすれば，$\langle A|F|A\rangle = \langle A'|F'|A'\rangle$ が成り立つ．$|A'\rangle$ に双対な $\mathscr{H}$ のベクトルを $|\bar{A}\rangle$ (したがって，$|A'\rangle = |\tilde{\bar{A}}\rangle$)とかこう．(4.114)から(4.114′)を導いたのと同様にして

$$\langle A|e^{-i(t_{\mathrm{F}}-t_{\mathrm{I}})H}|B\rangle = \langle \bar{B}|e^{-i(t_{\mathrm{F}}-t_{\mathrm{I}})H}|\bar{A}\rangle \tag{4.146}$$

が成り立つ．よって

$$\langle A|S|B\rangle = \langle \bar{B}|S|\bar{A}\rangle \tag{4.147}$$

が導かれる．これは CPT 不変性による選択則にほかならない．$|A\rangle$ と $|\bar{A}\rangle$ はともに $\mathscr{H}$ に属し 1 対 1 に対応する．とくに，$|A\rangle$ が 1 体の系でそのエネルギー・運動量が k^{μ}，ヘリシティが λ，Noether 電荷が q であれば，これらの値は $|\bar{A}\rangle$ においては(4.145)からそれぞれ $k^{\mu}, -\lambda, -q$ となることが分かる．このように $|\bar{A}\rangle$ では Noether 電荷の符号が逆転していることから，$|\bar{A}\rangle$ で記述される粒子を $|A\rangle$ の粒子の**反粒子**とよぶことにする．これは前々節の荷電共役変換を用いて行なった反粒子の定義の拡張であって，理論が C 不変ではなく荷電共役変換が存在しない場合にも，反粒子概念は CPT 変換を通じて定義できることに注意すべきである．

さて，$\langle A|P^{\mu}|A\rangle = \langle \bar{A}|P^{\mu}|\bar{A}\rangle$ であるから，粒子と反粒子の質量は厳密に等しいことが CPT 不変性から結論される．また，(4.146)で $|A\rangle = |B\rangle$ とおけば，$\langle A|\exp[-i(t_{\mathrm{F}}-t_{\mathrm{I}})H]|A\rangle$ の時間的振舞いは $\langle \bar{A}|\exp[-i(t_{\mathrm{F}}-t_{\mathrm{I}})H]|\bar{A}\rangle$ のそれと完全に一致する．すなわち，$|A\rangle$ が不安定粒子を表わすときにはその反粒子も不安定粒子となって，それぞれの崩壊の平均寿命は全く同じになる．これも CPT 不変性の重要な結果である．

選択則(4.147)で用いられる $|A\rangle$ や $|\bar{A}\rangle$ は漸近的世界での状態ベクトルで

あり，$|A\rangle$ に対応した $|\bar{A}\rangle$ の構成法は前節の $|A\rangle$ から $|\underline{A}\rangle$ をつくったのと同じようにやればよい．

CPT 不変性は，Lagrange 関数が連続的な Lorentz 変換のもとでスカラーとして振舞う局所的な量であり，そこでの場の積は Weyl 積のかたちにかかれているということを前提して成立している．これらは，いずれも無理のない前提であり，その意味で *CPT* 不変性は相対論的な世界では非常によい精度で成り立っているものと考えられる．現在までのところ，*CPT* 不変性から導かれる選択則に矛盾する実験事実は見出されていない．

CPT 不変性はまた，C, P, T の 3 種の変換が独立でなく，例えば T 不変な理論では *CP* 変換が定義できて，理論はこの変換でも不変になっている．もちろん，C, P, T のうち 2 つの変換で不変であれば，残りの変換でも理論は不変になっている．

5
伝搬関数

これまで見てきたように，場の量子論では真空は最も基本的な状態であって，他の状態はすべてこれを基準にして扱われることになる．この章では，真空の中を場の影響がどのように伝搬するか，またそれによってどのようなことが分かるかを考察する．

5-1 外場のもとでの応答

系のハミルトニアンを H とし，時刻 t を陽には含まないものとする．真空 $|0\rangle$ は H の最低の固有状態で，その固有値はゼロ，そして系を記述する Hilbert 空間内においては，このような状態はただ1つであり，また Wigner 相に属する対称性に対してはその変換のもとで(3.16)が成立する．場 $\phi(x)$ の真空期待値を $\langle 0|\phi(x)|0\rangle$ とかこう．相対論的場の理論では a^μ だけ座標原点を平行移動させる変換 $U(a)=\exp[iP^\mu a_\mu]$ で真空は不変((3.29)参照)であるから

$$\langle 0|\phi(x)|0\rangle = \langle 0|U^\dagger(a)\phi(x)U(a)|0\rangle = \langle 0|\phi(x+a)|0\rangle$$

ここで $a^\mu=-x^\mu$ とおけば

$$\langle 0|\phi(x)|0\rangle = \langle 0|\phi(0)|0\rangle \tag{5.1}$$

を得る．この式は，非相対論の場合でも空間的な平行移動で真空が不変であればもちろん成立する．さて，群 G のもとで真空は不変，すなわち任意の $g \in G$ に対して(3.16)が成り立つとしよう．このとき

$$\langle 0|\phi(0)|0\rangle = \langle 0|U^{\dagger}(g)\phi(0)U(g)|0\rangle$$

であるから，$\phi(0)$ がこの群のもとで不変でなく線形に変換する限り，$\langle 0|\phi(0)|0\rangle$ はゼロでなければならない．すなわち(5.1)より

$$\langle 0|\phi(x)|0\rangle = 0 \tag{5.2}$$

となる．例えば Lorentz 変換のもとで $\phi(x)$ が，スピノール場またはベクトル場として変換する場合は，当然(5.2)はみたされる．しかし $\phi(x)$ がスカラー場であって，しかも Wigner 相にある内部自由度のすべての変換のもとで不変であるならば，(5.2)を結論することはできない．$\langle 0|\phi(x)|0\rangle = c$（定数）となる可能性がある．しかしこの場合，$\phi(x) - c$ を改めて $\phi(x)$ とかくことにすれば，やはり(5.2)を満たさせることができる．それゆえ，ここでは場はすべて(5.2)に従うものと約束しよう．

さて，簡単のために H は実の Klein-Gordon 場 $\phi(x)$ と Dirac 場 $\psi(x)$ を用いてかかれるものとしよう．最初，系が真空状態にあれば，これは H の固有値がゼロの状態であるから時間が経っても何の変化も起こらない．そこで外部からこの系にかすかな刺激を与えて，それに対する反応をみることにする．そのために，このような外的刺激に対応するハミルトニアンを $\int d^3\boldsymbol{x}\, H'(\boldsymbol{x}, t)$ とし，これを H に加えたものを系のハミルトニアンとみなすことにしよう．すなわち Schrödinger 描像を用いて，時刻 t において

$$H'(\boldsymbol{x}, t) = \phi(\boldsymbol{x}, 0)J(\boldsymbol{x}, t) + \bar{\psi}(\boldsymbol{x}, 0)\eta(\boldsymbol{x}, t) + \bar{\eta}(\boldsymbol{x}, t)\psi(\boldsymbol{x}, 0) \tag{5.3}$$

とすれば，系全体のハミルトニアンは

$$\mathscr{H} = H + \int d^3\boldsymbol{x}\, H'(\boldsymbol{x}, t) \tag{5.4}$$

となる．ここで $J(\boldsymbol{x}, t)$ $(\equiv J(x))$，$\eta(\boldsymbol{x}, t)$ $(\equiv \eta(x))$ および $\bar{\eta}(\boldsymbol{x}, t)$ $(\equiv \bar{\eta}(x))$ は，**外場**(external field)とよばれ，その関数形は人為的に勝手に与えることができるもので，前者の $J(x)$ は x^{μ} の実関数ですべての量と可換，他方，後者の

$\eta(x)$ は Dirac スピノールの添字をもち，その意味で Dirac 場の古典的対応物とみなされるものである．また $\bar{\eta}(x)$ は $\eta(x)$ の共役量である $\eta^*(x)$ に右から $i\gamma^0$ をかけた Grassmann 量で，これらは

$$\{\eta_a(x), \eta_b(y)\} = \{\eta_a(x), \bar{\eta}_b(y)\} = \{\bar{\eta}_a(x), \bar{\eta}_b(y)\} = 0 \qquad (5.5)$$

をみたし，さらに Fermi 型の交換関係に従う場とも反可換，これに対し Bose 型交換関係をみたす場とは可換，すなわち，いまの場合は

$$\begin{aligned} \{\psi_a(x), \eta_b(y)\} &= \{\psi_a(x), \bar{\eta}_b(y)\} = \{\bar{\psi}_a(x), \eta_b(y)\} \\ &= \{\bar{\psi}_a(x), \bar{\eta}_b(y)\} = 0 \\ [\phi(x), \eta_a(y)] &= [\phi(x), \bar{\eta}_b(y)] = 0 \end{aligned} \qquad (5.6)$$

が要求される．これは，空間的に離れた点での物理的情況とは無関係に $\phi(x)$ や $\psi(x)$ の運動が記述できるという局所性の条件によるものである．すなわち $H'(\boldsymbol{x}, t)$ をかりに Heisenberg 描像で $\tilde{H}'(x)$ とかくとき，x^μ と y^μ が空間的に離れているならば，$\psi(x)$, $\bar{\psi}(x)$, $\phi(x)$ はいずれも $\tilde{H}'(y)$ と可換であり，かつ $[\tilde{H}'(x), \tilde{H}'(y)]=0$ であることによるもので，(5.5), (5.6)はこれに対する十分条件である．

系の状態は Schrödinger 方程式

$$i\frac{d}{dt}|\ \rangle = (H+H')|\ \rangle \qquad (5.7)$$

に従って運動する．いま 外場 $J(x)$, $\eta(x)$, $\bar{\eta}(x)$ は $t\to\pm\infty$ でゆっくりと 0 になり，無限の未来および過去では系に対する外場の影響は完全に消滅しているものと考えよう．このような外場の有限時刻での影響をとり出すために，

$$|\ \rangle \to |\ \rangle_t \equiv e^{iHt}|\ \rangle \qquad (5.8)$$

なる変換を導入する．これに応じて，変換の前後で理論が同じ内容を記述するためには，場は

$$\begin{aligned} \phi(\boldsymbol{x}, 0) &\to \phi(x) \equiv e^{iHt}\phi(\boldsymbol{x}, 0)e^{-iHt} \\ \psi(\boldsymbol{x}, 0) &\to \psi(x) \equiv e^{iHt}\psi(\boldsymbol{x}, 0)e^{-iHt} \end{aligned} \qquad (5.9)$$

と変換されなければならない．$|\ \rangle_t$ に対する方程式は(5.8)を(5.7)に用い，(5.9)を考慮すれば

$$i\frac{d}{dt}|\ \rangle_t = \int d^3\boldsymbol{x}\, H'(x)|\ \rangle_t \tag{5.10}$$

となる．ここで

$$H'(x) = \phi(x)J(x)+\bar{\psi}(x)\eta(x)+\bar{\eta}(x)\psi(x) \tag{5.11}$$

である．他方，$\phi(x)$, $\psi(x)$ に対する方程式は(5.9)より

$$i\dot{\phi}(x) = [\phi(x), H], \qquad i\dot{\psi}(x) = [\psi(x), H] \tag{5.12}$$

となって，外場がないときの Heisenberg の方程式と一致する．そしてここでは外場の影響は(5.10)による状態の変化にのみ関係することになる．$t\to-\infty$ では外場はゼロで状態の時間変化はなくなっている．そこで，$|\ \rangle_{t=-\infty}$ を始状態として

$$|\ \rangle_t = U(t)|\ \rangle_{t=-\infty}$$

とかけば，(5.10)より

$$i\frac{dU(t)}{dt} = \int d^3\boldsymbol{x}\, H'(x)\cdot U(t) \tag{5.13}$$

および

$$U(-\infty) = 1 \tag{5.14}$$

が導かれる．この条件のもとに，(5.13)を時間積分すれば

$$U(t) = 1+(-i)\int_{-\infty}^{t} dt'\, H'(t')U(t')$$

ここで左辺の $U(t)$ を右辺に代入し，これを繰り返せば

$$\begin{aligned} U(t) &= 1+\sum_{n=1}^{\infty}(-i)^n\int_{-\infty}^{t}dt_1\int_{-\infty}^{t_1}dt_2\cdots\int_{-\infty}^{t_{n-1}}dt_n\, H'(t_1)H'(t_2)\cdots H'(t_n) \\ &= 1+\sum_{n=1}^{\infty}\frac{(-i)^n}{n!}\int_{-\infty}^{t}\cdots\int_{-\infty}^{t}dt_1\cdots dt_n\, \mathrm{P}(H'(t_1)H'(t_2)\cdots H'(t_n)) \end{aligned} \tag{5.15}$$

ここで

$$H'(t) \equiv \int d^3\boldsymbol{x}\, H'(x) \tag{5.16}$$

また $\mathrm{P}(H'(t_1)H'(t_2)\cdots H'(t_n))$ は $H'(t_1), H'(t_2), \cdots, H'(t_n)$ の積で，その積の

順序は $j_1, j_2, \cdots, j_n$ を $1, 2, \cdots, n$ の任意の順列とするとき

$$\mathrm{P}(H'(t_1)H'(t_2)\cdots H'(t_n)) \equiv H'(t_{j_1})H'(t_{j_2})\cdots H'(t_{j_n}) \quad (t_{j_1}>t_{j_2}>\cdots>t_{j_n}) \tag{5.17}$$

で定義される．

$t=-\infty$ の外場のない世界での始状態として真空 $|0\rangle$ をとるとき，それが $t=\infty$ でやはり $|0\rangle$ にあるような遷移振幅は，(5.15), (5.16)により

$$\langle 0|U(\infty)|0\rangle = 1+\sum_{n=1}^{\infty}\frac{(-i)^n}{n!}\int_{-\infty}^{\infty}\cdots\int_{-\infty}^{\infty}d^4x_1\cdots d^4x_n\langle 0|\mathrm{P}(H'(x_1)H'(x_2)\cdots H'(x_n))|0\rangle \tag{5.18}$$

とかくことができる．このような真空から真空への遷移の過程での外場の影響をみるために，(5.18)の右辺を外場で展開すると

$$\begin{aligned}\langle 0|U(\infty)|0\rangle &= 1-\frac{1}{2}\int_{-\infty}^{\infty}\int_{-\infty}^{\infty}dx_1dx_2\,[\langle 0|\mathrm{T}\phi(x_1)\phi(x_2)|0\rangle J(x_1)J(x_2)\\ &\quad +\langle 0|\mathrm{T}\psi_a(x_1)\bar{\psi}_b(x_2)|0\rangle\bar{\eta}_a(x_1)\eta_b(x_2)]+\sum_{m,n}{}'\frac{(-i)^{m+2n}}{m!(n!)^2}\\ &\quad \times\int_{-\infty}^{\infty}\cdots\int_{-\infty}^{\infty}dx_1\cdots dx_{m+2n}\sum_{a_1,\cdots,a_n,b_1,\cdots,b_n}[\langle 0|\mathrm{T}\varphi(x_1)\cdots\varphi(x_m)\\ &\quad \times\psi_{a_1}(x_{m+1})\cdots\psi_{a_n}(x_{m+n})\bar{\psi}_{b_1}(x_{m+n+1})\cdots\bar{\psi}_{b_n}(x_{m+2n})|0\rangle\\ &\quad \times J(x_1)\cdots J(x_m)\bar{\eta}_{a_1}(x_{m+1})\cdots\bar{\eta}_{a_n}(x_{m+n})\eta_{b_1}(x_{m+n+1})\cdots\eta_{b_n}(x_{m+2n})]\end{aligned} \tag{5.19}$$

とかかれる．ここで，$\sum'_{m,n}$ は $m=n=0$, $m=2$, $n=0$, および $m=0$, $n=1$ 以外の m, n ($\geqq 0$) についての和を意味する．ここに除かれた項は右辺第1，第2項にすでに記されているからである．また，T は，この記号の右側に並ぶ場の積のかたちを指定するもので，次のように定義される．すなわち，場 $A, B, C, \cdots$ に対して，$\mathrm{T}A(x)B(y)C(z)\cdots$ は，

(i) (5.17)の積の順序づけと同様，時刻のあとの場は時刻が前の場の左に位置するように積をつくること，

ただし

(ii) $A(x)B(y)C(z)\cdots$ から出発し，2個の場を相互に逐次入れ換えて(i)の順序づけをもつ積に達する過程を想定したとき，Fermi 場同士の入れ換えが k 回あるならば(i)の積の全体に因子 $(-1)^k$ を付すること，

である．このようにしてつくられた積は **T 積**とよばれる．(ii)の入れ換えの過程は一意的ではないが，符号因子は一定であること，また，相対論的場の理論では T 積の定義は Lorentz 不変であることを確かめていただきたい．(5.19)ではまた，簡単のために，ψ によって記述される粒子数は不変，つまり位相変換 $\psi\rightarrow e^{i\alpha}\psi$，$\bar{\psi}\rightarrow e^{-i\alpha}\bar{\psi}$ で理論が不変であることを前提とした．そのためここでは右辺の各真空期待値に現われる ψ と $\bar{\psi}$ の数は同じである．

(5.19)の各項は，無限の過去に真空から出発した状態が途中何回か外場にゆすぶられ，十分時が経ったのちに再び真空に帰っていくときの応答を示すもので，被積分関数としての真空期待値はそれぞれ**応答関数**(response function)，または外場のもとでの各時点の相関を与えるものとして**相関関数**(correlation function)とよばれる．

その最も簡単なものは2個の時空点からなり，$\langle 0|\mathrm{T}\varphi(x_1)\varphi(x_2)|0\rangle$ および $\langle 0|\mathrm{T}\psi_a(x_1)\bar{\psi}_b(x_2)|0\rangle$ とかかれる．これらは x_1, x_2 の間を1個の粒子が相互作用を行ないつつ伝搬するときの振舞いを示すもので，**1体伝搬関数**(one-body propagator)とよばれる．同様にして，$\langle 0|\mathrm{T}\phi(x_1)\phi(x_2)\phi(x_3)\phi(x_4)|0\rangle$ および $\langle 0|\mathrm{T}\psi_a(x_1)\psi_b(x_2)\bar{\psi}_c(x_3)\bar{\psi}_d(x_4)|0\rangle$ は2体伝搬関数，以下 n 体の**伝搬関数**が定義される．

5-2 スペクトル表示

まず最も単純で物理的にも重要な1体伝搬関数 $\langle 0|\mathrm{T}\varphi(x_1)\varphi(x_2)|0\rangle$ の性質を調べてみよう．定義により

$$\begin{aligned}&\langle 0|\mathrm{T}\varphi(x_1)\varphi(x_2)|0\rangle\\&\quad=\theta(t_1-t_2)\langle 0|\varphi(x_1)\varphi(x_2)|0\rangle+\theta(t_2-t_1)\langle 0|\varphi(x_2)\varphi(x_1)|0\rangle\end{aligned}\tag{5.20}$$

とかかれる．ここで

$$\theta(x) = \begin{cases} 1 & (x>0) \\ 0 & (x<0) \end{cases} \tag{5.21}$$

である．(5.20)の右辺第1項の真空期待値における $\varphi(x_1)$ と $\varphi(x_2)$ の間にエネルギー・運動量 P^μ の固有値が k^μ（ただし $k^0>0$）であるような完全系 $|k,\sigma\rangle$ を挿入しよう．ここで σ は k^μ に加えて状態を一意的に指定するためのパラメーターである．すなわち，状態の規格化定数を適当にとって

$$\begin{aligned} &P^\mu|k,\sigma\rangle = k^\mu|k,\sigma\rangle \\ &\langle k,\sigma|k',\sigma'\rangle = (2\pi)^3\delta^4(k-k')\delta_{\sigma\sigma'} \\ &\frac{1}{(2\pi)^3}\sum_\sigma\int d^4k\,|k,\sigma\rangle\langle k,\sigma| = 1 \\ &\qquad (\delta^4(k) \equiv \delta(k^1)\delta(k^2)\delta(k^3)\delta(k^0)) \end{aligned} \tag{5.22}$$

とするならば，

$$\begin{aligned} \langle 0|\varphi(x_1)\varphi(x_2)|0\rangle &= \frac{1}{(2\pi)^3}\sum_\sigma\int d^4k\,\langle 0|\varphi(x_1)|k,\sigma\rangle\langle k,\sigma|\varphi(x_2)|0\rangle \\ &= \frac{1}{(2\pi)^3}\sum_\sigma\int d^4k\,e^{ik_\mu(x_1-x_2)^\mu}|\langle 0|\varphi(0)|k,\sigma\rangle|^2 \end{aligned} \tag{5.23}$$

を得る．ここで

$$\varphi(x) = e^{-iP_\mu x^\mu}\varphi(0)e^{iP_\mu x^\mu} \tag{5.24}$$

を用いた．ただしどの Lorentz 座標系からみても $k^0>0$ で，k^μ は時間的(time-like)ベクトル，つまり $k_\mu k^\mu<0$ で，(5.22)や(5.23)の積分は k^μ がこのような条件をみたすような領域で行なわなければならない．これを明確にするために $k_\mu k^\mu=-\kappa^2$，したがって

$$k^0 = \sqrt{\boldsymbol{k}^2+\kappa^2} \tag{5.25}$$

として，k^0 の代りに Lorentz 不変な κ^2 を変数に用いることにしよう．$dk^0=d\kappa^2/2\sqrt{\boldsymbol{k}^2+\kappa^2}$，また $\sum_\sigma|\langle 0|\varphi(0)|k,\sigma\rangle|^2$ は Lorentz 不変で $k_\mu k^\mu$ の関数としてかかれるから

$$\rho(\kappa^2) \equiv \sum_\sigma|\langle 0|\varphi(0)|k,\sigma\rangle|^2 \tag{5.26}$$

とすれば，(5.23)は

$$\langle 0|\varphi(x_1)\varphi(x_2)|0\rangle = \frac{1}{(2\pi)^3}\int_0^\infty d\kappa^2 \int_{-\infty}^\infty \frac{d^3\boldsymbol{k}}{2k^0}\rho(\kappa^2)e^{ik_\mu(x_1-x_2)^\mu}\bigg|_{k^0=\sqrt{\boldsymbol{k}^2+\kappa^2}} \tag{5.27}$$

となる．他方，$\theta(x)$ の Fourier 表示を求めると

$$\theta(x) = \frac{i}{2\pi}\int_{-\infty}^\infty dp\, \frac{1}{p+i\epsilon}e^{-ipx} \tag{5.28}$$

ここで $\epsilon\,(>0)$ は微小量で計算が完了したあとでゼロにする．それゆえ(5.20)の第1項は

$$\begin{aligned}
&\theta(t_1-t_2)\langle 0|\varphi(x_1)\varphi(x_2)|0\rangle \\
&= \frac{i}{(2\pi)^4}\int_0^\infty d\kappa^2 \int_{-\infty}^\infty \frac{dp}{p+i\epsilon}\int_{-\infty}^\infty \frac{d^3\boldsymbol{k}}{2\sqrt{\boldsymbol{k}^2+\kappa^2}}\rho(\kappa^2)e^{i\boldsymbol{k}(\boldsymbol{x}_1-\boldsymbol{x}_2)-i(\sqrt{\boldsymbol{k}^2+\kappa^2}+p)(t_1-t_2)} \\
&= \frac{i}{(2\pi)^4}\int_0^\infty d\kappa^2 \int_{-\infty}^\infty \frac{d^4k}{2\sqrt{\boldsymbol{k}^2+\kappa^2}(k^0-\sqrt{\boldsymbol{k}^2+\kappa^2}+i\epsilon)}\rho(\kappa^2)e^{ik_\mu(x_1-x_2)^\mu}
\end{aligned} \tag{5.29}$$

上式では $k^0=\sqrt{\boldsymbol{k}^2+\kappa^2}+p$ の変数変換を行なった．

(5.20)の第2項は第1項に $x_1^\mu \rightleftarrows x_2^\mu$ なる変換をほどこしたものであるから，(5.29)でこの変換を行なったのち，積分変数を $k^\mu\to -k^\mu$ にかきかえれば

$$\begin{aligned}
&\theta(t_2-t_1)\langle 0|\varphi(x_2)\varphi(x_1)|0\rangle \\
&= \frac{i}{(2\pi)^4}\int_0^\infty d\kappa^2 \int_{-\infty}^\infty \frac{d^4k}{2\sqrt{\boldsymbol{k}^2+\kappa^2}(-k^0-\sqrt{\boldsymbol{k}^2+\kappa^2}+i\epsilon)}\rho(\kappa^2)e^{ik_\mu(x_1-x_2)^\mu}
\end{aligned} \tag{5.30}$$

が得られる．それゆえ(5.29)，(5.30)の和をとって

$$\langle 0|\mathrm{T}\varphi(x_1)\varphi(x_2)|0\rangle = i\int_0^\infty d\kappa^2\, \Delta_{\mathrm{F}}(x_1-x_2, \kappa^2)\rho(\kappa^2) \tag{5.31}$$

$$\Delta_{\mathrm{F}}(x,\kappa^2) \equiv \frac{-1}{(2\pi)^4}\int d^4k\, \frac{1}{k_\mu k^\mu+\kappa^2-i\epsilon}e^{ik_\mu x^\mu} \tag{5.32}$$

が導かれる．ここで，$\varphi(x)$ が相互作用をもたず質量 μ^2 の自由場であるときには $\langle 0|\mathrm{T}\varphi(x_1)\varphi(x_2)|0\rangle$ は $\Delta_{\mathrm{F}}(x_1-x_2, \mu^2)$ となることはこれまでの計算からも容

易に分かる．(5.31)は相互作用のある場合，1体伝搬関数はさまざまな質量スペクトル κ^2 の伝搬関数の重ね合わせとして表わされる．(5.31)の右辺の表式を1体伝搬関数 $\langle 0|\mathrm{T}\varphi(x_1)\varphi(x_2)|0\rangle$ の**スペクトル表示**(spectral representation)という．とくに(5.23)に挿入した $|\boldsymbol{k},\sigma\rangle$ に質量 m の安定な1粒子状態が含まれているならば，$\rho(\kappa^2)$ は

$$\rho(\kappa^2) = Z\delta(\kappa^2-m^2)+\theta(\kappa^2-\kappa_0^2)\lambda(\kappa^2) \qquad (\kappa_0^2>m^2) \qquad (5.33)$$

とかくことができる．

ここで，$[\varphi(x_1),\varphi(x_2)]$ と $\{\varphi(x_1),\varphi(x_2)\}$ の真空期待値を求めてみよう．再び中間に $|\boldsymbol{k},\sigma\rangle$ の完全系を挿入して計算すると

$$\langle 0|[\varphi(x_1),\varphi(x_2)]|0\rangle = i\int_0^\infty d\kappa^2\,\Delta(x_1-x_2,\kappa^2)\rho(\kappa^2) \qquad (5.34)$$

$$\langle 0|\{\varphi(x_1),\varphi(x_2)\}|0\rangle = \int_0^\infty d\kappa^2\,\Delta^{(1)}(x_1-x_2,\kappa^2)\rho(\kappa^2) \qquad (5.35)$$

が容易に導かれる．ここで $\Delta(x,\kappa^2)$，$\Delta^{(1)}(x,\kappa^2)$ はそれぞれ(2.93),(2.97)の $\Delta(x)$，$\Delta^{(1)}(x)$ の右辺の m^2 に κ^2 を用いたものである．(5.34),(5.35)もスペクトル表示の1つである．

これらを導く際には，使われているのはPoincaré群のもとでの変換性で $\varphi(x)$ の統計は用いられていない．$\varphi(x)$ の交換関係がプラス型，マイナス型のいずれかで，空間的に離れた2点に対してこれがゼロになるとした場合には，後者のみが許されることは(5.34),(5.35)から直ちにわかる．なぜなら，x^μ が空間的($x_\mu x^\mu>0$)の場合，$\Delta^{(1)}(x,\kappa^2)\neq 0$ であるのに対し，$\Delta(x,\kappa^2)=0$ であるからである．いいかえれば交換関係をFermi型，Bose型に限定するならば，相互作用のある場合にもKlein-Gordon場は後者でなければならないことが分かる．これは第2章に述べた自由なKlein-Gordon場に対するスピンと統計の関係の一般化に他ならない．

つぎにFermi場に対する $\langle 0|\mathrm{T}\psi_a(x_1)\bar{\psi}_b(x_2)|0\rangle$ を求めてみよう．そのためにまず $\langle 0|\psi_a(x_1)\bar{\psi}_b(x_2)|0\rangle$ に完全系 $|\boldsymbol{k},\sigma\rangle$ を用いて前と同様の計算を行なえば

$$
\begin{aligned}
&\langle 0|\psi_a(x_1)\bar{\psi}_b(x_2)|0\rangle \\
&= \frac{1}{(2\pi)^3}\sum_\sigma\int_0^\infty d\kappa^2\int_{-\infty}^\infty \frac{d^3\boldsymbol{k}}{2k^0}\langle 0|\psi_a(0)|k,\sigma\rangle\langle k,\sigma|\bar{\psi}_b(0)|0\rangle e^{ik_\mu(x_1-x_2)^\mu}\Big|_{k^0=\sqrt{\boldsymbol{k}^2+\kappa^2}} \\
&= \frac{-1}{(2\pi)^3}\int_0^\infty d\kappa^2\int_{-\infty}^\infty \frac{d^3\boldsymbol{k}}{2k^0}[(ik_\mu\gamma^\mu-\sqrt{\kappa^2})_{ab}\rho_1(\kappa^2)+\delta_{ab}\rho_2(\kappa^2)]e^{ik_\mu(x_1-x_2)^\mu}\Big|_{k^0=\sqrt{\boldsymbol{k}^2+\kappa^2}}
\end{aligned}
\tag{5.36}
$$

とかくことができる．ここで Lorentz 変換性により*，$k_\mu k^\mu=-\kappa^2$ として

$$
\sum_\sigma\langle 0|\psi_a(0)|k,\sigma\rangle\langle k,\sigma|\bar{\psi}_b(0)|0\rangle = (\sqrt{\kappa^2}-ik_\mu\gamma^\mu)_{ab}\rho_1(\kappa^2)-\delta_{ab}\rho_2(\kappa^2)
\tag{5.37}
$$

と置いた．この式の両辺に $i(\gamma^0)_{ba}(=\beta_{ba})$ をかけ b について和をとれば

$$
\sum_\sigma|\langle 0|\psi_a(0)|k,\sigma\rangle|^2 = (\boldsymbol{\alpha k}+\sqrt{\boldsymbol{k}^2+\kappa^2})_{aa}\rho_1(\kappa^2)+\beta_{aa}(\sqrt{\kappa^2}\rho_1(\kappa^2)-\rho_2(\kappa^2)) \geqq 0
\tag{5.38}
$$

となる．ここで γ 行列の表示として Dirac 表示（付録 2）を採用するならば，$(\alpha_j)_{aa}=0$ $(j=1,2,3)$ としてよい．さらに $\boldsymbol{k}^2$ $(\geqq 0)$ が任意であることを考慮すると

$$
2\sqrt{\kappa^2}\rho_1(\kappa^2) \geqq \rho_2(\kappa^2) \geqq 0
\tag{5.39}
$$

が成り立っていなければならない．

(5.29)を導いたのと同様にして，(5.36)より

$$
\begin{aligned}
&\theta(t_1-t_2)\langle 0|\psi_a(x_1)\bar{\psi}_b(x_2)|0\rangle \\
&= \frac{-i}{(2\pi)^4}\int_0^\infty d\kappa^2\int_{-\infty}^\infty d^4k\,\frac{(i\boldsymbol{\gamma k}-i\gamma^0\sqrt{\boldsymbol{k}^2+\kappa^2}-\sqrt{\kappa^2})_{ab}\rho_1(\kappa^2)+\delta_{ab}\rho_2(\kappa^2)}{2\sqrt{\boldsymbol{k}^2+\kappa^2}(k^0-\sqrt{\boldsymbol{k}^2+\kappa^2}+i\epsilon)} \\
&\qquad\qquad \times e^{ik_\mu(x_1-x_2)^\mu} \\
&= \frac{-i}{(2\pi)^4}\int_0^\infty d\kappa^2\int_{-\infty}^\infty d^4k\,\frac{(i\gamma^\mu k_\mu-\sqrt{\kappa^2})_{ab}\rho_1(\kappa^2)+\delta_{ab}\rho_2(\kappa^2)}{2\sqrt{\boldsymbol{k}^2+\kappa^2}(k^0-\sqrt{\boldsymbol{k}^2+\kappa^2}+i\epsilon)}e^{ik_\mu(x_1-x_2)^\mu} \\
&\quad +\gamma^0_{ab}\frac{\delta(t_1-t_2)}{2(2\pi)^3}\int_0^\infty d\kappa^2\int_{-\infty}^\infty \frac{d^3\boldsymbol{k}}{2\sqrt{\boldsymbol{k}^2+\kappa^2}}e^{i\boldsymbol{k}(\boldsymbol{x}_1-\boldsymbol{x}_2)}
\end{aligned}
\tag{5.40}
$$

* ただし空間反転および時間反転で理論は不変とした．

を得る．ここで次式を用いた．

$$\int_{-\infty}^{\infty} dk^0 \frac{\sqrt{\boldsymbol{k}^2+\kappa^2}}{k^0-\sqrt{\boldsymbol{k}^2+\kappa^2}+i\epsilon} e^{-ik^0(t_1-t_2)}$$
$$= \int_{-\infty}^{\infty} dk^0 \frac{k^0}{k^0-\sqrt{\boldsymbol{k}^2+\kappa^2}+i\epsilon} e^{-ik^0(t_1-t_2)} - 2\pi\delta(t_1-t_2)$$

さきの注で述べたように，ここでは空間反転，時間反転の不変性を仮定しているから，*CPT* 定理により荷電共役変換でも不変である．したがって

$$\langle 0|\psi_a(x_1)\bar{\psi}_b(x_2)|0\rangle = \langle 0|\psi_a^C(x_1)\overline{\psi_b^C}(x_2)|0\rangle$$
$$= \sum_{a',b'} C_{aa'}C_{bb'}^{-1}\langle 0|\bar{\psi}_{a'}(x_1)\psi_{b'}(x_2)|0\rangle$$

から，x_1 と x_2 を，また添字 a と b を入れかえて

$$\langle 0|\bar{\psi}_b(x_2)\psi_a(x_1)|0\rangle = -\sum_{a',b'} C_{bb'}^{-1}\langle 0|\psi_{b'}(x_2)\bar{\psi}_{a'}(x_1)|0\rangle C_{a'a} \tag{5.41}$$

が得られる．ここで $C^{\mathrm{T}}=-C$ を用いた．それゆえ右辺に(5.36)を用いれば，$C^{-1}\gamma^\mu C=-\gamma^{\mu\mathrm{T}}$ を考慮の結果

$$\theta(t_2-t_1)\langle 0|\bar{\psi}_b(x_2)\psi_a(x_1)|0\rangle$$
$$= \frac{i}{(2\pi)^4}\int_0^\infty d\kappa^2 \int_{-\infty}^{\infty} d^4k \frac{(ik_\mu\gamma^\mu-\sqrt{\kappa^2})_{ab}\rho_1(\kappa^2)+\delta_{ab}\rho_2(\kappa^2)}{2\sqrt{\boldsymbol{k}^2+\kappa^2}(-k^0-\sqrt{\boldsymbol{k}^2+\kappa^2}+i\epsilon)} e^{ik_\mu(x_1-x_2)^\mu}$$
$$+\gamma_{ab}^0 \frac{\delta(t_1-t_2)}{2(2\pi)^3}\int_0^\infty d\kappa^2 \int_{-\infty}^{\infty} \frac{d^3\boldsymbol{k}}{2\sqrt{\boldsymbol{k}^2+\kappa^2}} e^{i\boldsymbol{k}(\boldsymbol{x}_1-\boldsymbol{x}_2)} \tag{5.42}$$

が導かれる．他方，定義により

$$\langle 0|\mathrm{T}\psi_a(x_1)\bar{\psi}_b(x_2)|0\rangle$$
$$= \theta(t_1-t_2)\langle 0|\psi_a(x_1)\bar{\psi}_b(x_2)|0\rangle - \theta(t_2-t_1)\langle 0|\bar{\psi}_b(x_2)\psi_a(x_1)|0\rangle$$

であるから，(5.40)，(5.42)によりスペクトル表示

$$\langle 0|\mathrm{T}\psi_a(x_1)\bar{\psi}_b(x_2)|0\rangle$$
$$= i\int_0^\infty d\kappa^2 [\rho_1(\kappa^2)S_{\mathrm{F}}(x_1-x_2,\kappa^2)_{ab} - \delta_{ab}\rho_2(\kappa^2)\Delta_{\mathrm{F}}(x_1-x_2,\kappa^2)] \tag{5.43}$$

が得られる．ただし

$$\Delta_{\mathrm{F}}(x,\kappa^2) \equiv \frac{-1}{(2\pi)^4}\int d^4k \frac{1}{k_\mu k^\mu+\kappa^2-i\epsilon}e^{ik_\mu x^\mu} \tag{5.44}$$

$$S_{\mathrm{F}}(x,\kappa^2)_{ab} \equiv (\sqrt{\kappa^2}-\partial\!\!\!/_x)_{ab}\Delta_{\mathrm{F}}(x,\kappa^2) \tag{5.45}$$

$$\partial\!\!\!/_x \equiv \gamma^\mu\frac{\partial}{\partial x^\mu} \tag{5.46}$$

である．

同様にして，$\langle 0|[\psi_a(x_1),\bar{\psi}_b(x_2)]|0\rangle$，$\langle 0|\{\psi_a(x_1),\bar{\psi}_b(x_2)\}|0\rangle$ のスペクトル表示も(5.36)から容易に求めることができる．結果は次の通りである．

$$\begin{aligned}&\langle 0|[\psi_a(x_1),\bar{\psi}_b(x_2)]|0\rangle\\&=\int_0^\infty d\kappa^2\,[\rho_1(\kappa^2)S^{(1)}(x_1-x_2,\kappa^2)_{ab}-\delta_{ab}\rho_2(\kappa^2)\Delta^{(1)}(x_1-x_2,\kappa^2)]\end{aligned} \tag{5.47}$$

$$\begin{aligned}&\langle 0|\{\psi_a(x_1),\bar{\psi}_b(x_2)\}|0\rangle\\&=i\int_0^\infty d\kappa^2\,[\rho_1(\kappa^2)S(x_1-x_2,\kappa^2)_{ab}-\delta_{ab}\rho_2(\kappa^2)S(x_1-x_2,\kappa^2)]\end{aligned} \tag{5.48}$$

ここで

$$\begin{aligned}S^{(1)}(x,\kappa^2)_{ab} &\equiv (\sqrt{\kappa^2}-\partial\!\!\!/_x)_{ab}\Delta^{(1)}(x,\kappa^2)\\S(x,\kappa^2)_{ab} &\equiv (\sqrt{\kappa^2}-\partial\!\!\!/_x)_{ab}\Delta(x,\kappa^2)\end{aligned} \tag{5.49}$$

(5.47),(5.48)の導出には場の交換関係は用いられていない．しかしながら，空間的に離れた2点における場の交換関係がゼロになり得るのはスペクトル表示の構造から，議論をBose型，Fermi型に限定するならば，それは後者の交換関係でなければならない．これも，自由なDirac場のスピンと統計の関係の相互作用のある場合への一般化である．

質量 m の自由Dirac場の場合には $\rho_1=\delta(\kappa^2-m^2)$，$\rho_2=0$ である．また相互作用がある場合Fermi粒子が H の固有状態として存在するならば

$$\begin{aligned}\rho_1(\kappa^2) &= Z'\delta(\kappa^2-m^2)+\theta(\kappa^2-\mu^2)\lambda_1(\kappa^2)\\\rho_2(\kappa^2) &= \theta(\kappa^2-\mu^2)\lambda_2(\kappa^2)\end{aligned}\qquad(\mu^2>m^2) \tag{5.50}$$

とかかれねばならない．

以上で，1体伝搬関数および関連する量のスペクトル表示を求めてきた．

(5.31)において $x^\mu=(x_1-x_2)^\mu$ として，Fourier 変換をするならば，$z=-k_\mu k^\mu$ とおくとき，

$$\int d^4x\,\langle 0|\mathrm{T}\varphi(x_1)\varphi(x_2)|0\rangle e^{-ik_\mu x^\mu}=i\int d\kappa^2\frac{\rho(\kappa^2)}{z-\kappa^2+i\epsilon} \tag{5.51}$$

となる．それゆえ $\rho(\kappa^2)$ が(5.33)の場合には，この Fourier 成分は z を変数とする複素関数として，$z=m^2-i\epsilon\cong m^2$ に極をもち，また $z=\mu^2-i\epsilon$ を分岐点とするような特異点をもつことが分かる．もし，完全系で $\langle 0|\varphi(x)|k,\sigma\rangle\neq 0$ であるような離散的な質量スペクトル $m_j^2\ (j=1,2,\cdots)$ が存在するならば，上記の運動量表示での 1 体伝搬関数において，$z=m_1^2, m_2^2,\cdots$ が極をつくることは明らかである．とくに極が 1 個の場合，この極を表わす粒子と場 $\varphi(x)$ との間に 1 対 1 の対応がつくられるため，$\varphi(x)$ はこの粒子の場とよばれる．

Dirac 場の 1 体伝搬関数の Fourier 成分もまったく同様の性質をもつことは(5.43)から明らかであろう．

このようにして，1 体伝搬関数の運動量表示での極は安定な 1 体粒子に対応している．

この節を終える前に，若干の補足的注意を述べておこう．

Dirac 場の 1 体伝搬関数のスペクトル表示を求める際に，空間反転や時間反転で理論が不変であることを仮定した．単に連続的な Lorentz 変換での不変性と $\langle 0|\psi_a(0)\psi_a^\dagger(0)|0\rangle>0$ だけでは，スペクトル表示にさらに γ_5 が現われてくる．また $\langle 0|\psi_a(x_1)\bar{\psi}_b(x_2)|0\rangle$ と $\langle 0|\bar{\psi}_b(x_2)\psi_a(x_1)|0\rangle$ の関係をつけるのに前のような C 不変性は使えないが，CPT 不変性すなわち $\langle 0|\psi_a(x_1)\bar{\psi}_b(x_2)|0\rangle=\langle\tilde{0}|\psi'_a(x_1)\bar{\psi}'_b(x_2)|\tilde{0}\rangle$，$\psi'(x)=i\gamma_5\psi^\tau(-x)$ を利用すればよい．このようにしてつくられたスペクトル表示における γ_5 は，(4.22)で行なったような場の再定義によって，伝搬関数の Fourier 表示での極の部分(極がいくつかあるときはそのうちの任意の 1 つ)からは除くことができる．しかし C および T 不変性がない限り γ_5 を伝搬関数から完全に消去することはできない．

2 個以上の場があるとき，ある種の相互作用を通じてそれらの間で場の**混合**(mixing)ということが起こることがある．簡単のために 2 個の実の Klein-

Gordon 場 $\varphi_j(x)$ $(j=1,2)$ の場合を考えてみよう．

$$\Delta'_{jk}(x_1-x_2) \equiv \langle 0|\mathrm{T}\varphi_j(x_1)\varphi_k(x_2)|0\rangle \tag{5.52}$$

とするとき，$j\neq k$ に対して $\Delta'_{jk}\neq 0$ であるならば，2つの場の間に1体の伝搬関数を通じて関連が生じる．これが場の混合である．$\Delta'_{jk}(x)$ の Fourier 成分（を i で割ったもの）を，(5.51)にならって

$$\int d\kappa^2 \frac{\rho_{jk}(\kappa^2)}{z-\kappa^2+i\epsilon} \tag{5.53}$$

とかこう．いま $z=m_{\mathrm{A}}^2, m_{\mathrm{B}}^2$ において(5.53)が極をもつとするならば

$$(5.53) = \frac{\rho_{jk}^{\mathrm{A}}}{z-m_{\mathrm{A}}^2+i\epsilon}+\frac{\rho_{jk}^{\mathrm{B}}}{z-m_{\mathrm{B}}^2+i\epsilon}+\int_{\mu^2}^{\infty} d\kappa^2 \frac{\rho_{jk}(\kappa^2)}{z-\kappa^2+i\epsilon} \qquad (\mu^2 > m_{\mathrm{A}}^2, m_{\mathrm{B}}^2) \tag{5.54}$$

となる．ここで，質量が $m_{\mathrm{A}}, m_{\mathrm{B}}$ の1粒子状態を $|k;\mathrm{A}\rangle, |k;\mathrm{B}\rangle$ とかこう．もちろんそれぞれのエネルギー運動量は $k_\mu k^\mu+m_{\mathrm{A}}^2=0$ および $k_\mu k^\mu+m_{\mathrm{B}}^2=0$ に従う．このとき

$$C_j^{\mathrm{A}} \equiv \langle 0|\phi_j(0)|k;m_{\mathrm{A}}\rangle, \qquad C_j^{\mathrm{B}} \equiv \langle 0|\phi_j(0)|k;m_{\mathrm{B}}\rangle \tag{5.55}$$

は，理論の Lorentz 不変性により k^μ には依存せず，さらに $|k;m_{\mathrm{A}}\rangle, |k;m_{\mathrm{B}}\rangle$ にかかる位相因子を適当にとれば CPT 定理を用いて，ともに実数となることを示すことができる．したがって，このような実の $C_j^{\mathrm{A}}, C_j^{\mathrm{B}}$ を用いて

$$\rho_{jk}^{\mathrm{A}} = C_j^{\mathrm{A}} C_k^{\mathrm{A}}, \qquad \rho_{jk}^{\mathrm{B}} = C_j^{\mathrm{B}} C_k^{\mathrm{B}} \tag{5.56}$$

とかいてよい．(5.54)のように2つの極が共存するときには，φ_1, φ_2 のいずれも質量 m_{A} または m_{B} の粒子の場ということはできない．しかし

$$C_1^{\mathrm{A}} C_2^{\mathrm{B}} \neq C_1^{\mathrm{B}} C_2^{\mathrm{A}} \tag{5.57}$$

であれば，各粒子に対応した場をつくることができる．このときには

$$\begin{pmatrix} \alpha_1^{\mathrm{A}} & \alpha_2^{\mathrm{A}} \\ \alpha_1^{\mathrm{B}} & \alpha_2^{\mathrm{B}} \end{pmatrix} \begin{pmatrix} C_1^{\mathrm{A}} & C_1^{\mathrm{B}} \\ C_2^{\mathrm{A}} & C_2^{\mathrm{B}} \end{pmatrix} = \begin{pmatrix} 1 & 0 \\ 0 & 1 \end{pmatrix} \tag{5.58}$$

となるような実数 $\alpha_j^{\mathrm{A}}, \alpha_j^{\mathrm{B}}$ $(j=1,2)$ が存在する．そこで

$$\begin{aligned} \varphi_{\mathrm{A}}(x) &\equiv \alpha_1^{\mathrm{A}}\varphi_1(x)+\alpha_2^{\mathrm{A}}\varphi_2(x) \\ \varphi_{\mathrm{B}}(x) &\equiv \alpha_1^{\mathrm{B}}\varphi_1(x)+\alpha_2^{\mathrm{B}}\varphi_2(x) \end{aligned} \tag{5.59}$$

によって場 $\varphi_A(x)$, $\varphi_B(x)$ を定義するとき，(5.58)により

$$\begin{aligned}\langle 0|\varphi_A(0)|k;A\rangle &= \alpha_1^A C_1^A + \alpha_2^A C_2^A = 1\\ \langle 0|\varphi_A(0)|k;B\rangle &= \alpha_1^A C_1^B + \alpha_2^A C_2^B = 0\\ \langle 0|\varphi_B(0)|k;A\rangle &= \alpha_1^B C_1^A + \alpha_2^B C_2^A = 0\\ \langle 0|\varphi_B(0)|k;B\rangle &= \alpha_1^B C_1^B + \alpha_2^B C_2^B = 1\end{aligned} \tag{5.60}$$

を得る．その結果，$\langle 0|T\varphi_A(x_1)\varphi_A(x_2)|0\rangle$, $\langle 0|T\varphi_B(x_1)\varphi_B(x_2)|0\rangle$ の Fourier 成分は，それぞれ $\kappa=m_A^2$ と $\kappa=m_B^2$ に 1 個ずつ極をもち，$\langle 0|T\varphi_A(x_1)\varphi_B(x_2)|0\rangle$, $\langle 0|T\varphi_B(x_1)\varphi_A(x_2)|0\rangle$ の Fourier 成分には極は現われないことになる．すなわち，$\varphi_A(x)$ ($\varphi_B(x)$) は質量 m_A (m_B) の粒子の場ということができる．このように，いくつかの場の 1 次結合をつくって新たに場を再定義し，粒子との 1 対 1 の対応をつけることを **混合相互作用の対角化** という．なおこのときには，$\langle 0|T\varphi_A(x_1)\varphi_B(x_2)|0\rangle$, $\langle 0|T\varphi_B(x_1)\varphi_A(x_2)|0\rangle$ の Fourier 成分は極はもたないが，一般にはゼロにはならず，連続スペクトルをもつ．

われわれはスペクトル表示を求めるにあたって，相対論を前提としたが，もちろん非相対論でもこれを行なうことができる．しかし式の形はあまりきれいではない．

5-3 Bethe-Salpeter 振幅

Klein-Gordon 場 $\varphi(x)$ に対する 1 体伝搬関数をつくる際に用いた $\langle 0|\varphi(x)|k,\sigma\rangle$ のとくに $k_\mu k^\mu+m^2=0$ の場合，すなわち $\langle 0|\varphi(x)|k;m\rangle$ を考えてみよう．(5.24)を用いれば

$$\langle 0|\varphi(x)|k;m\rangle = e^{ik_\mu x^\mu}\langle 0|\varphi(0)|k;m\rangle \qquad (k^0=\sqrt{\boldsymbol{k}^2+m^2})$$

となり，$\langle 0|\varphi(x)|k;m\rangle$ は自由な Klein-Gordon 方程式に従う正エネルギーの解である．同様にして $|k;\lambda,m\rangle$ を質量 m，スピン 1/2 の粒子のエネルギー・運動量 k^μ の 1 粒子状態としよう．ただし λ (＝＋, −) はスピンの向きを指定するパラメーターで，例えばヘリシティとする．このとき Dirac 場 $\psi_a(x)$ に対して $\langle 0|\psi_a(x)|k;\lambda,m\rangle\neq 0$ であれば，この量は自由な質量 m の Dirac 方程

式をみたし，そのエネルギー・運動量が k^{μ} ($k^0=\sqrt{\boldsymbol{k}^2+m^2}$) でヘリシティが λ の振幅であることが分かる．このようにして，たとえ相互作用が存在していても，1体粒子の自由な方程式をこれらの量は満足する．

つぎに，2体の伝搬関数を考えよう．ただし議論を単純にするために，それぞれが質量 $m_{\mathrm{A}}, m_{\mathrm{B}}$ の1体粒子を記述している実場 $\varphi_{\mathrm{A}}(x)$, $\varphi_{\mathrm{B}}(x)$ を扱うこととし，これらからなる2体伝搬関数 $\langle 0|\mathrm{T}\varphi_{\mathrm{A}}(x_1)\varphi_{\mathrm{B}}(x_2)\varphi_{\mathrm{A}}(x_3)\varphi_{\mathrm{B}}(x_4)|0\rangle$ を考えることにする．いま $t_1, t_2>t_3, t_4$ のとき完全系 $|k,\sigma\rangle$ を用いれば，この量は

$$\langle 0|\mathrm{T}\,\varphi_{\mathrm{A}}(x_1)\varphi_{\mathrm{B}}(x_2)\varphi_{\mathrm{A}}(x_3)\varphi_{\mathrm{B}}(x_4)|0\rangle$$
$$=\sum_{\sigma}\int d^4k\,\langle 0|\mathrm{T}\varphi_{\mathrm{A}}(x_1)\varphi_{\mathrm{B}}(x_2)|k,\sigma\rangle\langle k,\sigma|\mathrm{T}\varphi_{\mathrm{A}}(x_3)\varphi_{\mathrm{B}}(x_4)|0\rangle \tag{5.61}$$

と表わされる．ここで，$\langle 0|\mathrm{T}\varphi(x_1)\varphi(x_2)|k;\sigma\rangle\neq 0$ であるような k^{μ} に対し，$k_{\mu}k^{\mu}$ が離散的な値 $-m^2$ をとり，かつ $\langle 0|\varphi(x)|k;\sigma\rangle\neq 0$ となるような場 $\varphi(x)$ が存在しない場合，すなわち $|k;\sigma\rangle$ が1体伝搬関数のスペクトル表示には寄与しない場合には，状態 $|k;\sigma\rangle$ は質量 $m_{\mathrm{A}}, m_{\mathrm{B}}$ の粒子の束縛状態とよばれる．ただし，これがエネルギー的に安定であるためには

$$m_{\mathrm{A}}+m_{\mathrm{B}}>m \tag{5.62}$$

でなければならない．$(m_{\mathrm{A}}+m_{\mathrm{B}})-m$ が結合エネルギーで，いわゆる**質量欠損**(mass defect)を与える．(5.62)は束縛状態に対する**安定条件**(stability condition)とよばれる．$\langle 0|\mathrm{T}\varphi(x_1)\varphi(x_2)|k,\sigma\rangle$ は **Bethe-Salpeter 振幅**，または略して **B-S 振幅**(B-S amplitude)とよばれ，2体の束縛状態の情報はこのなかに含まれている．そうして，これは原理的には Bethe-Salpeter 方程式という相対論的な2体問題の方程式を解くことによって決定される．

B-S 振幅における x_1^{μ}, x_2^{μ} はともに4次元時空間において任意の値をとることのできる変数である．以下，この2変数の代りに，われわれは4次元的な重心座標 X^{μ} と相対座標 x^{μ} を

$$X^{\mu}=\frac{m_{\mathrm{A}}x_1^{\mu}+m_{\mathrm{B}}x_2^{\mu}}{m_{\mathrm{A}}+m_{\mathrm{B}}},\qquad x^{\mu}=x_1^{\mu}-x_2^{\mu} \tag{5.63}$$

で定義して用いることにし，このときの B-S 振幅を $\boldsymbol{\Phi}(X,x)$ とかくことにし

よう．ここには，相対時間 $t=t_1-t_2$ が変数として含まれており，B-S 振幅に対して非相対論的量子力学における2体系の波動関数と同様の確率振幅という意味づけを与えることはできない．相対時間はB-S 振幅を記述するための変数の1つというだけである．空間的な相対座標のような解釈はこれには存在しない．しかし下にみるようにB-S 振幅の振舞いにある種の制約を与えていることが分かる．

$t>0$ とするならば，$\boldsymbol{\Phi}(X,x)$ は

$$\begin{aligned}\boldsymbol{\Phi}(X,x) &= \langle 0|\varphi_{\mathrm{A}}(x_1)\varphi_{\mathrm{B}}(x_2)|k,\sigma\rangle \\ &= \langle 0|\varphi_{\mathrm{A}}(0)e^{iP_\mu(x_1-x_2)^\mu}\varphi_{\mathrm{B}}(0)e^{ik_\mu x_2^\mu}|k,\sigma\rangle \\ &= \langle 0|\varphi_{\mathrm{A}}(0)\exp\left[i\left(P_\mu-\frac{m_{\mathrm{A}}}{m_{\mathrm{A}}+m_{\mathrm{B}}}k_\mu\right)x^\mu\right]\varphi_{\mathrm{B}}(0)|k,\sigma\rangle e^{ik_\mu X^\mu}\end{aligned}$$

とかかれる．ここで P_μ は場のエネルギー・運動量演算子，また $k^0=\sqrt{\boldsymbol{k}^2+m^2}$ である．相対座標への依存性を具体的にみるために，上式右辺の $\varphi_{\mathrm{A}}(0)$ のすぐ右に完全系を挿入しよう．この完全系には，質量 m_{A} の粒子の1体状態 $|k',m_{\mathrm{A}}\rangle$ と，m_{A} より大きい(連続的な)質量スペクトルが寄与するゆえ

$$\begin{aligned}\boldsymbol{\Phi}(0,x) = &\int\frac{d^3\boldsymbol{k}'}{2k'^0}\langle 0|\varphi_{\mathrm{A}}(0)|k';m_{\mathrm{A}}\rangle\langle k';m_{\mathrm{A}}|\varphi_{\mathrm{B}}(0)|k,\sigma\rangle \\ &\times\exp\left[i\left(k'-\frac{m_{\mathrm{A}}}{m_{\mathrm{A}}+m_{\mathrm{B}}}k\right)_\mu x^\mu\right]\Bigg|_{k'^0=\sqrt{\boldsymbol{k}'^2+m_{\mathrm{A}}^2}} \\ &+\sum_{\sigma'}\int_{\mu^2}^{\infty}d\kappa^2\int\frac{d^3\boldsymbol{k}'}{2k'^0}\langle 0|\varphi_{\mathrm{A}}(0)|k',\sigma'\rangle\langle k',\sigma'|\varphi_{\mathrm{B}}(0)|k,\sigma\rangle \\ &\times\exp\left[i\left(k'-\frac{m_{\mathrm{A}}}{m_{\mathrm{A}}+m_{\mathrm{B}}}k\right)_\mu x^\mu\right]\Bigg|_{k'^0=\sqrt{\boldsymbol{k}'^2+\kappa^2}}\end{aligned} \tag{5.64}$$

とかかれる．ただし $\mu^2>m_{\mathrm{A}}^2$．ここで重心系 $\boldsymbol{k}=0$ をとると，相対時間の寄与は，右辺の第1，第2項のそれぞれに現われる指数関数

$$\begin{aligned}&\exp\left[-i\left(\sqrt{\boldsymbol{k}'^2+m_{\mathrm{A}}^2}-\frac{m}{m_{\mathrm{A}}+m_{\mathrm{B}}}m_{\mathrm{A}}\right)t\right] \\ &\exp\left[-i\left(\sqrt{\boldsymbol{k}'^2+\kappa^2}-\frac{m}{m_{\mathrm{A}}+m_{\mathrm{B}}}m_{\mathrm{A}}\right)t\right]\Bigg|_{\kappa>m_{\mathrm{A}}}\end{aligned} \tag{5.65}$$

を介して与えられる．(5.65)から直ちに分かるように，$t\,(>0)$の代りに$te^{-i\theta}$ $(\pi>\theta\geqq 0)$ を用いても(5.64)の積分は存在する．それゆえ$\boldsymbol{\Phi}(0,x)$ $(\equiv\tilde{\boldsymbol{\Phi}}(\boldsymbol{x},t))$を解析接続して，$t\,(>0)$が負の虚軸上に移動した$\tilde{\boldsymbol{\Phi}}(\boldsymbol{x},-it)$をつくることができる．(5.65)の指数部分の丸括弧の中は，安定条件(5.62)のために，いずれも正の量であるからである．したがって$\lim_{t\to\infty}\tilde{\boldsymbol{\Phi}}(\boldsymbol{x},-it)=0$が成り立たねばならない．

$t<0$の場合にも全く同様の議論を行なうことができる．このときのB-S振幅は(5.64)で$\mathrm{A}\rightleftarrows\mathrm{B}$，$x_1^\mu\rightleftarrows x_2^\mu$を行なったものであるから，相対時間の寄与は(5.65)のそれぞれの指数の符号を変えたものになる．tが負であるため，こんどは$\tilde{\boldsymbol{\Phi}}(\boldsymbol{x},t)$の解析接続は$t$を正の虚軸上$-it$に移行した$\tilde{\boldsymbol{\Phi}}(\boldsymbol{x},-it)$を与える．そうして安定条件の結果$\lim_{t\to-\infty}\tilde{\boldsymbol{\Phi}}(\boldsymbol{x},-it)=0$を得る．

以上をまとめると次のようになる．2体の束縛状態の重心系におけるB-S振幅を$\tilde{\boldsymbol{\Phi}}(\boldsymbol{x},t)$とかくとき，図5-1のように，$t$の実軸を時計回りに虚軸上に回転し，$t\to-it$とする解析接続が可能となって

$$\lim_{t\to\pm\infty}\tilde{\boldsymbol{\Phi}}(\boldsymbol{x},-it)=0 \tag{5.66}$$

が成立する．これは相対時刻に対する境界条件である．(5.66)は他の2体の束縛状態のB-S振幅に対してもつねに成り立つもので，Bethe-Salpeter方程式を解く際にこの性質は利用される．

$t\to-it$は$x_\mu x^\mu=\boldsymbol{x}^2-t^2\to\boldsymbol{x}^2+t^2$とするので，しばしばこの変換は$x^\mu$の**Euclid化**とよばれる．

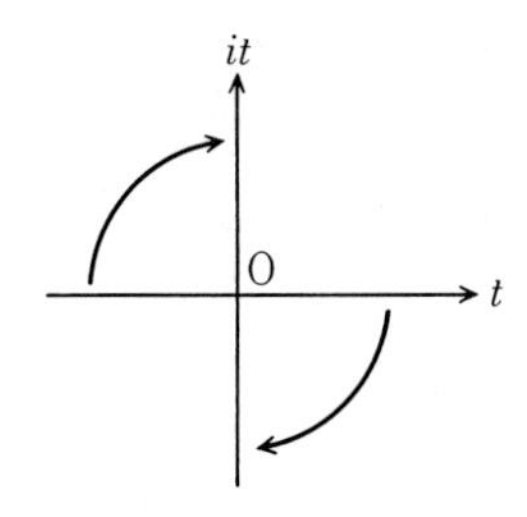

図5-1 時間軸の回転．

5-4 S 行列

Heisenberg 描像で考えよう．すでに述べたように，無限の過去および未来では自由粒子からなる漸近的な世界が実現する．無限の過去のそのような状態に作用する演算子には in をつけて例えば $F_{\rm in}$ とかき，状態ベクトルを $|i,{\rm in}\rangle$ とかくことにする．i は状態の種類を指定するためのラベルである．さて，これから時間が十分に経ち無限の未来の漸近的な世界に達したとき，Heisenberg 描像の結果，状態は $|i,{\rm in}\rangle$ にとどまっているが，演算子 $F_{\rm in}$ は $F_{\rm out}$ に変化して，そこでの自由粒子を記述する．$F_{\rm out}$ を用いて指定される状態を $|f,{\rm out}\rangle$ とかこう．f は漸近的未来での状態を指定するためのラベルである．

いま無限の過去に用意された状態を $|i,{\rm in}\rangle$ としよう．このとき無限の未来での観測の結果として状態が $|f,{\rm out}\rangle$ に遷移する振幅は $\langle f,{\rm out}|i,{\rm in}\rangle$，これを

$$\langle f,{\rm out}|i,{\rm in}\rangle = \langle f,{\rm in}|S|i,{\rm in}\rangle = S_{fi} \tag{5.67}$$

とかき，演算子 S を **S 行列**とよぶ．$|i,{\rm in}\rangle$，$|f,{\rm in}\rangle$ は Fock の空間の完全系をつくるゆえ，S がユニタリーであることは直ちにわかる．また(5.67)より $\langle f,{\rm out}|=\langle f,{\rm in}|S$，したがって

$$|f,{\rm in}\rangle = S|f,{\rm out}\rangle \tag{5.68}$$

さらに，$F_{\rm in}|f,{\rm in}\rangle=SF_{\rm out}|f,{\rm out}\rangle$ より

$$F_{\rm out} = S^{-1}F_{\rm in}S \tag{5.69}$$

が導かれる．エネルギー・運動量のような(Wigner 相での)保存量は，もちろん $P^\mu_{\rm out}=P^\mu_{\rm in}$ である．したがって真空 $|0\rangle$ や安定な 1 粒子状態は，無限の過去および未来において同一の状態ベクトルを用いて記述される．

いま簡単のために質量が μ^2 の Klein-Gordon 場 $\varphi(x)$ からなる系を考えよう．$\varphi(x)$ は $t\to-\infty$ で $Z^{1/2}\varphi_{\rm in}(x)$ に，また $t\to\infty$ で $Z^{1/2}\varphi_{\rm out}(x)$ に弱収束するとする．ここで Z は規格化のための定数である．$\varphi_{\rm in}$，$\varphi_{\rm out}$ はそれぞれ過去，未来での漸近的世界で質量 μ^2 の自由場であることはいうまでもない．そこで

(2.108)の $f_{\boldsymbol{k}}^{(\pm)}(x)$ を用いて，漸近的世界の場は

$$\varphi_{\text{out/in}}(x) = \sum_{\boldsymbol{k}}(f_{\boldsymbol{k}}^{(+)}(x)a_{\text{out/in}}(\boldsymbol{k})+f_{\boldsymbol{k}}^{(-)}(x)a_{\text{out/in}}^{\dagger}(\boldsymbol{k})) \tag{5.70}$$

と展開される．(5.70)における添字 out/in は，本来は添字 out あるいは in として別々に書くべきところをまとめて記したものである．したがって(5.70)は添字 out のみをもつ式，in のみをもつ式の2つの式を表わしている．以下も同様である．このとき，もちろん

$$[a_{\text{out/in}}(\boldsymbol{k}), a_{\text{out/in}}^{\dagger}(\boldsymbol{k}')] = \delta_{\boldsymbol{k}\boldsymbol{k}'}, \qquad [a_{\text{out/in}}(\boldsymbol{k}), a_{\text{out/in}}(\boldsymbol{k}')] = 0$$

である．$f_{\boldsymbol{k}}^{(\pm)}(x)$ は Klein-Gordon の方程式

$$(\Box-\mu^2)f_{\boldsymbol{k}}^{(\pm)}(x) = 0 \tag{5.71}$$

に従う．いま $g(x)$, $f(x)$ に対して

$$(g,f) \equiv \frac{1}{i}\int d^3\boldsymbol{x}\left(\frac{\partial g^*(x)}{\partial t}f(x)-g^*(x)\frac{\partial f(x)}{\partial t}\right) \tag{5.72}$$

とすると，

$$(f_{\boldsymbol{k}}^{(\pm)}, f_{\boldsymbol{k}'}^{(\pm)}) = \pm\delta_{\boldsymbol{k}\boldsymbol{k}'}, \qquad (f_{\boldsymbol{k}}^{(\pm)}, f_{\boldsymbol{k}'}^{(\mp)}) = 0 \tag{5.73}$$

が成り立つ．そうして $t\to\pm\infty$ での $\varphi(x)\to Z^{1/2}\varphi_{\text{out/in}}(x)$ という弱収束は

$$\begin{aligned}(f_{\boldsymbol{k}}^{(+)}, \varphi) &\underset{t\to\pm\infty}{\longrightarrow} Z^{1/2}(f_{\boldsymbol{k}}^{(+)}, \varphi_{\text{out/in}}) = Z^{1/2}a_{\text{out/in}}(\boldsymbol{k}) \\ (f_{\boldsymbol{k}}^{(-)}, \varphi) &\underset{t\to\pm\infty}{\longrightarrow} Z^{1/2}(f_{\boldsymbol{k}}^{(-)}, \varphi_{\text{out/in}}) = -Z^{1/2}a_{\text{out/in}}^{\dagger}(\boldsymbol{k})\end{aligned} \tag{5.74}$$

とかかれる．うるさくいえば $f_{\boldsymbol{k}}^{(\pm)}(x)$ は空間的には無限に広がっているので，実は適当な関数 $\lambda(\boldsymbol{k})$ を用いてつくられた波束 $f_{\lambda}^{(\pm)}(x)=\int d^3\boldsymbol{k}\,\lambda(\boldsymbol{k})f_{\boldsymbol{k}}^{(\pm)}(x)$ を使う必要がある．ここで $f_{\lambda}^{(\pm)}(x)\underset{|\boldsymbol{x}|\to\infty}{\longrightarrow}0$ である．このとき，エネルギー・運動量の固有値が p^{μ} の状態を $|p\rangle$ とかくならば，$\langle p|(f_{\lambda}^{(+)}, \varphi)|p'\rangle$ は $t\to\pm\infty$ においては $(p-p')^2=-\mu^2$ となる場合のみが，Riemann-Lebesgue の定理によりゼロでないことが分かる．すなわち，p'^{μ} から p^{μ} へのエネルギー・運動量移行 $q^{\mu}=p^{\mu}-p'^{\mu}$ が質量殻上にあるときにのみゼロでない寄与をもたらす．実は，これが(5.74)の弱極限の意味である．なお煩わしいので，以下では上のような波束の表示は用いないが，$\boldsymbol{x}$-積分の部分積分を行なうときは $f_{\boldsymbol{k}}(x)$ は $|x|\to\infty$

であたかもゼロであるかのようにみなし，表面積分の寄与はないものとする．

ここで，つぎの積分を考えてみよう．

$$\int d^4x\, f_{\boldsymbol{k}}^{(+)*}(x)(\Box_x-\mu^2)\mathrm{T}(\varphi(x)\varphi(y)\cdots\varphi(z))$$
$$=\int d^4x\left(\frac{\partial^2 f_{\boldsymbol{k}}^{(+)*}(x)}{\partial t_x^2}-f_{\boldsymbol{k}}^{(+)*}(x)\frac{\partial^2}{\partial t_x^2}\right)\mathrm{T}(\varphi(x)\varphi(y)\cdots\varphi(z)) \quad (5.75)$$

ただし t_x は x の時間成分であって，右辺は左辺の $\Box_x\equiv\Delta_x-\partial^2/\partial t_x^2$ に現われる Δ_x を部分積分して $f_{\boldsymbol{k}}^{(+)*}(x)$ に作用させ，(5.71)を用いてかき替えたものである．これより直ちに

$$(5.75)=\int d^4x\frac{\partial}{\partial t_x}\{\dot{f}_{\boldsymbol{k}}^{(+)*}(x)\mathrm{T}(\varphi(x)\varphi(y)\cdots\varphi(z))$$
$$-f_{\boldsymbol{k}}^{(+)*}(x)\mathrm{T}(\dot{\varphi}(x)\varphi(y)\cdots\varphi(z))\}$$
$$=\int d^3\boldsymbol{x}\,\{\dot{f}_{\boldsymbol{k}}^{(+)*}(x)\mathrm{T}(\varphi(x)\varphi(y)\cdots\varphi(z))$$
$$-f_{\boldsymbol{k}}^{(+)*}(x)\mathrm{T}(\dot{\varphi}(x)\varphi(y)\cdots\varphi(z))\}\Big|_{t_x=-\infty}^{t_x=\infty}$$
$$=i\left\{(f_{\boldsymbol{k}}^{(+)},\varphi)\Big|_{t_x=\infty}\mathrm{T}(\varphi(y)\cdots\varphi(z))-\mathrm{T}(\varphi(y)\cdots\varphi(z))(f_{\boldsymbol{k}}^{(+)},\varphi)\Big|_{t_x=-\infty}\right\}$$
$$=iZ^{1/2}\{a_{\mathrm{out}}(k)\mathrm{T}(\varphi(y)\cdots\varphi(z))-\mathrm{T}(\varphi(y)\cdots\varphi(z))a_{\mathrm{in}}(k)\} \quad (5.76)$$

を得る．(5.75)の右辺を上式第1式に変形する際には，$\varphi(x)$ と $\varphi(x')$ は同時刻 $t_x=t_{x'}$ のとき可換であることを用いた．

同様にして，われわれは

$$\int d^4x\, f_{\boldsymbol{k}}^{(-)*}(x)(\Box_x-\mu^2)\mathrm{T}(\varphi(x)\varphi(y)\cdots\varphi(z))$$
$$=-iZ^{1/2}\{a_{\mathrm{out}}^{\dagger}(k)\mathrm{T}(\varphi(y)\cdots\varphi(z))-\mathrm{T}(\varphi(y)\cdots\varphi(z))a_{\mathrm{in}}^{\dagger}(k)\} \quad (5.77)$$

を導くことができる．それゆえ，(5.75)の真空期待値をとると

$$\int d^4x\, f_{\boldsymbol{k}}^{(+)*}(x)(\Box_x-\mu^2)\langle 0|\mathrm{T}(\varphi(x)\varphi(y)\cdots\varphi(z))|0\rangle$$
$$=iZ^{1/2}\langle k,\mathrm{out}|\mathrm{T}(\varphi(y)\cdots\varphi(z))|0\rangle \quad (5.78)$$

となる．ここで $|k,\mathrm{out}\rangle=a_{\mathrm{out}}^{\dagger}(k)|0\rangle$ である．

また，$|k,\mathrm{in}\rangle = a_{\mathrm{in}}^{\dagger}(k)|0\rangle$ とかくと*，(5.77)より

$$\int d^4x\, f_{\boldsymbol{k}}^{(-)*}(x)(\Box_x-\mu^2)\langle 0|\mathrm{T}(\varphi(x)\varphi(y)\cdots\varphi(z))|0\rangle$$
$$= iZ^{1/2}\langle 0|\mathrm{T}(\varphi(y)\cdots\varphi(z))|k,\mathrm{in}\rangle \qquad (5.79)$$

である．いま

$$|k_1,k_2,\cdots,k_j,\mathrm{out/in}\rangle = a^{\dagger}_{\mathrm{out/in}}(k_1)a^{\dagger}_{\mathrm{out/in}}(k_2)\cdots a^{\dagger}_{\mathrm{out/in}}(k_j)|0\rangle \qquad (5.80)$$

とするとき，上の議論をくり返し用いることによって

$$\langle k_1,k_2,\cdots,k_r,\mathrm{in}|S|k_{r+1},k_{r+2},\cdots,k_n,\mathrm{in}\rangle$$
$$= \langle k_1,k_2,\cdots,k_r,\mathrm{out}|k_{r+1},k_{r+2},\cdots,k_n,\mathrm{in}\rangle$$
$$= (-i)^n Z^{-n/2}\iint \prod_{j=1}^{n} d^4x_j \prod_{l=1}^{r} f_{k_l}^{(+)*}(x_l)\prod_{m=r+1}^{n} f_{k_m}^{(-)*}(x_m)$$
$$\times \prod_{j=1}^{n}(\Box_{x_j}-\mu^2)\langle 0|\mathrm{T}(\varphi(x_1)\varphi(x_2)\cdots\varphi(x_n))|0\rangle \qquad (5.81)$$

が導かれることは容易に分かる．ただし，簡単のために $\boldsymbol{k}_l \neq \boldsymbol{k}_m$ ($l=1,2,\cdots,r$; $m=r+1,r+2,\cdots,n$) とした．ある $\boldsymbol{k}_l$ がたまたま $\boldsymbol{k}_m$ と一致する場合をも含めて同様の議論により式をかき下すことは不可能ではないが，例えば(5.81)が $k_1,k_2,\cdots,k_r \to k_{r+1},k_{r+2},\cdots,k_n$ の散乱を表わすときすべての k_l がこの散乱に関与するならば，$\boldsymbol{k}_l=\boldsymbol{k}_m$ からの寄与は他にくらべて無視することができる．

Dirac 場 $\psi(x)$ に対しても同様に議論ができる．(2.70)の $u_r(\boldsymbol{k})$, $v_r(\boldsymbol{k})$ を用いて

$$\begin{aligned} u_r(\boldsymbol{k},x) &= \frac{1}{\sqrt{V}}u_r(\boldsymbol{k})e^{i(\boldsymbol{kx}-\omega_k t)} \\ v_r(\boldsymbol{k},x) &= \frac{1}{\sqrt{V}}v_r(\boldsymbol{k})e^{-i(\boldsymbol{kx}-\omega_k t)} \end{aligned} \qquad (r=1,2) \qquad (5.82)$$

とかこう．ただしここで $\omega_k=\sqrt{\boldsymbol{k}^2+m^2}$ で，m は $\psi(x)$ に対応して漸近的な世界に現われる自由な Dirac 粒子の質量である．それゆえ，弱収束の意味で

* 1粒子状態については，すでに述べたように $|k,\mathrm{in}\rangle=|k,\mathrm{out}\rangle$ であるが，便宜上ここではこのようにかいた．

$$\int d^3\boldsymbol{x}\, u_r^*(\boldsymbol{k},x)\psi(x) \underset{t\to\pm\infty}{\longrightarrow} Z_2^{1/2} a_{\text{out/in},r}(\boldsymbol{k})$$
$$\int d^3\boldsymbol{x}\, v_r^*(\boldsymbol{k},x)\psi(x) \underset{t\to\pm\infty}{\longrightarrow} Z_2^{1/2} b^\dagger_{\text{out/in},r}(\boldsymbol{k}) \tag{5.83}$$

なる関係，およびこれと Hermite 共役な式が成り立つ．いうまでもなく，$a_{\text{out/in},r}(\boldsymbol{k})$，$b_{\text{out/in},r}(\boldsymbol{k})$ は漸近的世界での粒子，反粒子の消滅演算子，また $Z_2^{1/2}$ は規格化の定数である．$u_r(\boldsymbol{k},x)$ および $v_r(\boldsymbol{k},x)$ が自由な Dirac 方程式，$(\gamma^\mu\partial_\mu+m)u_r(\boldsymbol{k},x)=(\gamma^\mu\partial_\mu+m)v_r(\boldsymbol{k},x)=0$ をみたすことを考慮すれば，若干の計算ののち

$$\int d^4x\, \bar{u}_r(\boldsymbol{k},x)(\gamma^\mu\partial_\mu+m)\mathrm{T}(\psi(x)\cdots)$$
$$= -iZ_2^{1/2}\{a_{\text{out},r}(\boldsymbol{k})\mathrm{T}(\cdots)-\epsilon\,\mathrm{T}(\cdots)a_{\text{in},r}(\boldsymbol{k})\}$$
$$\int d^4x\, \bar{v}_r(\boldsymbol{k},x)(\gamma^\mu\partial_\mu+m)\mathrm{T}(\psi(x)\cdots)$$
$$= -iZ_2^{1/2}\{b^\dagger_{\text{out},r}(\boldsymbol{k})\mathrm{T}(\cdots)-\epsilon\,\mathrm{T}(\cdots)b^\dagger_{\text{in},r}(\boldsymbol{k})\} \tag{5.84}$$

が得られる．ここで … は場の積，ϵ は

$$\mathrm{T}(\psi(x)\cdots) = \epsilon\,\mathrm{T}(\cdots\psi(x)) \tag{5.85}$$

なる符号因子である．同じようにして

$$\int d^4x\, \mathrm{T}(\cdots\bar{\psi}(x))(\gamma^\mu\overleftarrow{\partial}_\mu-m)u_r(\boldsymbol{k},x)$$
$$= -iZ_2^{1/2}\{\epsilon\, a^\dagger_{\text{out},r}(\boldsymbol{k})\mathrm{T}(\cdots)-\mathrm{T}(\cdots)a^\dagger_{\text{in},r}(\boldsymbol{k})\}$$
$$\int d^4x\, \mathrm{T}(\cdots\bar{\psi}(x))(\gamma^\mu\overleftarrow{\partial}_\mu-m)v_r(\boldsymbol{k},x)$$
$$= -iZ_2^{1/2}\{\epsilon\, b_{\text{out},r}(\boldsymbol{k})\mathrm{T}(\cdots)-\mathrm{T}(\cdots)b_{\text{in},r}(\boldsymbol{k})\} \tag{5.86}$$

以上のように Dirac 場の場合の(5.83)，(5.82)は Klein-Gordon 場における $\Box-\mu^2$ を $\gamma^\mu\partial_\mu+m$ または $\gamma^\mu\overleftarrow{\partial}_\mu-m$ でおきかえ，$f_{\boldsymbol{k}}^{(\pm)}(x)$ に対応して $u_r(\boldsymbol{k},x)$，$v_r(\boldsymbol{k},x)$ を用い，係数についての若干の配慮をすることによって与えられることがわかる．すなわちこの場合もまた，S 行列の要素は Dirac 場の T 積の真

空期待値で表わされる．いうまでもなく，いくつかの場が共存するときには，それらの場の T 積の真空期待値が用いられる．その一般式は長くなり煩わしいので，ここでは例えば，エネルギー・運動量 p_1^μ，スピンの向き r_1 の Dirac 粒子（これを (p_1, r_1) とかく）と Klein-Gordon 粒子 k_1^μ の状態 $|(p_1, r_1), k_1, \mathrm{in}\rangle$ が相互作用をして，(p_2^μ, r_2) なる Dirac 粒子と k_2^μ なる Klein-Gordon 粒子からなる $|(p_2, r_2), k_2, \mathrm{out}\rangle$ に遷移する S 行列要素は

$$
\begin{aligned}
&\langle(p_2, r_2), k_2, \mathrm{out}|(p_1, r_1), k_1, \mathrm{in}\rangle = \delta_{\boldsymbol{k}_1\boldsymbol{k}_2}\delta_{\boldsymbol{p}_1\boldsymbol{p}_2} \\
&\quad -Z^{-1}Z_2^{-1}\sum_{a,b}\int d^4x_1 d^4x_2 d^4y_1 d^4y_2\, f_{\boldsymbol{k}_2}^{(+)*}(x_2) f_{\boldsymbol{k}_1}^{(-)*}(x_1)(\Box_{x_1}-\mu^2)(\Box_{x_2}-\mu^2) \\
&\quad \times\left[\bar{u}_{r_2}(\boldsymbol{k}_2, y_2)\left(\gamma^\mu\frac{\partial}{\partial y_2^\mu}+m\right)\right]_a \langle 0|\mathrm{T}(\psi_a(y_2)\bar{\psi}_b(y_1)\varphi(x_2)\varphi(x_1))|0\rangle \\
&\quad \times\left[\left(\gamma^\mu\frac{\overleftarrow{\partial}}{\partial y_1^\mu}-m\right)u_{r_1}(\boldsymbol{k}_1, y_1)\right]_b \qquad (k_1 \neq k_2,\ p_1 \neq p_2)
\end{aligned}
\tag{5.87}
$$

で与えられる．ここで下付きの添字 a, b は Dirac スピノールの成分を指す．さきに述べたエネルギー・運動量の保存から $p_2^\mu + k_2^\mu = p_1^\mu + k_1^\mu$ 以外では上式はゼロとなる．

最後に，ここに用いられた Z は(5.33)の Z と，また Z_2 は(5.50)の Z' と同じものである．これは演習として読者に確かめてもらうことにしよう．

対称性の自発的破れ

第2章では系が Wigner 相にある場合の対称性を扱った．この章では，場の量子論に特有の性質として系が「破れの相」にある場合を考察する．

6-1　予備的な考察

Lagrange 関数密度 $L(x)$ が下のかたちの複素スカラー場 $\varphi(x)$ からなる系を考えよう．

$$\begin{aligned} L(x) &= -\left[\partial_\mu\varphi^\dagger(x)\partial^\mu\varphi(x)-\frac{\kappa^2}{2}\varphi^\dagger(x)\varphi(x)+\frac{\lambda}{2}(\varphi^\dagger(x)\varphi(x))^2\right] \\ &= -\frac{1}{2}\sum_{j=1,2}\left[\partial_\mu\varphi_j(x)\partial^\mu\varphi_j(x)-\frac{\kappa^2}{2}\varphi_j^2(x)\right]-\frac{\lambda}{8}\Big(\sum_{j=1,2}\varphi_j^2(x)\Big)^2 \end{aligned}$$
$$(\lambda, \kappa>0) \qquad (6.1)$$

ここで $\varphi(x)=(\varphi_1(x)+i\varphi_2(x))/\sqrt{2}$ で，$\varphi_j(x)$ $(j=1,2)$ は実場である．(6.1) は θ を連続パラメーターとする位相変換 $\varphi(x)\to e^{-i\theta}\varphi(x)$ で不変，あるいは $\varphi_j(x)$ でかけば

$$\varphi_1(x) \to \cos\theta\cdot\varphi_1(x)+\sin\theta\cdot\varphi_2(x), \qquad \varphi_2(x) \to -\sin\theta\cdot\varphi_1(x)+\cos\theta\cdot\varphi_2(x) \qquad (6.2)$$

なる変換で不変であり，したがって Noether カレント

$$j^{\mu}(x) = \frac{1}{2}[\{\partial^{\mu}\varphi_1(x), \varphi_2(x)\} - \{\varphi_1(x), \partial^{\mu}\varphi_2(x)\}] \tag{6.3}$$

が保存する．すなわち $\partial_{\mu}j^{\mu}(x)=0$．ところで，このときの Noether 電荷 $I=\int d^3\boldsymbol{x}\,j^0(x)$ に対して(3.62)を満足するような真空 $|0\rangle$ が存在すると仮定できるであろうか．まず大まかな見通しを得るために，$\varphi(x)$ が古典場の場合を考えてみよう．(6.1)から系のエネルギー密度は

$$H(x) = \frac{1}{2}\sum_j(\dot{\varphi}_j^2(x)+\nabla\varphi_j\cdot\nabla\varphi_j)-\frac{\kappa^2}{4}\sum_j\varphi_j^2(x)+\frac{\lambda}{8}\Big(\sum_j\varphi_j^2(x)\Big)^2 \tag{6.4}$$

となる．ここで右辺の括弧の中の第1項は運動エネルギー，第2項は運動方向とは逆向きの力を与える項で，その最小値はともにゼロとなり，このとき φ_j は x^{μ} には依存しなくなる．また第2, 第3項をまとめて V とかけば，これはポテンシャルエネルギーに相当するもので

$$V = -\frac{\kappa^2}{4}\sum_j\varphi_j^2(x)+\frac{\lambda}{8}\Big(\sum_j\varphi_j^2(x)\Big)^2 \tag{6.5}$$

である．これを図示すると(図6-1)，その極小値は $\varphi_1^2+\varphi_2^2=\kappa^2/\lambda$ なる円上で与えられる．すなわち，図の破線で示した谷の部分で，その中の任意の1点を $\varphi_j(0)$ が占めたときにエネルギーは最低になる．この谷底の各点はいずれも安定な平衡点で，ここに静止した状態に外部からエネルギーが供給されると φ_j は x に依存するようになり，(6.4)の括弧内第1項の運動エネルギーが励起されるとともに，この運動を逆方向に押し返そうとする力が第2項から働き，これとポテンシャルエネルギー(6.5)が相まって，平衡点の近傍に振動運動が発生する．

振動は，ポテンシャルの谷のつくる円の中心と平衡点とを結ぶ直線に沿った成分，および平衡点を通りこの直線に直交する成分の2つの部分に分けて考えることができる．簡単のために，平衡点がちょうどその上に位置するように φ_2 軸を選ぼう(図6-2)．このとき振動運動にともなう平衡点からのずれは，

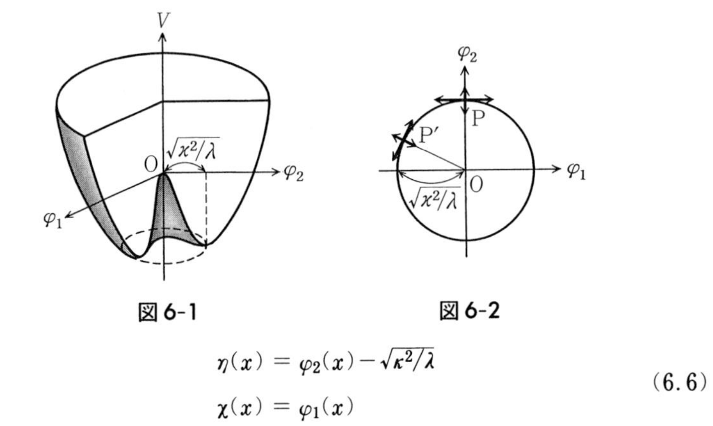

図 6-1　　図 6-2

$$\begin{aligned} \eta(x) &= \varphi_2(x) - \sqrt{\kappa^2/\lambda} \\ \chi(x) &= \varphi_1(x) \end{aligned} \tag{6.6}$$

と表わされる．(6.1)の $L(x)$ を η, χ を用いてかきかえると

$$\begin{aligned} L(x) = &-\frac{1}{2}\partial_\mu\chi(x)\partial^\mu\chi(x) - \frac{1}{2}\{\partial_\mu\eta(x)\partial^\mu\eta(x) + \kappa^2\eta^2(x)\} + \frac{\kappa^4}{8\lambda} \\ &-\frac{\lambda}{8}(\eta^2(x)+\chi^2(x))^2 - \frac{\sqrt{\lambda}\kappa^2}{2}\eta(x)(\eta^2(x)+\chi^2(x)) \end{aligned} \tag{6.7}$$

を得る．この式の第2行を相互作用項とみなすと，第1行から $\eta(x)$ が有限質量の場を表わすのに対して，$\chi(x)$ は質量ゼロを記述していることが分かる．もちろんこれは古典場での議論であり，また相互作用の質量値への影響も場の量子論では無視できないが，次節で示すように質量ゼロの粒子の出現は実はこの種の理論の一般的な帰結なのである．

しかし，その前に，変換(6.2)のもとでの対称性について触れておこう．$\eta=\chi=0$ では場 φ は平衡点Pに静止していて(図 6-2)，エネルギーが最低となる．場の量子論では，このような状態に対応するのは真空で，そこでは

$$\langle 0|\eta(x)|0\rangle = \langle 0|\chi(x)|0\rangle = 0 \tag{6.8}$$

であると考えられる．しかし，古典論での最低エネルギーはポテンシャルの谷底のどの点(たとえば図 6-2 の P′)でもよく，それらはすべて平衡点になり得る．そうしてこのような点は互いに対称性の変換(6.2)によって結ばれている．いいかえれば，(6.2)はこの場合，真空を別の真空に移行させる変換で，出発点にとった真空を不変にしていない．すなわち，系は Wigner 相にあること

が許されず，破れの相に属することになる．実はこのときの質量ゼロの粒子は，このような破れの相の出現にともなうもので，この可能性は南部とGoldstoneによってはじめて指摘され，この粒子は**南部-Goldstoneの粒子**(Nambu-Goldstone particle)とよばれている．

6-2 南部-Goldstoneの定理

前節の半古典的な議論を場の量子論の立場から一般的に考えてみよう．Lagrange関数が場の無限小変換で不変のとき導かれるNoetherカレントを$j^\mu(x)$とかけば，保存則

$$\partial_\mu j^\mu(x) = 0 \tag{6.9}$$

が成立する．このとき，Noether電荷$I=\int d^3\boldsymbol{x}\, j^0(x)$が，いま扱っているHilbert空間上での演算子であれば，これを用いて選択則が導かれることは，すでに述べた．すなわち系がWigner相にある場合である．しかし，次のようなことが生ずると演算子としてのIが定義不可能となる．いま$F(x)$は局所的な量，すなわちx点における場およびそこでの場に関する有限階の微分可能な関数で，しかも連続的なLorentz変換のもとではスカラーとして変換するとしよう．$j^\mu(x)$も$F(x)$も場の関数としての演算子であってHilbert空間上で定義されており，したがって

$$W^\mu(x-y) \equiv \langle 0|[j^\mu(x), F(y)]|0\rangle \tag{6.10}$$

が存在し，$(x-y)^\mu$が空間的な場合には場の交換関係によりゼロ，すなわち

$$W^\mu(x-y) = 0 \qquad ((x-y)^2>0) \tag{6.11}$$

である．ここで，ある適当なFを用いるとき，$x^\mu=y^\mu$からの寄与が生じて

$$\int d^3\boldsymbol{x}\, W^0(x-y)\Big|_{x^0=y^0} \neq 0 \tag{6.12}$$

であったとしよう．ところで，もしNoether電荷Iが存在するならば，(6.12)の左辺は$\langle 0|[I, F(y)]|0\rangle$とかけ，しかも$I$は$|0\rangle$を固有状態とすることからこの量はゼロでなければならない．したがって(6.11)が成立するようなFが

存在する場合には，Noether 電荷の存在は許されない．つまり，Noether カレントは保存則に従うにもかかわらず，保存量としての Noether 電荷が定義できず，系は Wigner 相ではなくなるわけである．

このときの $W^{\mu}(x-y)$ の振舞いをみるために，完全系 $|k,\sigma\rangle$ を $j^{\mu}(x), F(y)$ の間に挿入してスペクトル表示をつくってみよう．ただし $F(y)$ は Hermite 演算子の場合を考えれば十分である．実際，そうでなければ $F(y)$ を実部と虚部に分けて同様に扱えばよい．さて(5.22)を用いれば(5.27)を導いたのと同様にして

$$
\begin{aligned}
&\langle 0|j^{\mu}(x)F(y)|0\rangle \\
&= \frac{1}{(2\pi)^3}\sum_{\sigma}\int d^4k\, \langle 0|j^{\mu}(0)|k,\sigma\rangle\langle k,\sigma|F(0)|0\rangle e^{ik_{\mu}(x-y)^{\mu}} \\
&= \frac{1}{(2\pi)^3}\int_0^{\infty} d\kappa^2 \int_{-\infty}^{\infty}\frac{d^3\boldsymbol{k}}{2k^0}\, k^{\mu}(a(\kappa^2)+ib(\kappa^2))e^{ik_{\mu}(x-y)^{\mu}}\Big|_{k^0=\sqrt{\boldsymbol{k}^2+\mu^2}}
\end{aligned} \tag{6.13}
$$

を得る．ただし Lorentz 不変性から

$$
\begin{aligned}
&\sum_{\sigma}\langle 0|j^{\mu}(0)|k,\sigma\rangle\langle k,\sigma|F(0)|0\rangle \\
&\quad = k^{\mu}(a(-k_{\mu}k^{\mu})+ib(-k_{\mu}k^{\mu}))
\end{aligned} \tag{6.14}
$$

とかいた．ここで a, b はともに実関数である．(6.13)とその複素共役との差をつくると

$$
\begin{aligned}
&\langle 0|[j^{\mu}(x), F(y)]|0\rangle \\
&= \frac{1}{(2\pi)^3}\int_0^{\infty} d\kappa^2\, a(\kappa^2)\int_{-\infty}^{\infty} d^3\boldsymbol{k}\,\frac{k^{\mu}}{2k^0}(e^{ik_{\mu}(x-y)^{\mu}}-e^{-ik_{\mu}(x-y)^{\mu}})\Big|_{k^0=\sqrt{\boldsymbol{k}^2+\mu^2}} \\
&\quad +\frac{i}{(2\pi)^3}\int_0^{\infty} d\kappa^2\, b(\kappa^2)\int_{-\infty}^{\infty} d^3\boldsymbol{k}\,\frac{k^{\mu}}{2k^0}(e^{ik_{\mu}(x-y)^{\mu}}+e^{-ik_{\mu}(x-y)^{\mu}})\Big|_{k^0=\sqrt{\boldsymbol{k}^2+\mu^2}} \\
&= \frac{1}{(2\pi)^3}\int_0^{\infty} d\kappa^2\, a(\kappa^2)\int_{-\infty}^{\infty} d^4k\, k^{\mu}\delta(k_{\mu}k^{\mu}+\kappa^2)e^{ik_{\mu}(x-y)^{\mu}} \\
&\quad +\frac{i}{(2\pi)^3}\int_0^{\infty} d\kappa^2\, b(\kappa^2)\int_{-\infty}^{\infty} d^4k\, k^{\mu}\epsilon(k^0)\delta(k_{\mu}k^{\mu}+\kappa^2)e^{ik_{\mu}(x-y)^{\mu}}
\end{aligned}
$$

$$= -i\frac{\partial}{\partial x_\mu}\int_0^\infty d\kappa^2\, a(\kappa^2)\Delta^{(1)}(x-y,\kappa^2)+i\frac{\partial}{\partial x_\mu}\int_0^\infty d\kappa^2\, b(\kappa^2)\Delta(x-y,\kappa^2) \tag{6.15}$$

となる．ここで $\Delta^{(1)}(x,\kappa^2)$, $\Delta(x,\kappa^2)$ は(2.97), (2.93)の $\Delta^{(1)}(x)$, $\Delta(x)$ における m^2 を κ^2 でおきかえたものである．その定義から分かるように，$\partial^\mu\Delta^{(1)}(x,\kappa^2)$ は空間的な x^μ ($x^\mu x_\mu>0$)に対して恒等的にゼロになることはないので，(6.11)より

$$a(\kappa^2) = 0 \tag{6.16}$$

でなければならない．これを(6.15)に用い，(6.12)を計算すると，(2.95)の第3式により

$$\int d^3\boldsymbol{x}\; W^0(x-y)\Big|_{x^0=y^0} = -i\int_0^\infty d\kappa^2\, b(\kappa^2) \neq 0 \tag{6.17}$$

すなわち，ある κ^2 の値に対して $b(\kappa^2)\neq 0$ でなければならない．

他方 $\partial W^\mu(x-y)/\partial x^\mu$ を計算すると，(6.9), (6.10)によりゼロ，そうしてこれは(6.15)の右辺に $\partial/\partial x^\mu$ を作用させたものに他ならないから，結局

$$\int_0^\infty d\kappa^2\, \kappa^2 b(\kappa^2)\Delta(x-y,\kappa^2) = 0 \tag{6.18}$$

が導かれる．ここで $(\Box_x-\kappa^2)\Delta(x-y,\kappa^2)=0$ を使った．ただし $\Box_x\equiv\partial^2/\partial x^\mu\partial x_\mu$ とする．(6.18)は任意の $x-y$ に対して成り立つので，両辺に $\partial/\partial x^0\cdot\Box_x^n$ ($n=0,1,2,\cdots$) を作用させ $x^0=y^0$ とおいてから，$\boldsymbol{x}$ について全空間にわたって積分すれば

$$\int_0^\infty d\kappa^2\, \kappa^{2(n+1)} b(\kappa^2) = 0 \qquad (n=0,1,2,\cdots) \tag{6.19}$$

が得られる．したがって任意の κ^2 に対して

$$\kappa^2 b(\kappa^2) = 0 \tag{6.20}$$

が成り立たねばならない．このとき，$\kappa^2\neq 0$ であれば $b(\kappa^2)=0$ であるから，$b(\kappa^2)$ は $\kappa^2=0$ の点において，(6.17)の κ^2-積分にみるような有限の寄与をすることになる．それゆえ c ($\neq 0$)を適当な定数として $b(\kappa^2)=c\delta(\kappa^2)$ とかくこと

ができて，

$$W^{\mu}(x-y) = ic\frac{\partial}{\partial x_{\mu}}\Delta(x-y,\kappa^2)\Big|_{\kappa^2=0} \tag{6.21}$$

となる．いいかえれば，系が Wigner 相にないときには，$k_{\mu}k^{\mu}=0$，すなわち質量ゼロの粒子が出現して，それが $W^{\mu}(x-y)$ のスペクトル表示に寄与して(6.12)を成立させている．この粒子こそ南部-Goldstone の粒子に他ならない．(6.9)が成立していても Noether 電荷が定義できず，(6.12)をみたす $F(x)$ が存在するとき，Noether カレント $j^{\mu}(x)$ を導いた対称性は，**自発的に破れている**(spontaneously breaking)という．南部-Goldstone 粒子は，このような対称性の自発的破れにともない必然的に出現する粒子である．この結果は，**南部-Goldstone の定理**とよばれる．

6-3 補足的な考察

6-1 節に述べた半古典的な扱いを上の議論から眺めてみよう．

保存カレント(6.3)に対し，(6.10)の $F(y)$ として $\varphi_1(y)$ を用いると(6.12)の右辺は

$$\int d^3\boldsymbol{x}\,\langle 0|[j^0(x),\varphi_1(y)]|0\rangle\Big|_{x^0=y^0} = i\langle 0|\varphi_2(y)|0\rangle \tag{6.22}$$

となる．ここで，場 $\varphi_j(x)$ に対する正準交換関係を用いた．(6.6)は，古典的な近似として(6.21)の右辺が 0 にならずに $\sqrt{\kappa^2/\lambda}$ となることを示している．量子論ではこの値にさらに補正が加わることになるが，いずれにせよ

$$\langle 0|\varphi_2(x)|0\rangle \neq 0 \tag{6.23}$$

が，南部-Goldstone 粒子の存在を導くことになる．もちろん，このとき(6.23)は理論のもつダイナミカルな性質の自然な結果として保証されなければならない．量子論的な補正が理論の構造を完全に変えてしまうほど大きくないとするならば，それは $\lambda>0$，つまり図 6-1 の谷の構造が量子効果によって著しい変更を受けないときには，(6.23)は保証されるとみなされる．

以下，1,2の例をあげておこう．

$\psi(x)$ を Dirac 場として，Lagrange 関数が

$$L(x) = -\frac{1}{2}[\bar{\psi}(x), \gamma^\mu\partial_\mu\psi(x)] - \frac{g}{8}([\bar{\psi}(x), \psi(x)]^2 - [\bar{\psi}(x), \gamma_5\psi(x)]^2) \tag{6.24}$$

の系を考える．このとき(6.24)は，θ を実パラメーターとする

$$\psi(x) \to e^{i\theta\gamma_5/2}\psi(x) = \cos\frac{\theta}{2}\cdot\psi(x) + i\gamma_5\sin\frac{\theta}{2}\cdot\psi(x) \tag{6.25}$$

なる連続変換のもとで不変である．したがって，これに対応して Noether カレント

$$j^\mu(x) = \frac{i}{2}[\bar{\psi}(x), \gamma^\mu\gamma_5\psi(x)] \tag{6.26}$$

が，保存カレントとして導かれる．ここで正準交換関係を用いると

$$\frac{1}{2}\int d^3\boldsymbol{x}\,[j^0(x), [\bar{\psi}(y), \gamma_5\psi(y)]]_{x^0=y^0} = -[\bar{\psi}(y), \psi(y)] \tag{6.27}$$

それゆえ，

$$v \equiv \frac{1}{2}\langle 0|[\bar{\psi}(x), \psi(x)]|0\rangle \neq 0 \tag{6.28}$$

であれば，対称性の自発的な破れが生じ南部-Goldstone 粒子が現われることになる．(6.28)の v は第1近似では(6.6)の $\sqrt{\kappa^2/\lambda}$ に相当する量で，

$$\frac{1}{2}[\bar{\psi}(x), \psi(x)] = v + (\cdots) \tag{6.29}$$

とかかれる．ここで $(\cdots)$ はその真空期待値がゼロになる演算子である．

(6.6)を用いて $\varphi_2(x)$ を Lagrange 関数から消去したように，(6.24)のなかの $[\bar{\psi}(x), \psi(x)]/2$ に(6.29)を用いると

$$L(x) = -\frac{1}{2}[\bar{\psi}(x), (\gamma^\mu\partial_\mu + gv)\psi(x)] - \frac{1}{2}gv^2 + (\cdots) \tag{6.30}$$

となる．ここでも右辺の $(\cdots)$ の項は，(6.30)から導かれたハミルトニアンに

おいて，その真空期待値がゼロになるものである．(6.30)の第2項の定数項は，(6.7)の第3項に対応するもので，これにマイナス符号をつけたものが単位体積あたりの真空のエネルギーを与える*．すなわち，対称性の自発的な破れが起こると真空のエネルギーが単位体積あたり $gv^2/2$ だけ変化することになる．それゆえ

$$g < 0 \tag{6.31}$$

であれば，破れの相の最低エネルギーは Wigner 相のそれに比して $|g|v^2V/2$ (V は全空間の体積で，実際上は無限大)だけ低くなり，絶対的な安定性を示す．Lagrange 関数(6.24)には，南部-Goldstone 粒子を表わす Bose 場は存在していない．したがって，この粒子は質量をもった Dirac 場 $\psi(x)$ の粒子・反粒子からなる束縛状態として実現されるとみなされなければならない．

対称性の自発的な破れにともなって生ずる Dirac 場の質量

$$m = gv \tag{6.32}$$

は，まず $\psi(x)$ の質量が m ($\neq 0$)であるような Hilbert 空間の真空を用いて，(6.28)の v を計算し，これに g をかけたものが(6.32)により再び m になるという条件のもとに求められなければならない．しかし，これを厳密に実行することは技術的に不可能なので，ここでは第1近似として，相互作用の結果として質量 m がつくられ，その他の効果は無視できるものと仮定して計算しよう．すなわち $\psi(x)$ を質量 m の自由な Dirac 場で近似することにする．その結果，(6.28)より

$$\begin{aligned} v &= -\frac{1}{2}\langle 0|[\psi(x), \bar{\psi}(x)]|0\rangle = -\frac{1}{2}\,\mathrm{Tr}\, S^{(1)}(0, m^2) \\ &= -2m\Delta^{(1)}(0, m^2) \end{aligned} \tag{6.33}$$

を得る．ここで $S^{(1)}(x, m^2)$ は(5.49)で定義された関数である．よって(6.32)から，$m \neq 0$ として

$$1 = -g\Delta^{(1)}(0, m^2) \tag{6.34}$$

* (6.7)のときは $\kappa^4/8\lambda$ が谷の深さであった．

が，m のみたすべき式として与えられる．しかし，$\Delta^{(1)}(0, m^2)$ に(2.97)を用いると k-積分が発散し，有限の g に対して(6.34)は解を持ち得ない．したがって(6.34)が意味をもつためには，何か他の理由によりこの積分に適当な切断因子が加わって，$\Delta^{(1)}(0, m^2)$ が有限になっているとみなさなければならない．そのような場合でも $\Delta^{(1)}(0, m^2)$ は正の量と考えてよいから，g が(6.31)をみたすときのみ，近似の範囲内ではあるが，m^2 が存在すること，すなわち対称性の自発的破れが生ずることが分かる．

なお，(6.27)左辺の $[\bar{\psi}(y), \gamma_5\psi(y)]$ は擬スカラー量であるから，この式のスペクトル展開からこのときの南部-Goldstone 粒子は擬スカラー粒子である．

もう1つの例として，自由な南部-Goldstone 粒子だけからなる系を考えてみよう．簡単のためにそれが実場で記述されるとすれば，Lagrange 関数は

$$L(x) = -\frac{1}{4}\{\partial_\mu\varphi(x), \partial^\mu\varphi(x)\} \tag{6.35}$$

となる．容易に分かることは，α を任意の実定数として，$L(x)$ は

$$\varphi(x) \to \varphi(x) + \alpha \tag{6.36}$$

なる変換で不変，よって Noether カレント

$$J^\mu(x) = \partial^\mu\varphi(x) \tag{6.37}$$

が導かれる．また正準交換関係から

$$\int d^3\boldsymbol{x}\,[J^0(x), \varphi(y)]\Big|_{x^0=y^0} = i \tag{6.38}$$

となるので，$F(y) = \varphi(y)$ として(6.12)が成立し，(6.36)の変換のもとでの対称性は自発的に破れていることが分かる．このときの理論の振舞いを調べてみよう．議論の不定性を避けるために，十分大きな体積 V の空間領域で場 $\varphi(x)$ を扱うことにし，完全直交系 $\exp(i\boldsymbol{kx})/\sqrt{V}$ で $\varphi(x)$，$\pi(x)$ $(=\dot{\varphi}(x))$ を展開して

$$\varphi(x) = \frac{1}{\sqrt{V}}\sum_{\boldsymbol{k}} q_{\boldsymbol{k}} e^{i\boldsymbol{kx}}, \qquad \pi(x) = \frac{1}{\sqrt{V}}\sum_{\boldsymbol{k}} p_{\boldsymbol{k}} e^{i\boldsymbol{kx}} \tag{6.39}$$

とかけば

$$q_{\boldsymbol{k}}^{\dagger} = q_{-\boldsymbol{k}}, \quad p_{\boldsymbol{k}}^{\dagger} = p_{-\boldsymbol{k}} \quad (\boldsymbol{k} \neq 0)$$
$$q_0^{\dagger} = q_0, \quad p_0^{\dagger} = p_0 \tag{6.40}$$

で，かつ運動方程式より

$$\dot{q}_{\boldsymbol{k}} = p_{\boldsymbol{k}}, \quad \dot{p}_{\boldsymbol{k}} = -\boldsymbol{k}^2 q_{\boldsymbol{k}} \tag{6.41}$$

が得られる．それゆえ，$\boldsymbol{k} \neq 0$ に対しては調和振動子をつくり

$$q_{\boldsymbol{k}} = \frac{1}{\sqrt{2|\boldsymbol{k}|}}(a_{\boldsymbol{k}} + a_{-\boldsymbol{k}}^{\dagger}), \quad p_{\boldsymbol{k}} = -i\sqrt{\frac{|\boldsymbol{k}|}{2}}(a_{\boldsymbol{k}} - a_{-\boldsymbol{k}}^{\dagger}) \tag{6.42}$$

とかくことができて，正準交換関係は

$$[a_{\boldsymbol{k}}, a_{\boldsymbol{k}'}] = 0, \quad [a_{\boldsymbol{k}}, a_{\boldsymbol{k}'}^{\dagger}] = \delta_{\boldsymbol{k}\boldsymbol{k}'} \quad (\boldsymbol{k}, \boldsymbol{k}' \neq 0)$$
$$[q, a_{\boldsymbol{k}}] = [p, a_{\boldsymbol{k}}] = 0, \quad [q, p] = i \tag{6.43}$$

となる．ただし $q \equiv q_0$，$p \equiv p_0$ とした．このとき変換(6.36)は

$$a_{\boldsymbol{k}} \to a_{\boldsymbol{k}}, \quad q \to q + \sqrt{V}\alpha, \quad p \to p \tag{6.44}$$

また，Noether カレント第4成分は

$$J^0(x) = -\dot{\varphi}(x) = \frac{-p}{\sqrt{V}} + i\sum_{\boldsymbol{k} \neq 0}\sqrt{\frac{|\boldsymbol{k}|}{V}}(a_{\boldsymbol{k}}e^{ikx} - a_{\boldsymbol{k}}^{\dagger}e^{-ikx}) \tag{6.45}$$

とかかれる．これを空間積分すると Noether 電荷は，$I = \sqrt{V}p$ となり，これからつくられるユニタリー演算子

$$U = \exp[i\alpha I] = \exp[i\alpha\sqrt{V}p] \tag{6.46}$$

は，$a_{\boldsymbol{k}}$，p とは可換かつ $U^{\dagger}qU = q + \sqrt{V}\alpha$ となって(6.44)を，したがって(6.36)の変換を生成する．しかし $V \to \infty$ の極限では Noether 電荷 I は発散し，(6.46)からみられるように U 自身もまたユニタリー演算子としての意味を失う．その意味で対称性は自発的に破れているが，ここでは，しばしばみられるように，$V \to \infty$ で U は非同値な Hilbert 空間への変換をもたらし，1つの Hilbert 空間内でその行列要素がことごとくゼロになるというかたちにはなっていないことに注意しよう．

なお，このモデルでの Hilbert 空間は，$a_{\boldsymbol{k}}^{\dagger}$ によって生成される Fock の空間と q, p の作用する Hilbert 空間との直積である．しかし q, p は $\varphi(x), \pi(x)$ の $\boldsymbol{k} = 0$ の Fourier 成分であるが，実際上は量子論的な波束の広がりは有限で

あるゆえに，$\varphi(x), \pi(x)$ の Fourier 成分のうち $\boldsymbol{k}=0$ からの寄与はこのときには十分に無視できる．いいかえれば，実際上の問題においては，q, p の項は落としてもよいことになる．

ここで若干の補足的な注意をしておこう．

すでにみてきたように，場の量子論での対称性は，Lagrange 関数を不変にするような場の変換が存在するというだけでは十分ではない．この不変性をかりに Noether の不変性とよぶならば，古典力学の対称性はこれを用いて十分に議論ができた．しかし場の量子論の対称性はより複雑である．もちろん，変換の前後の場の量の一方は他方で表わされているから，これらはともに同一の Hilbert 空間において定義された演算子である．問題は，たとえ Noether の不変性が存在したとしても，この Hilbert 空間において変換前の場の量とこれに対応する変換後の場の量とが同じ物理的な結果を導くという保証がないということにあった．同じ結果，つまり変換の前後の 2 つの理論が全く区別ができず，したがって対称性が文字どおり成り立つためには，この Hilbert 空間上で両者を結ぶユニタリー演算子が存在していなければならない．対称性の自発的な破れはこのようなユニタリー演算子が存在しないことによるものである．

南部-Goldstone 粒子の存在は，(6.15)にみられるように，相対論的記述が基本である．しかし非相対論的場の理論でも，連続変換での Noether の不変性が成立してもこの対称性が自発的に破れることはある．このときには，これまでと類似の議論を行なうことによって，$\boldsymbol{k}\to 0$ の極限でエネルギーの値がゼロになるようなスペクトルが出現することを示すことができる．これが南部-Goldstone 粒子に対応するもので，このような励起状態は**南部-Goldstone モード**とよばれる．

不連続変換での対称性が自発的に破れることも考えられる．不連続変換は，Noether の不変性をもつような無限小変換からはつくることができず，この場合には保存する Noether カレントは存在しない．そのため，この対称性の自発的な破れが生じても，南部-Goldstone 粒子や南部-Goldstone モードの存在のような，際だった特徴の存在を示すことができない．

Noetherカレントを導くときの無限小変換のパラメーターを時空点xの関数とすると，この変換でのLagrange関数の不変性は失われる．そのために質量ゼロのベクトル場を理論に導入し，これが適当に変換することによって不変性を回復することができる．このベクトル場がいわゆるゲージ場であるが，このとき南部-Goldstone粒子はゲージ場に吸収されて，ゲージ場に質量が発生するという現象が起こる．これは**Higgs機構**(Higgs mechanism)とよばれる．本講座ではゲージ場の理論は他の巻でくわしく論ぜられているので，ここではHiggs機構がどのようにして起こるかを，半古典的な描像に立って簡単なモデルを用いて説明することにする．

自由な南部-Goldstone場のLagrange関数(6.35)を不変にする変換(6.36)のパラメーターαをxの関数とし，変換

$$\varphi(x) \to \varphi(x)+\alpha(x) \tag{6.47}$$

を導入する．これは(6.35)を不変にしないが，$\partial_\mu\varphi$の代りに$\partial_\mu\varphi-eA_\mu(x)$を用いることとすれば，この量は(6.47)に加えて

$$A_\mu(x) \to A_\mu(x)+\frac{1}{e}\partial_\mu\alpha(x) \tag{6.48}$$

なる変換を行なえば不変になる．$A_\mu(x)$は電磁場のベクトルポテンシャルに相当する量で，(6.48)はよく知られたゲージ変換を表わし，(3.124)に対応する．これを考慮して(6.35)の代りに

$$L(x) = -\frac{1}{8}\{F^{\mu\nu}(x), F_{\mu\nu}(x)\}-\frac{1}{4}\{\partial_\mu\varphi(x)-eA_\mu(x), \partial^\mu\varphi(x)-eA^\mu(x)\} \tag{6.49}$$

を用いれば，これは(6.47)，(6.48)の変換で不変になる．ただし

$$F^{\mu\nu}(x) = \partial^\mu A^\nu(x)-\partial^\nu A^\mu(x) \tag{6.50}$$

で，(6.49)右辺の第1項は古典電磁気学において電磁場の運動エネルギーを与える項である．

ここで

$$eV_\mu(x) = \partial_\mu\varphi(x)-eA_\mu(x) \tag{6.51}$$

すなわち

$$A_\mu(x) = \frac{1}{e}\partial_\mu\varphi(x) - V_\mu(x) \tag{6.52}$$

とおくと，(6.49)は

$$L(x) = -\frac{1}{8}\{\mathcal{F}^{\mu\nu}(x), \mathcal{F}_{\mu\nu}(x)\} - \frac{e^2}{4}\{V^\mu(x), V_\mu(x)\} \tag{6.53}$$

となる．ただし

$$\mathcal{F}^{\mu\nu}(x) = \partial^\mu V^\nu(x) - \partial^\nu V^\mu(x) \tag{6.54}$$

である．(6.54)は質量が e^2 の実ベクトル場の Lagrange 関数である((4.12)参照)．これから導かれる Euler-Lagrange の方程式は

$$\Box V^\mu(x) - \partial^\mu\partial^\nu V^\nu(x) - e^2 V^\mu(x) = 0 \tag{6.55}$$

となり，両辺に ∂_μ を作用させると，(6.55)から

$$(\Box - e^2)V^\mu(x) = 0, \qquad \partial_\mu V^\mu(x) = 0 \tag{6.56}$$

が導かれ，これは質量 e^2 のベクトル場に対する Proca の方程式として知られている．V^μ は条件 $\partial_\mu V^\mu = 0$ のため 3 個の独立成分をもつ．他方 A^μ は電磁場との類推から横波を記述しその独立成分は 2 個である．上の結果は，結局 南部-Goldstone 場 φ が $A^\mu(x)$ に吸収され，その分だけ成分の数が増えてゲージ場 $A^\mu(x)$ が質量をもつベクトル場 $V^\mu(x)$ に変わったとみることができる．

このようにして，古典場の理論で Higgs 機構をみることができるので，場の量子論においても同様の結果を期待することができよう．しかし，相対論的に共変な形式では，たとえゲージ場が導入されても対称性の自発的な破れのもとでは(6.11)，(6.12)はそのまま成立するので，南部-Goldstone 粒子が理論から消滅してしまうことはない．このことは古典場の理論の結果と相容れないようにみえるが，実は相対論的に共変な形式でのゲージ場の量子論を記述するための状態ベクトルのつくる空間は，通常の Hilbert 空間と異なり，物理量の観測の際には現われない負やゼロのノルムをもつ非物理的な状態ベクトルを含んでいて，南部-Goldstone 粒子はこのような非物理的な状態で記述されることになり，物理量の観測には現われなくなってしまうのである．

もちろん，非物理的な状態ベクトルを無理に排除したCoulombゲージのような非共変的な形式においては，Coulomb型の長距離の相互作用がハミルトニアンに現われるため(6.11)が成立せず，南部-Goldstone粒子の出現は保証されなくなる．そうしてその代償として，ゲージ場が質量をもつベクトル場に転化して失われた南部-Goldstone粒子の自由度が復元されることになる．Higgs機構の詳しい議論は本講座第20巻『ゲージ場の理論』あるいは参考文献[7]を参照されたい．

7 摂動展開

場の量子論では自由場の理論を除いて厳密に解ける例はほとんどなく，具体的な計算に際しては何らかの近似を用いざるを得ない．ここでは最も古くから用いられている摂動展開について S 行列を中心に解説する．摂動展開は，場の理論の他の近似計算においても部分的に用いられることが多く，その意味で最も基本的な近似法といえるが，ほとんどの教科書がこれについて詳しく論じているので，以下では基本となる主要な点のみを記すことにする．

7-1 相互作用描像

Dirac 場 $\psi(x)$ と実スカラー場 $\varphi(x)$ からなる系を考えよう．他の場合も以下と同様にして考えることができる．Lagrange 関数を

$$L(x) = -\frac{1}{2}[\bar{\psi}(x), (\gamma^\mu\partial_\mu + m_0)\psi(x)] - \frac{1}{2}(\partial_\mu\varphi(x)\partial^\mu\varphi(x) + \mu_0^2\varphi^2(x))$$
$$-\frac{g}{2}[\bar{\psi}(x), \psi(x)]\varphi(x) \tag{7.1}$$

とすれば，ハミルトニアンは

$$H = \int d^3\boldsymbol{x} \left\{ \frac{1}{2}\left[\psi^\dagger(x), \left(\frac{1}{i}\boldsymbol{\alpha}\nabla + \beta m_0 \right)\psi(x) \right] + \frac{1}{2}(\pi^2(x) + |\nabla\varphi(x)|^2 + \mu_0^2\varphi^2(x)) \right\}$$
$$+ \frac{g}{2}\int d^3\boldsymbol{x}\, [\bar{\psi}(x), \psi(x)]\varphi(x) \tag{7.2}$$

また正準交換関係は

$$\begin{aligned}
\{\psi_a(\boldsymbol{x}, t), \psi_b^\dagger(\boldsymbol{y}, t)\} &= \delta_{ab}\delta^3(\boldsymbol{x}-\boldsymbol{y}) \\
[\varphi(\boldsymbol{x}, t), \pi(\boldsymbol{y}, t)] &= i\delta^3(\boldsymbol{x}-\boldsymbol{y}) \\
\{\psi_a(\boldsymbol{x}, t), \psi_b(\boldsymbol{y}, t)\} &= [\varphi(\boldsymbol{x}, t), \varphi(\boldsymbol{y}, t)] \\
&= [\pi(\boldsymbol{x}, t), \pi(\boldsymbol{y}, t)] = 0 \\
[\psi_a(\boldsymbol{x}, t), \varphi(\boldsymbol{y}, t)] &= [\psi_a(\boldsymbol{x}, t), \pi(\boldsymbol{y}, t)] = 0
\end{aligned} \tag{7.3}$$

で与えられる．ここで $\pi(x)$ は $\varphi(x)$ に共役な正準変数である．もし $g=0$ であれば，$\psi(x)$ は質量 m_0 の自由な Dirac 場を，また $\varphi(x)$ は質量 μ_0 (>0) の自由な Klein-Gordon 場である．

さて $g \neq 0$ の場合，この系の漸近的な世界において，$\psi(x)$ に対応して質量 m の自由な Dirac 粒子が存在していたとする．すなわち全エネルギー・運動量演算子 P^μ の固有値が k^μ かつ $k^\mu k_\mu = -m^2$ なる固有状態 $|k, \sigma\rangle$ が存在していて $\langle 0|\psi(x)|k, \sigma\rangle \neq 0$ とする．同じように $\varphi(x)$ に対応し漸近的な世界で質量 μ の Klein-Gordon 粒子が存在していたとしよう．$\delta m = m - m_0$，$\delta\mu^2 = \mu^2 - \mu_0^2$ は相互作用のため $g=0$ の場合から質量値の変化した分で，それぞれの粒子の**自己エネルギー**(self-energy)とよばれる．これを考慮して(7.2)を次のようにかく．

$$\begin{aligned}
H &= H_0 + H' \\
H_0 &\equiv \int d^3\boldsymbol{x} \left\{ \frac{1}{2}\left[\psi^\dagger(x), \left(\frac{1}{i}\boldsymbol{\alpha}\nabla + \beta m \right)\psi(x) \right] + \frac{1}{2}(\pi^2(x) + |\nabla\varphi(x)|^2 + \mu^2\varphi^2(x)) \right\} \\
H' &\equiv \int d^3\boldsymbol{x} \left(\frac{g}{2}[\bar{\psi}(x), \psi(x)]\varphi(x) - \frac{\delta m}{2}[\bar{\psi}(x), \psi(x)] - \delta\mu^2\varphi^2(x) \right)
\end{aligned} \tag{7.4}$$

さて，Heisenberg 描像においては，運動方程式は

$$\begin{aligned}
i\dot{\psi}(x) &= [\psi(x), H] \\
i\dot{\varphi}(x) &= [\varphi(x), H], \qquad i\dot{\pi}(x) = [\pi(x), H]
\end{aligned} \tag{7.5}$$

で与えられ，他方，任意の状態ベクトルは時間的に一定，すなわち

$$\frac{d}{dt}|\ \rangle = 0 \tag{7.6}$$

である．ここで次式で定義される演算子 $U(t, t_{\mathrm{I}})$ を導入し

$$|t\rangle \equiv U(t, t_{\mathrm{I}})|\ \rangle \tag{7.7}$$

とかくことにする．ただし $U(t, t_{\mathrm{I}})$ は有限の t_{I} に対し

$$-i\frac{dU^{\dagger}(t, t_{\mathrm{I}})}{dt} = H'(t)U^{\dagger}(t, t_{\mathrm{I}}) \tag{7.8}$$

$$U(t, t_{\mathrm{I}})_{t=t_{\mathrm{I}}} = 1 \tag{7.9}$$

をみたすものとする．ここで $H'(t)$ は(7.4)で時刻を t としたもので，H' の Hermite 性から $U(t, t_{\mathrm{I}})$ はユニタリー演算子とみなしてよい．(7.7)により，$|\ \rangle$ の代りに $|t\rangle$ を用いることにすれば，理論が同一の結果を与えるためには時刻 t における任意の演算子 $A(t)$ は

$$A^{\mathrm{int}}(t) \equiv U(t, t_{\mathrm{I}})A(t)U^{\dagger}(t, t_{\mathrm{I}}) \tag{7.10}$$

にかきかえねばならない．それゆえ，運動方程式 $i\dot{A}(t)=[A(t), H]$ より

$$i\dot{A}^{\mathrm{int}}(t) = [A^{\mathrm{int}}(t), H_0^{\mathrm{int}}] \tag{7.11}$$

が得られる．H_0^{int} は，H_0 の中の $\psi^{\dagger}(x)$, $\psi(x)$, $\varphi(x)$, $\pi(x)$ をそれぞれ $\psi^{\mathrm{int}\dagger}(x)$, $\psi^{\mathrm{int}}(x)$, $\varphi^{\mathrm{int}}(x)$, $\pi^{\mathrm{int}}(x)$ としたものである．この意味で A^{int} は A に含まれる正準変数をすべて int をつけて置きかえたもので，以下ではこの記法を用いる．(7.11)を用いれば，(7.5)は

$$\begin{aligned} &i\dot{\psi}^{\mathrm{int}}(x) = [\psi^{\mathrm{int}}(x), H_0^{\mathrm{int}}] \\ &i\dot{\varphi}^{\mathrm{int}}(x) = [\varphi^{\mathrm{int}}(x), H_0^{\mathrm{int}}], \qquad i\dot{\pi}^{\mathrm{int}}(x) = [\pi^{\mathrm{int}}(x), H_0^{\mathrm{int}}] \end{aligned} \tag{7.12}$$

となる．また正準交換関係(7.3)の正準変数はすべて int をつけたもので置き換えられるから，結局，(7.12)から $\psi^{\mathrm{int}}(x)$, $\varphi^{\mathrm{int}}(x)$ は自由場の方程式

$$(\gamma^{\mu}\partial_{\mu}+m)\psi^{\mathrm{int}}(x) = 0, \qquad (\Box-\mu^2)\varphi^{\mathrm{int}}(x) = 0 \tag{7.13}$$

をみたしていることが分かる．この描像では，状態ベクトル，演算子のそれぞれは(7.7)，(7.11)に従って運動する．Heisenberg，Schrödinger の両描像の中間に位置するこの描像は，**相互作用描像**また**相互作用表示**とよばれる．

(7.8)は(7.10)より

$$i\frac{dU(t,t_{\mathrm{I}})}{dt}=H'^{\mathrm{int}}(t)U(t,t_{\mathrm{I}}) \tag{7.14}$$

とかかれる．両辺を積分し初期条件(7.9)を考慮すれば

$$U(t,t_{\mathrm{I}})=1-i\int_{t_{\mathrm{I}}}^{t}dt_1 H'^{\mathrm{int}}(t_1)U(t_1,t_{\mathrm{I}}) \tag{7.15}$$

よって，左辺の U を右辺の U につぎつぎに用いれば

$$\begin{aligned}U(t,t_{\mathrm{I}})&=1+\sum_{n=1}^{\infty}(-i)^n\int_{t_{\mathrm{I}}}^{t}dt_1\int_{t_{\mathrm{I}}}^{t_1}dt_2\cdots\int_{t_{\mathrm{I}}}^{t_{n-1}}dt_n\,H'^{\mathrm{int}}(t_1)H'^{\mathrm{int}}(t_2)\cdots H'^{\mathrm{int}}(t_n)\\&=1+\sum_{n=1}^{\infty}\frac{(-i)^n}{n!}\int_{t_{\mathrm{I}}}^{t}dt_1\int_{t_{\mathrm{I}}}^{t}dt_2\cdots\int_{t_{\mathrm{I}}}^{t}dt_n\,\mathrm{P}(H'^{\mathrm{int}}(t_1)H'^{\mathrm{int}}(t_2)\cdots H'^{\mathrm{int}}(t_n))\end{aligned} \tag{7.16}$$

となる．ここで $\mathrm{P}(\cdots)$ は(5.17)に用いた時間の順序積である．

もちろん，(7.16)の無限級数の収束性は仮定されている．(7.11)から分かるように

$$H'^{\mathrm{int}}(t)=\exp[iH_0^{\mathrm{int}}t]\,H'^{\mathrm{int}}(0)\exp[-iH_0^{\mathrm{int}}t] \tag{7.17}$$

であるから，(7.17)は $t\to-\infty$ でゼロになることはない．もともと $\psi(x)$，$\varphi(x)$ は，すでに述べたように，$t\to-\infty$ で弱極限として自由場になるものであって，$H'(t)$ または $H'^{\mathrm{int}}(t)$ がゼロになるからではなかった．しかし弱極限の操作をこの段階で逐一行なうことは煩わしく見通しが立てにくい．そこで人為的に $H'^{\mathrm{int}}(t)$ を $t\to\pm\infty$ で非常にゆっくりとゼロに近づけることにし，その結果として，無限の過去および未来では場は自由場の方程式を満たす，という細工をほどこすことにしよう．そのために，ϵ を正の極めて微小な量とし，$\exp(-\epsilon|t|)$ という減衰因子を $H'^{\mathrm{int}}(t)$ にかけたものを $H'^{\mathrm{int}}(t)$ の代りに用いることにし，(7.16)に変えて

$$\begin{aligned}U_\epsilon(t,t_{\mathrm{I}})=1+\sum_{n=1}^{\infty}\frac{(-i)^n}{n!}\int_{t_{\mathrm{I}}}^{t}dt_1\int_{t_{\mathrm{I}}}^{t}dt_2\cdots\int_{t_{\mathrm{I}}}^{t}dt_n\,\mathrm{P}(H'^{\mathrm{int}}(t_1)H'^{\mathrm{int}}(t_2)\cdots H'^{\mathrm{int}}(t_n))\\\times\exp[-\epsilon(|t_1|+|t_2|+\cdots+|t_n|)]\end{aligned} \tag{7.18}$$

とかく．その結果，$t_{\mathrm{I}}=-\infty$ とおくことができて，このとき上記の修正のもと

では，Heisenberg 描像は相互作用描像と無限の過去で一致する．それゆえ，無限の過去での真空は H_0^{int} の基底状態となり，H の基底状態である本来の真空 $|0\rangle$ とは異なったものとなる．これは $H \neq H_0^{\mathrm{int}}$ によるもので，後者と区別するために前者を $|\bar{0}\rangle$ とかき**自由真空**(free vacuum)とよぶことにする．$|\bar{0}\rangle$ は現実には存在しない架空の状態であるが，$|0\rangle$ とは無関係ではない．以下やや技巧的だがその関係を求めておこう*．

あとの便宜上 $H'^{\mathrm{int}}(t)$ の代りにこれを λ(実数)倍した $\lambda H'^{\mathrm{int}}(t)$ を用いることにし

$$U_\epsilon(t, t_{\mathrm{I}}; \lambda) = 1 + \sum_{n=1}^{\infty} \frac{(-i\lambda)^n}{n!} \int_{t_{\mathrm{I}}}^{t} dt_1 \int_{t_{\mathrm{I}}}^{t} dt_2 \cdots \int_{t_{\mathrm{I}}}^{t} dt_n\, \mathrm{P}(H'^{\mathrm{int}}(t_1) H'^{\mathrm{int}}(t_2) \cdots H'^{\mathrm{int}}(t_n))$$
$$\times \exp[-\epsilon(|t_1| + |t_2| + \cdots + |t_n|)] \tag{7.19}$$

とする．また以下では $t_{\mathrm{I}}=0$ としたときの $U_\epsilon(t, 0; \lambda)$ を用いて，Heisenberg 描像と相互作用描像は，(7.10)により結ばれているとしよう．すなわち $t=0$ で両者は一致して

$$H_\lambda(0) \equiv H_0(0) + \lambda H'(0) = H_0^{\mathrm{int}} + \lambda H'^{\mathrm{int}}(0) \tag{7.20}$$

が成立している．いま $H_0^{\mathrm{int}}|\bar{0}\rangle = \bar{E}_0|\bar{0}\rangle$ かつ $\langle\bar{0}|\bar{0}\rangle = 1$ とし，状態 $|\bar{0}, \epsilon\rangle_\lambda$ を次式で定義する．

$$|\bar{0}, \epsilon\rangle_\lambda \equiv U_\epsilon(0, -\infty; \lambda)|\bar{0}\rangle$$
$$= |\bar{0}\rangle + \sum_{n=1}^{\infty} \frac{(-i\lambda)^n}{n!} \int_{-\infty}^{0} dt_1 \int_{-\infty}^{0} dt_2 \cdots \int_{-\infty}^{0} dt_n \exp[\epsilon(t_1 + t_2 + \cdots + t_n)]$$
$$\times \mathrm{P}(H'^{\mathrm{int}}(t_1) H'^{\mathrm{int}}(t_2) \cdots H'^{\mathrm{int}}(t_n))|\bar{0}\rangle \tag{7.21}$$

ゆえに，(7.11)を用いて

$$(H_0^{\mathrm{int}} - \bar{E}_0)|\bar{0}, \epsilon\rangle_\lambda = [H_0^{\mathrm{int}}, U_\epsilon(0, -\infty; \lambda)]|\bar{0}\rangle$$
$$= \frac{1}{i} \sum_{n=1}^{\infty} \frac{(-i\lambda)^n}{n!} \int_{-\infty}^{0} dt_1 \int_{-\infty}^{0} dt_2 \cdots \int_{-\infty}^{0} dt_n \exp[\epsilon(t_1 + t_2 + \cdots + t_n)]$$
$$\times \sum_{l=1}^{n} \frac{\partial}{\partial t_l} \mathrm{P}(H'^{\mathrm{int}}(t_1) H'^{\mathrm{int}}(t_2) \cdots H'^{\mathrm{int}}(t_n))|\bar{0}\rangle$$

* M. Gell-Mann and F. Low: Phys. Rev. **84** (1951) 103.

$$= -\lambda \sum_{n=1}^{\infty} \frac{(-i\lambda)^{n-1}}{(n-1)!} \int_{-\infty}^{0} dt_1 \int_{-\infty}^{0} dt_2 \cdots \int_{-\infty}^{0} dt_n \exp[\epsilon(t_1+t_2+\cdots+t_n)]$$

$$\times \frac{\partial}{\partial t_1} \mathrm{P}(H'^{\mathrm{int}}(t_1) H'^{\mathrm{int}}(t_2) \cdots H'^{\mathrm{int}}(t_n)) |\bar{0}\rangle$$

$$= \Big[-\lambda H'^{\mathrm{int}}(0) U_\epsilon(0, -\infty; \lambda) + \epsilon\lambda \sum_{n=1}^{\infty} \frac{(-i\lambda)^{n-1}}{(n-1)!} \int_{-\infty}^{0} dt_1 \int_{-\infty}^{0} dt_2 \cdots \int_{-\infty}^{0} dt_n$$

$$\times \exp[\epsilon(t_1+t_2+\cdots+t_n)] \, \mathrm{P}(H'^{\mathrm{int}}(t_1) H'^{\mathrm{int}}(t_2) \cdots H'^{\mathrm{int}}(t_n)) \Big] |\bar{0}\rangle \tag{7.22}$$

を得る．それゆえ上式および(7.20)から

$$(H_\lambda - \bar{E}_0) |\bar{0}, \epsilon\rangle_\lambda = i\epsilon\lambda \frac{\partial}{\partial \lambda} |\bar{0}, \epsilon\rangle_\lambda \tag{7.23}$$

そこで $|0, \epsilon\rangle_\lambda$ を

$$|0, \epsilon\rangle_\lambda \equiv |\bar{0}, \epsilon\rangle_\lambda / \langle \bar{0} | \bar{0}, \epsilon\rangle_\lambda \tag{7.24}$$

とするとき，(7.23)を $\langle \bar{0} | \bar{0}, \epsilon\rangle_\lambda$ で割って

$$\left(H_\lambda - \bar{E}_0 - i\epsilon\lambda \frac{\partial}{\partial \lambda}\right) |0, \epsilon\rangle_\lambda = i\epsilon\lambda \left(\frac{\partial}{\partial \lambda} \log \langle \bar{0} | \bar{0}, \epsilon\rangle_\lambda\right) |0, \epsilon\rangle_\lambda \tag{7.25}$$

他方，(7.23)に $\langle \bar{0}|$ をかけ，全体を $\langle \bar{0} | \bar{0}, \epsilon\rangle_\lambda$ で割ると

$$\langle \bar{0} | (H_\lambda - \bar{E}_0) |0, \epsilon\rangle_\lambda = i\epsilon\lambda \frac{\partial}{\partial \lambda} \log \langle \bar{0} | \bar{0}, \epsilon\rangle_\lambda \tag{7.26}$$

となるゆえ，(7.25)より

$$\left(H_\lambda - \bar{E}_0 - i\epsilon\lambda \frac{\partial}{\partial \lambda}\right) |0, \epsilon\rangle_\lambda = \langle \bar{0} | (H_\lambda - \bar{E}_0) |0, \epsilon\rangle_\lambda |0, \epsilon\rangle_\lambda \tag{7.27}$$

ここで $\epsilon \to 0$ とするならば，左辺の括弧の中の第3項は落ちて，$\lim_{\epsilon \to 0} |0, \epsilon\rangle_\lambda$ が H_λ の固有状態であることが分かる．

$\lambda = 0$ とすれば，$|\bar{0}, \epsilon\rangle_0 = |\bar{0}\rangle$ であるから，(7.24)から $|0, \epsilon\rangle_0 = |\bar{0}\rangle$ である．他方，(7.4)で記される系は $\lambda = 1$ に対応する．したがって λ が 0 から 1 まで変わるとき $\lim_{\epsilon \to 0} |0, \epsilon\rangle_\lambda$ が λ について滑らかに変化するならば，この状態は $0 \leqq \lambda \leqq 1$ においてつねに H_λ の基底状態に留まっているとみなすことができよう．こ

のとき，$\lim_{\epsilon\to 0}|0,\epsilon\rangle_1$ は真空 $|0\rangle$ に比例し，

$$
\begin{aligned}
|0\rangle &= c\lim_{\epsilon\to 0}|\bar{0},\epsilon\rangle_1\Big/\langle\bar{0}|\bar{0},\epsilon\rangle_1 \\
&= c\lim_{\epsilon\to 0}U_\epsilon(0,-\infty)|\bar{0}\rangle\Big/\langle\bar{0}|U_\epsilon(0,-\infty)|\bar{0}\rangle
\end{aligned}
\tag{7.28}
$$

とかかれる．$\lim_{\epsilon\to 0}|0,\epsilon\rangle_\lambda$ の λ についての滑らかな変化は，$U_\epsilon(0,-\infty;\lambda)$ の滑らかな変化を意味する．しかしこれについての保証は一般的には存在しない．摂動論的近似を行なうためには，$\pm\infty$ を含む任意の t, t_I に対して(7.19)右辺の無限級数の収束性のみならず，λ に関する滑らかな振舞いが仮定されている．

同様にして摂動近似がよいという条件のもとに

$$
\langle 0| = c'\lim_{\epsilon\to 0}\langle\bar{0}|U_\epsilon(\infty,0)\Big/\langle\bar{0}|U_\epsilon(\infty,0)|\bar{0}\rangle \tag{7.29}
$$

なる関係を導くことができる．以下 $U_\epsilon(t,t')$ を単に $U(t,t')$ とかき，$\lim_{\epsilon\to 0}$ なる記号も省略する．要するに $U(t,t')$ は ϵ を含んでおり，計算の最後で $\epsilon\to 0$ とすることを暗黙の了解とする．

さて $\langle 0|0\rangle=1$ から

$$
c'c\frac{\langle\bar{0}|U(\infty,-\infty)|\bar{0}\rangle}{\langle\bar{0}|U(\infty,0)|\bar{0}\rangle\langle\bar{0}|U(0,-\infty)|\bar{0}\rangle} = 1 \tag{7.30}
$$

が成り立たねばならない．ここで

$$
U(t,t')U(t',t'') = U(t,t'') \tag{7.31}
$$

を使った．(7.28)～(7.30)を用いれば Heisenberg 描像での真空期待値を相互作用描像の量を用いて表わすことができる．例えば

$$
\begin{aligned}
\langle 0|\varphi(x_1)\varphi(x_2)|0\rangle &= \frac{\langle\bar{0}|U(\infty,0)\varphi(x_1)\varphi(x_2)U(0,-\infty)|\bar{0}\rangle}{\langle\bar{0}|U(\infty,-\infty)|\bar{0}\rangle} \\
&= \frac{\langle\bar{0}|U(\infty,t_1)\varphi^{\mathrm{int}}(x_1)U(t_1,t_2)\varphi^{\mathrm{int}}(x_2)U(t_2,-\infty)|\bar{0}\rangle}{\langle\bar{0}|U(\infty,-\infty)|\bar{0}\rangle}
\end{aligned}
\tag{7.32}
$$

ここでは $t_\mathrm{I}=0$ として Heisenberg 描像と相互作用描像が結ばれていること，すなわち $\varphi^{\mathrm{int}}(x)=U(t,0)\varphi(x)U^\dagger(0,t)$ および，有限の t, t' に対して

$$U^{\dagger}(t,t') = U^{-1}(t,t') = U(t',t) \tag{7.33}$$

であることを用いた．さらに，$(j_1, j_2, \cdots, j_n)$ は $(1, 2, \cdots, n)$ の順列，かつ $t_{j_1} > t_{j_2} > \cdots > t_{j_n}$ とするとき

$$\begin{aligned}
&\mathrm{T}(U(\infty, -\infty)A_1^{\mathrm{int}}(t_1)A_2^{\mathrm{int}}(t_2)\cdots A_n^{\mathrm{int}}(t_n)) \\
&\quad \equiv (-1)^k U(\infty, t_{j_1})A_{j_1}^{\mathrm{int}}(t_{j_1})U(t_{j_1}, t_{j_2})A_{j_2}^{\mathrm{int}}(t_{j_2})U(t_{j_2}, t_{j_3})A_{j_3}^{\mathrm{int}}(t_{j_3}) \\
&\qquad \cdots U(t_{j_{n-1}}, t_{j_n})A_{j_n}^{\mathrm{int}}(t_{j_n})U(t_{j_n}, -\infty)
\end{aligned} \tag{7.34}$$

としよう．ここで $(-1)^k$ は，$A_1^{\mathrm{int}}(t_1)A_2^{\mathrm{int}}(t_2)\cdots A_n^{\mathrm{int}}(t_n)$ を(5.19)の下にかかれた規則(i),(ii)にしたがって $A_{j_1}^{\mathrm{int}}(t_{j_1})A_{j_2}^{\mathrm{int}}(t_{j_2})\cdots A_{j_n}^{\mathrm{int}}(t_{j_n})$ に並べかえるときに生じる符号因子である．このとき

$$\begin{aligned}
&\langle 0|\mathrm{T}(\psi(y_1)\cdots\psi(y_r)\bar{\psi}(y_{r+1})\cdots\bar{\psi}(y_l)\varphi(x_1)\cdots\varphi(x_n))|0\rangle \\
&\quad = \langle\bar{0}|\mathrm{T}(U(\infty, -\infty)\psi^{\mathrm{int}}(y_1)\cdots\psi^{\mathrm{int}}(y_r)\bar{\psi}^{\mathrm{int}}(y_{r+1})\cdots\bar{\psi}^{\mathrm{int}}(y_l) \\
&\qquad \times\varphi^{\mathrm{int}}(x_1)\cdots\varphi^{\mathrm{int}}(x_n))|\bar{0}\rangle\big/\langle\bar{0}|U(\infty, -\infty)|\bar{0}\rangle
\end{aligned} \tag{7.35}$$

が導かれる．その結果，例えば

$$\begin{aligned}
&\langle 0|\mathrm{T}(\cdots)|0\rangle \\
&\quad = \langle\bar{0}|\mathrm{T}(U(\infty, -\infty)(\cdots)^{\mathrm{int}})|\bar{0}\rangle\big/\langle\bar{0}|U(\infty, -\infty)|\bar{0}\rangle
\end{aligned} \tag{7.36}$$

とかくことができる．ここで左辺の $\cdots$ は Heisenberg 描像での場の演算子の積，右辺の $(\cdots)^{\mathrm{int}}$ はそこでの場のそれぞれに int をつけたものを表わすものとする．(7.36)の両辺に $f_{\boldsymbol{k}}^{(+)*}(x)(\Box_x - \mu^2)$ をかけ，x について 4 次元積分すれば，(5.76)を導いたのと同様の手順を経て

$$\begin{aligned}
&Z^{1/2}\langle 0|[a_{\mathrm{out}}(\boldsymbol{k})\mathrm{T}(\cdots) - \mathrm{T}(\cdots)a_{\mathrm{in}}(\boldsymbol{k})]|0\rangle \\
&\quad = \langle\bar{0}|[a^{\mathrm{int}}(\boldsymbol{k})\mathrm{T}(U(\infty, -\infty)(\cdots)^{\mathrm{int}}) - \mathrm{T}(U(\infty, -\infty)(\cdots)^{\mathrm{int}})a^{\mathrm{int}}(\boldsymbol{k})]|\bar{0}\rangle \\
&\qquad \times\langle\bar{0}|U(\infty, -\infty)|\bar{0}\rangle^{-1}
\end{aligned} \tag{7.37}$$

が得られる．ここで $a^{\mathrm{int}}(\boldsymbol{k}) \equiv (f_{\boldsymbol{k}}^{(+)}, \varphi^{\mathrm{int}})$，かつ $a_{\mathrm{in}}(\boldsymbol{k})|0\rangle = a^{\mathrm{int}}(\boldsymbol{k})|\bar{0}\rangle = 0$ である．また(7.35)に $f_{\boldsymbol{k}}^{(-)*}(x)(\Box_x - \mu^2)$ をかけて x の 4 次元積分を行なえば

$$\begin{aligned}
&Z^{1/2}\langle 0|[a_{\mathrm{out}}^{\dagger}(\boldsymbol{k})\mathrm{T}(\cdots) - \mathrm{T}(\cdots)a_{\mathrm{in}}^{\dagger}(\boldsymbol{k})]|0\rangle \\
&\quad = \langle\bar{0}|[a^{\mathrm{int}\dagger}(\boldsymbol{k})\mathrm{T}(U(\infty, -\infty)(\cdots)^{\mathrm{int}}) - \mathrm{T}(U(\infty, -\infty)(\cdots)^{\mathrm{int}})a^{\mathrm{int}\dagger}(\boldsymbol{k})]|\bar{0}\rangle \\
&\qquad \times\langle\bar{0}|U(\infty, -\infty)|\bar{0}\rangle^{-1}
\end{aligned} \tag{7.38}$$

となる．さらに同様の議論は Dirac 場に対しても行なえて

$$
\begin{aligned}
&Z_2^{1/2}\langle 0|[a_{\mathrm{out},r}(\boldsymbol{k})\mathrm{T}(\cdots)-\epsilon\,\mathrm{T}(\cdots)a_{\mathrm{in},r}(\boldsymbol{k})]|0\rangle \\
&\quad=\langle\bar{0}|[a_r^{\mathrm{int}}(\boldsymbol{k})\mathrm{T}(U(\infty,-\infty)(\cdots)^{\mathrm{int}})-\epsilon\,\mathrm{T}(U(\infty,-\infty)(\cdots)^{\mathrm{int}})a_r^{\mathrm{int}}(\boldsymbol{k})]|0\rangle \\
&\qquad\times\langle\bar{0}|U(\infty,-\infty)|\bar{0}\rangle^{-1} \\
&Z_2^{1/2}\langle 0|[b^\dagger_{\mathrm{out},r}(\boldsymbol{k})\mathrm{T}(\cdots)-\epsilon\,\mathrm{T}(\cdots)b^\dagger_{\mathrm{in},r}(\boldsymbol{k})]|0\rangle \\
&\quad=\langle\bar{0}|[b_r^{\mathrm{int}\dagger}(\boldsymbol{k})\mathrm{T}(U(\infty,-\infty)(\cdots)^{\mathrm{int}})-\epsilon\,\mathrm{T}(U(\infty,-\infty)(\cdots)^{\mathrm{int}})b_r^{\mathrm{int}\dagger}(\boldsymbol{k})]|\bar{0}\rangle \\
&\qquad\times\langle\bar{0}|U(\infty,-\infty)|\bar{0}\rangle^{-1} \\
&Z_2^{1/2}\langle 0|[\epsilon a^\dagger_{\mathrm{out},r}(\boldsymbol{k})\mathrm{T}(\cdots)-\mathrm{T}(\cdots)a^\dagger_{\mathrm{in},r}(\boldsymbol{k})]|0\rangle \\
&\quad=\langle\bar{0}|[\epsilon a_r^{\mathrm{int}\dagger}(\boldsymbol{k})\mathrm{T}(U(\infty,-\infty)(\cdots)^{\mathrm{int}})-\mathrm{T}(U(\infty,-\infty)(\cdots)^{\mathrm{int}})a_r^{\mathrm{int}\dagger}(\boldsymbol{k})]|\bar{0}\rangle \\
&\qquad\times\langle\bar{0}|U(\infty,-\infty)|\bar{0}\rangle^{-1} \\
&Z_2^{1/2}\langle 0|[\epsilon b_{\mathrm{out},r}(\boldsymbol{k})\mathrm{T}(\cdots)-\mathrm{T}(\cdots)b_{\mathrm{in},r}(\boldsymbol{k})]|0\rangle \\
&\quad=\langle\bar{0}|[\epsilon b_r^{\mathrm{int}}(\boldsymbol{k})\mathrm{T}(U(\infty,-\infty)(\cdots)^{\mathrm{int}})-\mathrm{T}(U(\infty,-\infty)(\cdots)^{\mathrm{int}})b_r^{\mathrm{int}}(\boldsymbol{k})]|\bar{0}\rangle \\
&\qquad\times\langle\bar{0}|U(\infty,-\infty)|\bar{0}\rangle^{-1}
\end{aligned}
\tag{7.39}
$$

が導かれる．

この操作をつぎつぎとくり返そう．その結果として一般に

$$
\begin{aligned}
&\langle 0|A_{\mathrm{out}}B_{\mathrm{in}}|0\rangle \\
&\quad=\langle\bar{0}|A^{\mathrm{int}}U(\infty,-\infty)B^{\mathrm{int}}|\bar{0}\rangle\big/\langle\bar{0}|U(\infty,-\infty)|\bar{0}\rangle
\end{aligned}
\tag{7.40}
$$

なる関係が成り立つことが分かる．ここで A_{out} [B_{in}] は，さまざまな $\boldsymbol{k}, r$ をもつ $a_{\mathrm{out}}(\boldsymbol{k}), a^\dagger_{\mathrm{out}}(\boldsymbol{k}), a_{\mathrm{out},r}(\boldsymbol{k}), a^\dagger_{\mathrm{out},r}(\boldsymbol{k}), b_{\mathrm{out},r}(\boldsymbol{k}), b^\dagger_{\mathrm{out},r}(\boldsymbol{k})$ [$a_{\mathrm{in}}(\boldsymbol{k}), a^\dagger_{\mathrm{in}}(\boldsymbol{k}), a_{\mathrm{in},r}(\boldsymbol{k}), a^\dagger_{\mathrm{in},r}(\boldsymbol{k}), b_{\mathrm{in},r}(\boldsymbol{k}), b^\dagger_{\mathrm{in},r}(\boldsymbol{k})$] の関数で，$A^{\mathrm{int}}$ [B^{int}] は，A_{out} [B_{in}] にあるこれらの演算子に対し，

$$
\begin{aligned}
&a_{\mathrm{out}}(\boldsymbol{k})\ [a_{\mathrm{in}}(\boldsymbol{k})]\to Z^{-1/2}a^{\mathrm{int}}(\boldsymbol{k}), \qquad a^\dagger_{\mathrm{out}}(\boldsymbol{k})\ [a^\dagger_{\mathrm{in}}(\boldsymbol{k})]\to Z^{-1/2}a^{\mathrm{int}\dagger}(\boldsymbol{k}) \\
&a_{\mathrm{out},r}(\boldsymbol{k})\ [a_{\mathrm{in},r}(\boldsymbol{k})]\to Z_2^{-1/2}a_r^{\mathrm{int}}(\boldsymbol{k}), \qquad a^\dagger_{\mathrm{out},r}(\boldsymbol{k})\ [a^\dagger_{\mathrm{in},r}(\boldsymbol{k})]\to Z_2^{-1/2}a_r^{\mathrm{int}\dagger}(\boldsymbol{k}) \\
&b_{\mathrm{out},r}(\boldsymbol{k})\ [b_{\mathrm{in},r}(\boldsymbol{k})]\to Z_2^{-1/2}b_r^{\mathrm{int}}(\boldsymbol{k}), \qquad b^\dagger_{\mathrm{out},r}(\boldsymbol{k})\ [b^\dagger_{\mathrm{in},r}(\boldsymbol{k})]\to Z_2^{-1/2}b_r^{\mathrm{int}\dagger}(\boldsymbol{k})
\end{aligned}
$$

なる置き替えを行なって得られたものである．このようにして

$$
\begin{aligned}
&|k_1,k_2,\cdots,k_l,(p_1,r_1),(p_2,r_2),\cdots,(p_m,r_m),(\bar{q}_1,s_1),(\bar{q}_2,s_2),\cdots,(\bar{q}_n,s_n),\mathrm{out/in}\rangle \\
&\quad\equiv a^\dagger_{\mathrm{out/in}}(\boldsymbol{k}_1)a^\dagger_{\mathrm{out/in}}(\boldsymbol{k}_2)\cdots a^\dagger_{\mathrm{out/in}}(\boldsymbol{k}_l)a^\dagger_{\mathrm{out/in},r_1}(\boldsymbol{p}_1)a^\dagger_{\mathrm{out/in},r_2}(\boldsymbol{p}_2)\cdots a^\dagger_{\mathrm{out/in},r_m}(\boldsymbol{p}_m) \\
&\qquad\times b^\dagger_{\mathrm{out/in},s_1}(\boldsymbol{q}_1)b^\dagger_{\mathrm{out/in},s_2}(\boldsymbol{q}_2)\cdots b^\dagger_{\mathrm{out/in},s_n}(\boldsymbol{q}_n)|0\rangle
\end{aligned}
\tag{7.41}
$$

および

$$|k_1, k_2, \cdots, k_l, (p_1, r_1), (p_2, r_2), \cdots, (p_m, r_m), (\bar{q}_1, s_1), (\bar{q}_2, s_2), \cdots, (\bar{q}_n, s_n)\rangle^{\rm int}$$
$$\equiv a^{\rm int\dagger}(\boldsymbol{k}_1)a^{\rm int\dagger}(\boldsymbol{k}_2)\cdots a^{\rm int\dagger}(\boldsymbol{k}_l)a_{r_1}^{\rm int\dagger}(\boldsymbol{p}_1)a_{r_2}^{\rm int\dagger}(\boldsymbol{p}_2)\cdots a_{r_m}^{\rm int\dagger}(\boldsymbol{p}_m)$$
$$\times b_{s_1}^{\rm int\dagger}(\boldsymbol{q}_1)b_{s_2}^{\rm int\dagger}(\boldsymbol{q}_2)\cdots b_{s_n}^{\rm int\dagger}(\boldsymbol{q}_n)|\bar{0}\rangle$$

とかくならば,

$$\begin{aligned}
&\langle k_1, \cdots, k_l, (p_1, r_1), \cdots, (p_m, r_m), (\bar{q}_1, s_1), \cdots, (\bar{q}_n, s_n), {\rm out}| \\
&\quad \times |k_1', \cdots, k_{l'}', (p_1', r_1'), \cdots, (p_{m'}', r_{m'}'), (\bar{q}_1', s_1'), \cdots, (\bar{q}_{n'}', s_{n'}'), {\rm in}\rangle \\
&= \langle k_1, \cdots, k_l, (p_1, r_1), \cdots, (p_m, r_m), (\bar{q}_1, s_1), \cdots, (\bar{q}_n, s_n), {\rm in}|S \\
&\quad \times |k_1', \cdots, k_{l'}', (p_1', r_1'), \cdots, (p_{m'}', r_{m'}'), (\bar{q}_1', s_1'), \cdots, (\bar{q}_{n'}', s_{n'}'), {\rm in}\rangle \\
&= Z^{-(l+l')/2}Z_2^{-(m+m'+n+n')/2}\langle k_1, \cdots, k_l, (p_1, r_1), \cdots, (p_m, r_m), (\bar{q}_1, s_1), \cdots, (\bar{q}_n, s_n)|^{\rm int} \\
&\quad \times U(\infty, -\infty)|k_1', \cdots, k_{l'}', (p_1', r_1'), \cdots, (p_{m'}', r_{m'}'), (\bar{q}_1', s_1'), \cdots, (\bar{q}_{n'}', s_{n'}')\rangle^{\rm int} \\
&\quad \times \langle \bar{0}|U(\infty, -\infty)|\bar{0}\rangle^{-1} \qquad (7.42)
\end{aligned}$$

が得られる．その結果，(7.19)にみるように $H^{\rm int}(t)$ を $H^{\rm int}(t)\exp[-\epsilon|t|]$ に置きかえ，$|t|\to\infty$ の極限でこれがゼロになるといういわば非現実的な相互作用項を用いてつくられた $U(\infty, -\infty)$ が，(7.42)によって正しい S 行列と関係づけられることが示された．

なお，始または終状態に束縛状態を含むような S 行列要素は(7.42)の右辺によっては記述できない．しかし，左辺からわかるように，散乱過程の中間状態として現われる束縛状態からの寄与は含まれている．

7-2 正規順序積と Wick の定理

S 行列の行列要素を計算するためには，相互作用描像を用いて $U(\infty, -\infty)$ の行列要素を求める必要がある．(7.13)から分かるように，$U(\infty, -\infty)$ に現われる場 $\varphi^{\rm int}(x)$, $\psi^{\rm int}(x)$, $\bar{\psi}^{\rm int}(x)$ は自由場の方程式を満たすから，それぞれは $|\bar{0}\rangle$ を真空としてこれに対する生成演算子，消滅演算子の和でかかれる．そこで，交換関係を用いて $U(\infty, -\infty)$ の各項を消滅演算子が右側に，生成演算子がその左にあるような積の形をもつ項の和にかきかえることにしよう．このような形の積を**正規順序積**(normal-ordered product)または単に **N 積**(N-product)という．その準備として，まず Klein-Gordon 場 $\varphi^{\rm int}(x)$ に対して

$$\begin{aligned}&{\rm T}\exp\left[-i\int_{t_{\rm I}}^{t_{\rm F}}dt\,\bar{H}'^{\rm int}(t)\right]\\&\equiv 1+\sum_{n=1}^{\infty}\frac{(-i)^n}{n!}\int_{t_{\rm I}}^{t_{\rm F}}\cdots\int_{t_{\rm I}}^{t_{\rm F}}dt_1\cdots dt_n\,{\rm P}(\bar{H}'^{\rm int}(t_1)\cdots\bar{H}'^{\rm int}(t_n))\end{aligned}\tag{7.43}$$

なる演算子を考えよう．ただし

$$\bar{H}'^{\rm int}(t)=\int d^3\boldsymbol{x}\,\varphi^{\rm int}(x)J(x)\tag{7.44}$$

であって，$J(x)$ は(5.3)に用いたのと同様の外場である．いま $t_{\rm F}-t_{\rm I}$ を N 等分して $\Delta t\equiv(t_{\rm F}-t_{\rm I})/N$，かつ $t_k\equiv t_{\rm I}+\Delta t(2k-1)/2$ $(k=1,2,\cdots,N)$ としよう．N が十分大きければ

$$\begin{aligned}&{\rm T}\exp\left[-i\int_{t_{\rm I}}^{t_{\rm F}}dt\,\bar{H}'^{\rm int}(t)\right]\\&=\exp\{-i\Delta t\bar{H}'^{\rm int}(t_N)\}\exp\{-i\Delta t\bar{H}'^{\rm int}(t_{N-1})\}\cdots\exp\{-i\Delta t\bar{H}'^{\rm int}(t_1)\}\end{aligned}\tag{7.45}$$

とかくことができる．他方，(7.44)より $[\bar{H}'^{\rm int}(t),\bar{H}'^{\rm int}(t')]$ は c 数であるから，$[A,B]=$c 数 のときのよく知られた公式

$$e^Ae^B=e^{A+B}e^{[A,B]/2}\tag{7.46}$$

を用いれば

$$\begin{aligned}(7.45)&=\exp\left\{-i\Delta t\sum_{k=1}^{N}\bar{H}'^{\rm int}(t_k)-\frac{1}{2}\Delta t^2\sum_{1\leqq k<l\leqq N}[\bar{H}'^{\rm int}(t_k),\bar{H}'^{\rm int}(t_l)]\right\}\\&=\exp\left[-i\int d^4x\,\varphi^{\rm int}(x)J(x)\right]\\&\quad\times\exp\left\{-\frac{1}{2}\int d^4xd^4y\,\theta(x^0-y^0)[\varphi^{\rm in}(x),\varphi^{\rm in}(y)]J(x)J(y)\right\}\end{aligned}\tag{7.47}$$

を得る．ただし上式においては $\Delta t\to 0$ としたのち，$t_{\rm I}\to-\infty$，$t_{\rm F}\to\infty$ とした．

ここで $\varphi^{\rm int}(x)=\varphi^{{\rm int}(+)}(x)+\varphi^{{\rm int}(-)}(x)$ として，$\varphi^{\rm int}(x)$ を生成と消滅の演算子の和にかこう．いうまでもなく

$$\varphi^{\mathrm{int}(+)}(x) = \sum_{\boldsymbol{k}} a^{\mathrm{int}}(\boldsymbol{k}) f_{\boldsymbol{k}}^{(+)}(x), \qquad \varphi^{\mathrm{int}(-)}(x) = \sum_{\boldsymbol{k}} a^{\mathrm{int}\dagger}(\boldsymbol{k}) f_{\boldsymbol{k}}^{(-)}(x) \tag{7.48}$$

である．$[\varphi^{\mathrm{int}(+)}(x), \varphi^{\mathrm{int}(-)}(y)]$ が c 数であることから(7.47)右辺の第1因子は，(7.46)を用いることによって

$$\begin{aligned}
&\exp\left[-i\int d^4x\, \varphi^{\mathrm{int}}(x)J(x)\right] \\
&\quad = \exp\left[-i\int d^4x\, \varphi^{\mathrm{int}(-)}(x)J(x)\right]\exp\left[-i\int d^4y\, \varphi^{\mathrm{int}(+)}(y)J(y)\right] \\
&\qquad \times\exp\left(\frac{1}{2}\int d^4xd^4y\, [\varphi^{\mathrm{int}(-)}(x), \varphi^{\mathrm{int}(+)}(y)]J(x)J(y)\right)
\end{aligned} \tag{7.49}$$

となる．それゆえ

$$\begin{aligned}
&[\varphi^{\mathrm{int}(-)}(x), \varphi^{\mathrm{int}(+)}(y)] - \theta(x^0-y^0)[\varphi^{\mathrm{int}}(x), \varphi^{\mathrm{int}}(y)] \\
&\quad = \langle\bar{0}|\{[\varphi^{\mathrm{int}(-)}(x), \varphi^{\mathrm{int}(+)}(y)] - \theta(x^0-y^0)[\varphi^{\mathrm{int}}(x), \varphi^{\mathrm{int}}(y)]\}|\bar{0}\rangle \\
&\quad = -\langle\bar{0}|\{\varphi^{\mathrm{int}}(y)\varphi^{\mathrm{int}}(x) + \theta(x^0-y^0)[\varphi^{\mathrm{int}}(x), \varphi^{\mathrm{int}}(y)]\}|\bar{0}\rangle \\
&\quad = -\langle\bar{0}|\mathrm{T}(\varphi^{\mathrm{int}}(x)\varphi^{\mathrm{int}}(y))|\bar{0}\rangle
\end{aligned} \tag{7.50}$$

を用いれば，(7.47)より

$$\begin{aligned}
&\mathrm{T}\exp\left[-i\int d^4x\, \varphi^{\mathrm{int}}(x)J(x)\right] \\
&\quad = \exp\left[-i\int d^4x\, \varphi^{\mathrm{int}(-)}(x)J(x)\right]\exp\left[-i\int d^4y\, \varphi^{\mathrm{int}(+)}(y)J(y)\right] \\
&\qquad \times\exp\left[-\frac{1}{2}\int d^4xd^4y\, \langle\bar{0}|\mathrm{T}(\varphi^{\mathrm{int}}(x)\varphi^{\mathrm{int}}(y))|\bar{0}\rangle J(x)J(y)\right]
\end{aligned} \tag{7.51}$$

とかかれ，左辺は正規順序積の形にかきかえられた．

ここで，後の議論の便宜上，正規順序積すなわち N 積を表わす記号 :…: を説明しておこう．2つの : の間の … は場の関数で，そこでは Bose 場同士や Bose 場と Fermi 場は互いに可換，また Fermi 場同士は互いに反可換として扱われる．さらに A, B を場の関数とするとき，$:(A+B): = :A: + :B:$ が成り立つものとする．また各場を生成・消滅演算子の和にかくとき，:…: は，生成・消滅演算子の積からなる単項式を2つの : で囲んだものの和に分解されるが，このとき各項は消滅演算子をすべて右側に並べ，生成演算子をその左に

置いてつくられる積の演算子として定義される．例えば

$$:\varphi^{\text{int}}(x)\varphi^{\text{int}}(y): = \varphi^{\text{int}(-)}(x)\varphi^{\text{int}(-)}(y)+\varphi^{\text{int}(-)}(x)\varphi^{\text{int}(+)}(y)$$
$$+\varphi^{\text{int}(-)}(y)\varphi^{\text{int}(+)}(x)+\varphi^{\text{int}(+)}(x)\varphi^{\text{int}(+)}(y)$$
$$:\varphi^{\text{int}}(x)\psi_a^{\text{int}}(y)\bar{\psi}_b^{\text{int}}(z): = \varphi^{\text{int}(-)}(x)\psi_a^{\text{int}(-)}(y)\bar{\psi}_b^{\text{int}(-)}(z)$$
$$+\varphi^{\text{int}(-)}(x)\psi_a^{\text{int}(-)}(y)\bar{\psi}_b^{\text{int}(+)}(z)+\varphi^{\text{int}(-)}(x)\psi_a^{\text{int}(+)}(y)\bar{\psi}_b^{\text{int}(+)}(z)$$
$$-\varphi^{\text{int}(-)}(x)\bar{\psi}_b^{\text{int}(-)}(z)\psi_a^{\text{int}(+)}(y)+\psi_a^{\text{int}(-)}(y)\varphi^{\text{int}(+)}(x)\bar{\psi}_b^{\text{int}(+)}(z)$$
$$+\psi_a^{\text{int}(-)}(y)\bar{\psi}_b^{\text{int}(-)}(z)\varphi^{\text{int}(+)}(x)-\bar{\psi}_b^{\text{int}(-)}(z)\psi_a^{\text{int}(+)}(y)\varphi^{\text{int}(+)}(x)$$
$$+\varphi^{\text{int}(+)}(x)\psi_a^{\text{int}(+)}(y)\bar{\psi}_b^{\text{int}(+)}(z)$$

である*．ここで

$$\psi^{\text{int}}(x) = \psi^{\text{int}(+)}(x)+\psi^{\text{int}(-)}(x), \qquad \bar{\psi}^{\text{int}}(x) = \bar{\psi}^{\text{int}(+)}(x)+\bar{\psi}^{\text{int}(-)}(x)$$

であって，$\psi^{\text{int}(+)}, \psi^{\text{int}(-)}$ $(\bar{\psi}^{\text{int}(+)}, \bar{\psi}^{\text{int}(-)})$ はそれぞれ粒子(反粒子)の消滅・生成の演算子である．また，(7.51)右辺の第1，第2因子の積はつぎの形にまとめられる．

$$\exp\left[-i\int d^4x\, \varphi^{\text{int}(-)}(x)J(x)\right]\exp\left[-i\int d^4y\, \varphi^{\text{int}(+)}(y)J(y)\right]$$
$$= :\exp\left[-i\int d^4x\, \varphi^{\text{int}}(x)J(x)\right]: \tag{7.52}$$

さて，(7.43)の $\bar{H}'^{\text{int}}(t)$ として，こんどは

$$\bar{H}'^{\text{int}}(t) = \int d^3\boldsymbol{x}\, (\bar{\psi}^{\text{int}}(x)\eta(x)+\bar{\eta}(x)\psi^{\text{int}}(x))$$

をとってみよう．ここに $\eta(x), \bar{\eta}(x)$ は(5.5)に従う Grassmann 量で $\psi^{\text{int}}(y)$，$\bar{\psi}^{\text{int}}(y)$ とは反可換である．このとき(7.51)を(7.45)より導いたのと同様の手続きを経て

$$\mathrm{T}\exp\left[-i\int d^4x\, [\bar{\psi}^{\text{int}}(x)\eta(x)+\bar{\eta}(x)\psi^{\text{int}}(x)]\right]$$

---

* 2つの：で囲まれた中では，場は可換または反可換と仮定されているので，正規順序積記号と場の交換関係を同時に用いることは許されない．例えば $[\varphi^{\text{int}}(x), \varphi^{\text{int}}(y)] = i\Delta(x-y)$ の両辺を2つの：で囲むと左辺はゼロ，右辺は $i\Delta(x-y)$ となって矛盾．

$$= :\exp\left[-i\int d^4x\,[\bar{\psi}^{\rm int}(x)\eta(x)+\bar{\eta}(x)\psi^{\rm int}(x)]\right]:$$

$$\times\exp\left[-\sum_{a,b}\int d^4xd^4y\,\bar{\eta}_a(x)\langle\bar{0}|{\rm T}(\psi_a(x)\bar{\psi}_b(y))|\bar{0}\rangle\eta_b(y)\right] \quad (7.53)$$

が得られる．右辺の右端では混乱を避けるため Dirac スピノールの添字 a, b を記入した．

さて，(7.52)を考慮して(7.51)の両辺を J について展開しその係数を比較すれば，$\mathrm{T}(\varphi^{\rm int}(x_1)\varphi^{\rm int}(x_2)\cdots\varphi^{\rm int}(x_n))$ を N 積を用いて表わすことができる．例えば

$$\mathrm{T}(\varphi^{\rm int}(x)\varphi^{\rm int}(y)) = :\varphi^{\rm int}(x)\varphi^{\rm int}(y):+\langle\bar{0}|\mathrm{T}(\varphi^{\rm int}(x)\varphi^{\rm int}(y))|\bar{0}\rangle$$

$$\begin{aligned}&\mathrm{T}(\varphi^{\rm int}(x)\varphi^{\rm int}(y)\varphi^{\rm int}(z))\\&\quad= :\varphi^{\rm int}(x)\varphi^{\rm int}(y)\varphi^{\rm int}(z):+\varphi^{\rm int}(x)\langle\bar{0}|\mathrm{T}(\varphi^{\rm int}(y)\varphi^{\rm int}(z))|\bar{0}\rangle\\&\qquad+\varphi^{\rm int}(y)\langle\bar{0}|\mathrm{T}(\varphi^{\rm int}(x)\varphi^{\rm int}(z))|\bar{0}\rangle+\varphi^{\rm int}(z)\langle\bar{0}|\mathrm{T}(\varphi^{\rm int}(x)\varphi^{\rm int}(y))|\bar{0}\rangle\end{aligned}$$

そうして一般に

$$\begin{aligned}&\mathrm{T}(\varphi^{\rm int}(x_1)\varphi^{\rm int}(x_2)\cdots\varphi^{\rm int}(x_n)) = :\varphi^{\rm int}(x_1)\varphi^{\rm int}(x_2)\cdots\varphi^{\rm int}(x_n):\\&\quad+\sum_{k<l}:\varphi^{\rm int}(x_1)\cdots\widehat{\varphi^{\rm int}(x_k)}\cdots\widehat{\varphi^{\rm int}(x_l)}\cdots\varphi^{\rm int}(x_n):\langle\bar{0}|\mathrm{T}(\varphi^{\rm int}(x_k)\varphi^{\rm int}(x_l))|\bar{0}\rangle+\cdots\\&\quad+\sum_{k_1<k_2<\cdots<k_{2r}}:\varphi^{\rm int}(x_1)\cdots\widehat{\varphi^{\rm int}(x_{k_1})}\cdots\widehat{\varphi^{\rm int}(x_{k_2})}\cdots\cdots\widehat{\varphi^{\rm int}(x_{k_{2r}})}\cdots\varphi^{\rm int}(x_n):\\&\quad\times\sum_P\langle\bar{0}|\mathrm{T}(\varphi^{\rm int}(x_{s_1})\varphi^{\rm int}(x_{s_2}))|\bar{0}\rangle\cdots\langle\bar{0}|\mathrm{T}(\varphi^{\rm int}(x_{s_{2r-1}})\varphi^{\rm int}(x_{s_{2r}}))|\bar{0}\rangle+\cdots\end{aligned} \quad (7.54)$$

となる．ここで $\frown$ がつけられた箇所は，その部分が取り去られていることを意味する．また添字 $s_1, s_2, \cdots, s_{2r}$ は $k_1, k_2, \cdots, k_{2r}$ の順列で，$\sum_P$ はそのような順列のうちで積 $\langle\bar{0}|\mathrm{T}(\varphi^{\rm int}(x_{s_1})\varphi^{\rm int}(x_{s_2}))|\bar{0}\rangle\cdots\langle\bar{0}|\mathrm{T}(\varphi^{\rm int}(x_{s_{2r-1}})\varphi^{\rm int}(x_{s_{2r}}))|\bar{0}\rangle$ に異なる表式を与えるようなものすべてについての和を表わす．(7.54)は，Klein-Gordon 場 $\varphi^{\rm int}$ に対する **Wick の定理**とよばれる．

Dirac 場 $\psi^{\rm int}$, $\bar{\psi}^{\rm int}$ に対する Wick の定理は，(7.53)を $\eta, \bar{\eta}$ についてベキ展開し，両辺の係数を比較して導かれる．ただし以下においては

$$\hat{\psi}^{\rm int}_{a_k}(x_k) \equiv \psi^{\rm int}_{a_k}(x_k) \quad \text{または} \quad \bar{\psi}^{\rm int}_{a_k}(x_k) \quad (7.55)$$

とする．さらに Dirac スピノールの添字を記すのは煩わしいので，$\hat{\psi}^{\text{int}}(k) \equiv \hat{\psi}^{\text{int}}_{a_k}(x_k)$ として，ここの左辺の k は x_k と添字 a_k を同時に表わすものとする．このとき(7.54)に対応して，若干の計算の結果

$$\begin{aligned} &\mathrm{T}(\hat{\psi}^{\text{int}}(1)\hat{\psi}^{\text{int}}(2)\cdots\hat{\psi}^{\text{int}}(n)) \\ &= \sum_{r=0}^{[n/2]} \sum_{k_1>k_2>\cdots>k_{2r}} :\hat{\psi}^{\text{int}}(1)\cdots\widehat{\hat{\psi}^{\text{int}}(k_1)}\cdots\widehat{\hat{\psi}^{\text{int}}(k_2)}\cdots\cdots\widehat{\hat{\psi}^{\text{int}}(k_{2r})}\cdots\hat{\psi}^{\text{int}}(n): \\ &\quad \times \sum_P \epsilon_P \langle\bar{0}|\mathrm{T}(\hat{\psi}^{\text{int}}(l_1)\hat{\psi}^{\text{int}}(l_2))|\bar{0}\rangle\cdots\langle\bar{0}|\mathrm{T}(\hat{\psi}^{\text{int}}(l_{2r-1})\hat{\psi}^{\text{int}}(l_{2r}))|\bar{0}\rangle \end{aligned} \tag{7.56}$$

となる．$l_1, l_2, \cdots, l_{2r}$ は $k_1, k_2, \cdots, k_{2r}$ の順列で，$\sum_P$ は前と同様，そのような順列のうちで $\langle\bar{0}|\mathrm{T}(\hat{\psi}^{\text{int}}(l_1)\hat{\psi}^{\text{int}}(l_2))|\bar{0}\rangle\cdots\langle\bar{0}|\mathrm{T}(\hat{\psi}^{\text{int}}(l_{2r-1})\hat{\psi}^{\text{int}}(l_{2r}))|\bar{0}\rangle$ の表式が異なるものすべてについての和を意味する．また ϵ_P は，$(1, 2, \cdots, n)$ を $(1, \cdots, \widehat{k_1}, \cdots, \widehat{k_2}, \cdots, \widehat{k_{2r}}, \cdots, n,\ l_1, l_2, \cdots, l_{2r})$ への並べ替えが偶置換であれば $+$，奇置換であれば $-$ を表わす符号因子である．いうまでもなく，$\langle\bar{0}|\mathrm{T}(\psi^{\text{int}}_a(x)\psi^{\text{int}}_b(y))|\bar{0}\rangle$, $\langle\bar{0}|\mathrm{T}(\bar{\psi}^{\text{int}}_a(x)\bar{\psi}^{\text{int}}_b(y))|\bar{0}\rangle$ はともにゼロである．

$\mathrm{T}(\varphi^{\text{int}}\cdots\varphi^{\text{int}}\hat{\psi}^{\text{int}}\cdots\hat{\psi}^{\text{int}})$ を N 積に展開するには (7.54), (7.56)を併用すればよい．これによれば $U(\infty, -\infty)$ を N 積を用いて表わすことができて，結局，S 行列の計算は相互作用描像で N 積の行列要素といくつかの $\langle\bar{0}|\mathrm{T}(\varphi^{\text{int}}(x)\varphi^{\text{int}}(y))|\bar{0}\rangle$, $\langle\bar{0}|\mathrm{T}(\psi^{\text{int}}_a(x)\bar{\psi}^{\text{int}}_b(y))|\bar{0}\rangle$ の積の積分計算に帰結する．よく知られたようにこれは Feynman グラフの計算になるが，これは多くの教科書に詳しく書かれているので，ここではこれ以上立ち入らない．

最後に，補足的な若干の注意を述べておこう．$U(\infty, -\infty)$ を N 積にかき替えるとき，(7.4)の H' を H'^{int} にしたときの $(g/2)[\bar{\psi}^{\text{int}}(x), \psi^{\text{int}}(x)]\varphi^{\text{int}}(x)$ から $\langle\bar{0}|\mathrm{T}(\bar{\psi}^{\text{int}}(x)\psi^{\text{int}}(x))|\bar{0}\rangle$ なる項が現われる．これは一般にゼロではないが，この効果は無視することができる．その理由は，相互作用ハミルトニアンに $-c\int d^3\boldsymbol{x}\,\varphi^{\text{int}}(x)$ なる項をつけ加え c を適当にとって，この種の効果を引き去ってしまえばよい．ただし，このときには H_0^{int} に $c\int d^3\boldsymbol{x}\,\varphi^{\text{int}}(x)$ が加わるが，これは $\varphi^{\text{int}}(x) \to \varphi^{\text{int}}(x) - c/\mu^2$ なる変換で消去される．もちろんこの変換の結果として，相互作用ハミルトニアンに $-(gc/2\mu^2)[\bar{\psi}^{\text{int}}(x), \psi^{\text{int}}(x)]$ なる項が現わ

れるが，これは H_0^{int} の Dirac 粒子の質量項にくり入れることができ，それを改めて m とすればよい．なお，この操作で H'^{int} に定数がつけ加わるが，S 行列の計算では，(7.42)の右辺にみるように $\langle\bar{0}|U(\infty,-\infty)|\bar{0}\rangle^{-1}$ がかけられるので，そのような定数は落ちてしまう．同様の理由により $(\delta m/2)[\bar{\psi}^{\text{int}}(x), \psi^{\text{int}}(x)]$ および $\delta\mu^2(\varphi^{\text{int}}(x))^2$ からくる $\langle\bar{0}|\mathrm{T}(\bar{\psi}^{\text{int}}(x)\psi^{\text{int}}(x))|\bar{0}\rangle$, $\langle\bar{0}|\mathrm{T}(\varphi^{\text{int}}(x)\varphi^{\text{int}}(x))|\bar{0}\rangle$ も無視してよい*.

さきにふれたように，以上の議論においては束縛状態を始または終状態に含ませることはできない．しかし中間状態には束縛状態は形成されるので，これを利用すれば束縛状態の散乱を扱えるように理論の再定式化を行なうことは不可能ではない．そこでは Bethe-Salpeter 振幅が，$f_{\boldsymbol{k}}^{(\pm)*}(x)$ や $u(\boldsymbol{k},x)$ および $v(\boldsymbol{k},x)$ に代わって用いられることになる．ただそのためには，さらに手の込んだ議論が必要となり，ここではこの問題には立ち入らない．

場の理論で摂動計算が展開された当初は，S 行列として $U(\infty,-\infty)$ が採用されたが，これは無限の過去や未来で相互作用がゆっくりとゼロになるという条件のもとに，その具体的な表式が与えられたものである．このような S 行列のつくり方は，力の平均到達距離が有限のポテンシャルのもとでの量子力学系においては，束縛状態を扱わない限り問題は生じない．散乱の充分前および後で粒子の波束は互いに遠く離れて，相互作用の無視できる情況が生じるからである．しかし場の理論の相互作用表示での記述においては粒子間の相互作用のほかに，粒子の自分自身との相互作用や，自由真空から仮想的(virtual)に粒子が生成したのちふたたび自由真空に還るといった相互作用が存在する．これらは粒子間相互作用と違い $t\to\pm\infty$ の極限でゼロになるとみなすことができない．そのため，この極限ですべての相互作用を消滅させてつくられた $U(\infty,-\infty)$ は完全に現実的なものとはいえず，例えばユニタリー性が保証されていない．それゆえ整合性を得るためには，$U(\infty,-\infty)$ を用いた計算に人為的な調整を加える必要があった．しかし，$U(\infty,-\infty)$ は Wick の定理を媒

---

* $t_x \gtrless t_y$ で定義された $\mathrm{T}(\varphi^{\text{int}}(x)\varphi^{\text{int}}(y))$ を用いて，$\mathrm{T}(\varphi^{\text{int}}(x)\varphi^{\text{int}}(x)) = \lim_{y\to x}\mathrm{T}(\varphi^{\text{int}}(x)\varphi^{\text{int}}(y))$ とする．$\mathrm{T}(\bar{\psi}^{\text{int}}(x)\psi^{\text{int}}(x))$ についても同様.

介として，よく知られた Feynman のグラフ計算という極めて強力な手段を提供し，棄てがたい魅力に溢れている．そのような $U(\infty, -\infty)$ と正確な S 行列との関係を，人為的操作によらず，理論の結果として与えるのが(7.42)であった．いわば，この式によってグラフ計算における外線の Z 因子の扱いや $\langle\bar{0}|U(\infty, -\infty)|\bar{0}\rangle$ の割り算による真空揺動の効果の除去が保証されたことになる．

なお，S 行列の計算の詳細については，本講座第 20 巻『ゲージ場の理論』，第 13 巻『くりこみ群の方法』等を参照していただきたい．

補章

同種粒子と場の量子論

同種粒子の集団には，それらの従う統計性の概念が伴っている．これが場の量子論の枠内でどのように議論されるべきか，また場の量子論的扱いはいつでも可能であるのかという問題について考えてみよう*.

H-1 議論の枠組

同種粒子の扱いにおいて，量子力学ではそれらが相互に識別不可能であることを前提としている．しかし，もしこれらの粒子が単独の量子化された場で記述されるとするならば，この前提は極めて自然なものとして受け入れることができるであろう．実際，場の与える生成・消滅演算子とそれらの間に設定された特定の代数関係が同種粒子の特徴を完全に規定する例を，われわれはすでに 1-3 節で見ている．すなわち，(1.58)でプラス，マイナス型それぞれの交換関係は，Bose，Fermi の統計を導き，また多体系の波動関数は各粒子を記述す

* この章は主に，Y. Ohnuki: *Proc. of 2nd Int. School of Theoret. Phys. "Symmetry and Structural Properties of Condensed Matter"*, ed. W. Florek, *et al*. (World Scientific, 1993) pp. 27-47，および，大貫義郎：数理解析研究所講究録 869(1994) pp. 90-100 での議論に基づく．

る変数の入れ換えに対して完全対称，あるいは完全反対称という特性を，仮定ではなく，結果として導いたのである．さらにより一般的には，代数関係(1.54)～(1.57)で規定される同種粒子は，パラ Bose あるいはパラ Fermi という統計に従う．またそこでの波動関数は変数の入れ換えに対し特定の対称性をみたすことも知られている*.

このような場に課せられた特定の代数関係は，通常その場に特有の量子化あるいは**量子化条件**とよばれており，そうしてこのとき場の記述する同種粒子の統計性は，この量子化によって決定されることになるわけである．いわば，同種粒子に対してそれの生成・消滅を与えるような場の理論がもし存在するならば，いかなる統計がこれらに対して許され得るかという問題は，それを記述する場の量子化としてどのようなものが可能かという問題に他ならないということができる．

しかし，量子化を与える場の満足すべき代数関係を勝手に設定するわけにはいかない．これにはいくつかの物理的な条件が課せられねばならないが，それを試みに列挙すればつぎのようになるであろう．ただし以下では，相対論においてはどうなるかを注記しつつ，むしろ非相対論的な場の理論を中心に述べることにしよう．

(i) 粒子数演算子と局所性の条件

粒子像が定義されるためには

$$[N, a_k] = -a_k \tag{H.1}$$

を満足する Hermite な個数演算子 N が存在しなければならない．いうまでもなく，上式は a_k $(a_k^\dagger)$ がモード k をもつ粒子を1個消滅(生成)させる演算子であることを示す．(相対論的場の量子論では N の代わりにしばしばエネルギー演算子が用いられる.) 消滅演算子 a_k は，(2.28)を一般化した

$$\psi(x) = \sum_k f_k(x) a_k \tag{H.2}$$

* 詳しくは，巻末の参考書・文献 [3] を参照せよ．

なる関係で表わされる．ここで$f_k(x)$は完全直交系である．このとき，Nは密度演算子$\rho(x)$の空間積分

$$N = \int d^3\boldsymbol{x}\, \rho(x) \tag{H.3}$$

で与えられるとする．ただし，座標xとyが同時刻で空間的に十分離れていれば，$\rho(x)$は

$$[\rho(x), \rho(y)] = 0 \tag{H.4}$$

なる局所性の条件をみたすものとする．つまり，粒子数の概念は十分遠方を無視して定義できるということである．(相対論では$\rho(x)$の代わりにエネルギー密度が用いられ，(H.4)に対応する式は同時刻$x_0=y_0$の任意のx, yに対して成立することが要求される.) ここで$\rho(x)$は$\psi(x)$と$\psi^\dagger(x)$(および相対論では一般にその有限階の微分)の関数である．

(ii) 表示独立性

この内容は，10ページの最下行から11ページにかけて述べた．要するに統計性は表示とは無関係に定義されなければならないという要求である．例えば，Fermi統計に従う2個以上の粒子は同一の状態を占めることができないという場合，このときの状態は運動量の固有状態であろうが，あるいは他の演算子の固有状態であろうが，何でもよいことはよく知られている．

これと関連して，粒子数演算子Nは表示とは無関係に定義されなければならない．つまり特定の表示でのみ粒子数描像が定義されているのではなく，したがってNは(1.33)の変換で不変である．

これからただちにNは$\sum_k a_k^\dagger a_k$および$\sum_k a_k a_k^\dagger$の関数，それゆえ(H.2)を考慮すれば，Nはまた$\int d^3\boldsymbol{x}\, \psi^\dagger(x)\psi(x)$および$\int d^3\boldsymbol{x}\, \psi(x)\psi^\dagger(x)$の関数でなければならない．さらに局所性の条件と関連してNが(H.3)のようにかかれるためには

$$\rho(x) = c_1\psi^\dagger(x)\psi(x) + c_2\psi(x)\psi^\dagger(x) \tag{H.5}$$

すなわち，

$$N = \sum_k (c_1 a_k^\dagger a_k + c_2 a_k a_k^\dagger)$$

$$= \int d^3\boldsymbol{x}\ (c_1 \psi^\dagger(x)\psi(x) + c_2 \psi(x)\psi^\dagger(x)) \qquad \text{(H.6)}$$

となる．ここで，c_1, c_2 は適当な実定数である．

$$N = \sum_k N_{kk}, \qquad N_{kk} \equiv c_1 a_k^\dagger a_k + c_2 a_k a_k^\dagger \qquad \text{(H.7)}$$

とかけば，k の指定する各モードはそれぞれ独立であるから，(H.1)は

$$[N_{kk}, a_j] = -\delta_{kj} a_j \qquad \text{(H.8)}$$

とかくことができる．いうまでもなく N_{kk} はモード k をもつ粒子数の演算子である．(H.8)にさらに表示独立性を要求すれば，(1.31)から(1.48)を導いたときと同様の手順を経て次式を得る．

$$[N_{ij}, a_k] = -\delta_{ik} a_j \qquad \text{(H.9)}$$

ただし

$$N_{ij} = c_1 a_i^\dagger a_j + c_2 a_j a_i^\dagger \qquad \text{(H.10)}$$

もちろん相対論では，粒子，反粒子の双方を考慮し，また(H.6)の2行目の表式ではスピンの大きさに応じて適当な階数の微分を $\psi(x)$ および $\psi^\dagger(x)$ にほどこすといった修正が必要になることはいうまでもない．

以上にみるように，条件(i),(ii)はかなり強烈であって，これによって N が(H.6)のかたちにしぼられる*．しかしさらに次の条件が吟味されなければならない．

(iii) クラスター(cluster)性

これは，「全系 S を S_{I} と S_{II} の2つの部分系に分割して考えるとき，これらの部分系が空間的に十分隔たっているならば，われわれは一方の系の記述を他方の系の物理的情況を全く顧慮することなしに行なうことができる」という性質である．これは一見，観測量に対する局所性の条件のように思えるが，それ

* もし条件(i)をはずしてしまうと，N の固有値は問題とする粒子の全宇宙における個数となり，実験の対象となる限定された粒子数描像から離れることになる．

とは独立な内容をもつ．つまり統計性は力を媒介とすることなしに十分隔たった粒子間に相関をもたらす．例えば，議論の対象とする実験室内の電子と月の裏側の電子とは波動関数の中ではそれぞれの変数の入れ換えで反対称になっていなければならない．このときクラスター性が成り立つとは，このような遠方の情況との関連は一切無視して，対象とする何個かの電子のみの波動関数をつくり，そこでの完全反対称性だけを考えれば十分であることを主張するもので，もちろんこれは証明を要する問題であるが*，その厳密な証明は必ずしも易しくはない．

ただし，有限の体積をもつ物質内での素励起のもたらす準粒子の記述にクラスター性と相容れない場の量子化を適用することは許されてよいであろう．量子化，したがって統計を媒介とした準粒子間の相関距離は高々その物質の拡がりに限られるからである．しかしこれに対する場の量子論としての現実的な具体例はまだ知られていない．

上記の(i)，(ii)，(iii)に加え，もちろん自明の要求として，(iv) 真空の一意性，(v) 物理的な状態ベクトルのノルムの正定値，(vi) Hilbert 空間は真空に粒子の生成演算子 $a_k^\dagger$ のみを作用させたものによって張られること**，(vii) エネルギー固有値の下限の存在，などがあげられる．

H-2 可能性の検討

非相対論的場の量子論で，上に述べた要求をすべてみたすものとしては，1-3 節に述べた Fermi 統計，Bose 統計を特殊ケースとして含むパラ Fermi，パラ Bose 統計を記述する場の理論が分かっているに過ぎない．これ以外の可能性については，(H.6)を用い $c_1 \neq \pm c_2$，または $c_1 = \pm c_2 < 0$ として***逐一調べな

* Fermi 統計，Bose 統計でのクラスター性の証明は例えば巻末文献 [11] を，またパラ Fermi，パラ Bose 統計での証明は巻末文献 [3] の chapter 11 を参照．

** 例えば $a_j a_l^\dagger a_m^\dagger |0\rangle$ は 1 体状態 $a_j^\dagger|0\rangle$ の 1 次結合に書き換えられることが保証されていなければならない．

*** $c_1 = \pm c_2 > 0$ のときは，a_k を再規格化すれば Fermi，Bose 統計を含むパラ統計が導かれる（1-3 節参照）．

ければならないが，実際にあたってみるとしばしば何体系かの状態ベクトルのノルムが負になることがある．もちろんこのようなケースは排除されなければならないが，$p=1$を含むパラ統計以外の場の量子化はすべて排除されるべきであるという結論には至っていない．非相対論的場の理論において上記の条件をみたす新しい量子化，したがってそれに伴う新しい統計が果たしてあり得るかどうかは，今後の課題として残されている．またこれと関連し，前記の諸条件を変更またはゆるめた場合の理論の可能性についてもなお吟味の必要がある．

他方，相対論的場の理論においては微視的因果性や共変性といったより強い条件がさらに課せられるために，可能性はさらに限定され，結果として$p=1$を含むパラ統計の量子化以外は許されないことを示すことができる．その事情を簡単に述べておこう．

相対論的場の量子論では粒子像は漸近的世界でのみ与えられる．それゆえ粒子の統計性を論ずるためには，自由粒子の量子化にどのような可能性があるかを吟味すればよい．議論を単純にするために，ここでは，自由な実 Klein-Gordon 場 $U(x)\,(=U^{\dagger}(x))$ を例にとって考察しよう．このとき $U(x)$ は(2.109)で $a_{\boldsymbol{k}}=b_{\boldsymbol{k}}$ としたもので与えられる．$a_{\boldsymbol{k}}$ は運動量 $\boldsymbol{k}$ の粒子の消滅演算子で，この粒子の粒子数演算子は(H.7)により

$$N_{\boldsymbol{kk}} = c_1 a_{\boldsymbol{k}}^{\dagger} a_{\boldsymbol{k}} + c_2 a_{\boldsymbol{k}} a_{\boldsymbol{k}}^{\dagger} \tag{H.11}$$

したがって，全エネルギーは

$$H = \sum_{\boldsymbol{k}} \omega_k (c_1 a_{\boldsymbol{k}}^{\dagger} a_{\boldsymbol{k}} + c_2 a_{\boldsymbol{k}} a_{\boldsymbol{k}}^{\dagger}) \tag{H.12}$$

となる．以下ではわれわれは $N=\sum_{\boldsymbol{k}} N_{\boldsymbol{kk}}$ の代わりに，この H を用いることにする．じつは，(H.11)から粒子数密度 $\rho(x)$ を求め，これが場の局所的量つまり $U(x)$ の有限階微分で表わされるという条件をつけると，$\rho(x)=0$ すなわち $N=0$ となってしまうからである*．これは実場をとることにより粒子・反粒子を同一視した自然な結果といえる．そこで $\rho(x)$ の代わりにエネルギー密度

* これは読者に確かめてもらうことにしよう．

$H(x)$ を用いることにし，これが $U(x)$ の局所的な量として表わされる条件をまず調べることにしよう．いうまでもなく，(H.1)に代わる式は

$$[H, a_{\boldsymbol{k}}] = -\omega_k a_{\boldsymbol{k}} \tag{H.1'}$$

である．

$H(x)$ の表式を得るために，われわれは(2.108)の $f_{\boldsymbol{k}}^{(\pm)}(x)$ が次式をみたすことを利用する．

$$\int d^3\boldsymbol{x}\, f_{\boldsymbol{k}}^{(\pm)}(x)\dot{f}_{\boldsymbol{k}'}^{(\mp)}(x) = \pm\frac{i}{2}\delta_{\boldsymbol{k}\boldsymbol{k}'} \tag{H.13}$$

$$\sum_{\boldsymbol{k}} f_{\boldsymbol{k}}^{(\pm)}(x)\dot{f}_{\boldsymbol{k}}^{(\mp)}(y)\Big|_{x_0=y_0} = \pm\frac{i}{2}\delta^3(\boldsymbol{x}-\boldsymbol{y}) \tag{H.14}$$

それゆえ，$U^{(+)}(x)=\sum_{\boldsymbol{k}} a_{\boldsymbol{k}} f_{\boldsymbol{k}}^{(+)}(x)$，$U^{(-)}(x)=\sum_{\boldsymbol{k}} a_{\boldsymbol{k}}^{\dagger} f_{\boldsymbol{k}}^{(-)}(x)$ を考慮し，(H.14)および

$$\dot{f}_{\boldsymbol{k}}^{(-)}(x) = i\omega_k f_{\boldsymbol{k}}^{(-)}(x) \tag{H.15}$$

を用いれば，

$$\begin{aligned} a_{\boldsymbol{k}}^{\dagger} &= -2i\int d^3\boldsymbol{x}\, f_{\boldsymbol{k}}^{(+)}(x)\dot{U}^{(-)}(x) \\ \omega_k a_{\boldsymbol{k}} &= 2\int d^3\boldsymbol{x}\, \dot{f}_{\boldsymbol{k}}^{(-)}(x)\dot{U}^{(+)}(x) \end{aligned} \tag{H.16}$$

ここでの右辺の積分結果は時刻 x_0 の値によらないことに注意しよう．したがって

$$\begin{aligned} \sum_{\boldsymbol{k}} \omega_k a_{\boldsymbol{k}}^{\dagger} a_{\boldsymbol{k}} &= -4i\sum_{\boldsymbol{k}}\int d^3\boldsymbol{x} d^3\boldsymbol{y}\, f_{\boldsymbol{k}}^{(+)}(x)\dot{f}_{\boldsymbol{k}}^{(-)}(y)\dot{U}^{(-)}(x)\dot{U}^{(+)}(y)\Big|_{x_0=y_0} \\ &= 2\int d^3\boldsymbol{x}\, \dot{U}^{(-)}(x)\dot{U}^{(+)}(x) \end{aligned} \tag{H.17}$$

とかかれる．同様にして

$$\sum_{\boldsymbol{k}} \omega_k a_{\boldsymbol{k}} a_{\boldsymbol{k}}^{\dagger} = 2\int d^3\boldsymbol{x}\, \dot{U}^{(+)}(x)\dot{U}^{(-)}(x) \tag{H.18}$$

よって

$$H = 2\int d^3\boldsymbol{x}\,(c_1\dot{U}^{(-)}(x)\dot{U}^{(+)}(x)+c_2\dot{U}^{(+)}(x)\dot{U}^{(-)}(x)) \quad \text{(H.19)}$$

を得る．ここで(2.118)式すなわち

$$\begin{aligned} U^{(\pm)}(x) &= U(x)\pm iR(x) \\ R(x) &\equiv \int d^3\boldsymbol{y}\,f(|\boldsymbol{x}-\boldsymbol{y}|)\dot{U}(y)\Big|_{y_0=x_0} \end{aligned} \quad \text{(H.20)}$$

を用いて，(H.19)をかき換えよう．ただし $f(|\boldsymbol{x}|)$ は(2.76)で与えられる．このとき，ただちに

$$H = \frac{1}{2}\int d^3\boldsymbol{x}\,\{(c_1+c_2)(\dot{U}^2(x)+\dot{R}^2(x))+i(c_1-c_2)[\dot{U}(x),\dot{R}(x)]\} \quad \text{(H.21)}$$

となる．ここで $\int d^3\boldsymbol{x}\,\dot{R}^2(x)$ を求めるために

$$\begin{aligned} \int d^3\boldsymbol{x}\,f(|\boldsymbol{x}-\boldsymbol{y}|)f(|\boldsymbol{x}-\boldsymbol{z}|) &= \frac{1}{(2\pi)^6}\int d^3\boldsymbol{x}d^3\boldsymbol{k}d^3\boldsymbol{p}\,\frac{e^{i\boldsymbol{x}(\boldsymbol{k}-\boldsymbol{p})-i\boldsymbol{k}\boldsymbol{y}+i\boldsymbol{p}\boldsymbol{z}}}{\omega_p\omega_k} \\ &= \frac{1}{(2\pi)^3}\int d^3\boldsymbol{k}\,\frac{e^{-i\boldsymbol{k}(\boldsymbol{y}-\boldsymbol{z})}}{\boldsymbol{k}^2+m^2} \equiv G(\boldsymbol{y}-\boldsymbol{z}) \end{aligned} \quad \text{(H.22)}$$

を使う．$G(\boldsymbol{x})$ は上の定義より

$$(\nabla^2-m^2)G(\boldsymbol{x}) = -\delta^3(\boldsymbol{x}) \quad \text{(H.23)}$$

をみたす．それゆえ

$$\begin{aligned} \int d^3\boldsymbol{x}\,\dot{R}^2(x) &= \int d^3\boldsymbol{x}d^3\boldsymbol{y}d^3\boldsymbol{z}\,f(|\boldsymbol{x}-\boldsymbol{y}|)f(|\boldsymbol{x}-\boldsymbol{z}|)\ddot{U}(y)\ddot{U}(z)\Big|_{y_0=z_0=x_0} \\ &= \int d^3\boldsymbol{y}d^3\boldsymbol{z}\,G(\boldsymbol{y}-\boldsymbol{z})\cdot(\nabla_y^2-m^2)U(y)\cdot(\nabla_z^2-m^2)U(z)\Big|_{y_0=z_0=x_0} \\ &= -\int d^3\boldsymbol{x}\,U(x)(\nabla^2-m^2)U(x) \\ &= \int d^3\boldsymbol{x}\,(\nabla U(x)\cdot\nabla U(x)+m^2U^2(x)) \end{aligned} \quad \text{(H.24)}$$

となって，この項は局所的な場の量の積分で与えられる．

他方，(H.21)の第 3 項は

$$\int d^3\boldsymbol{x}\,[\dot{U}(x),\dot{R}(x)] = \int d^3\boldsymbol{y}\,f(|\boldsymbol{x}-\boldsymbol{y}|)[\dot{U}(x),\ddot{U}(y)]\Big|_{y_0=x_0}$$
$$= \int d^3\boldsymbol{y}\,(\nabla_x^2-m^2)f(|\boldsymbol{x}-\boldsymbol{y}|)\cdot[\dot{U}(x),U(y)]\Big|_{y_0=x_0} \tag{H.25}$$

となって，非局所的な式となる．あるいは

$$(\nabla_x^2-m^2)f(|\boldsymbol{x}-\boldsymbol{y}|) = -\sqrt{m^2-\nabla_x^2}\,\delta^3(\boldsymbol{x}-\boldsymbol{y}) \tag{H.26}$$

を用いれば

$$\int d^3\boldsymbol{x}\,[\dot{U}(x),\dot{R}(x)] = -[\dot{U}(x),\sqrt{m^2-\nabla_x^2}\,U(x)] \tag{H.25$'$}$$

となって，∇_x^2 についてベキ展開すれば無限階微分が現われ，非局所性を免れることができない．これは相対論的因果性(Einstein の因果律)を壊すことになり，したがって第3項はゼロ，すなわち

$$c_1 = c_2\,(\equiv c) \tag{H.27}$$

が導かれる．よって(H.12),(H.21)より

$$H = c\sum_{\boldsymbol{k}}[a_{\boldsymbol{k}}^\dagger, a_{\boldsymbol{k}}]_+$$
$$= c\int d^3\boldsymbol{x}\,(\dot{U}^2(x)+\nabla U(x)\cdot\nabla U(x)+m^2U^2(x)) \tag{H.28}$$

を得る．ここで実定数 c は H の固有値が下限をもつために $c>0$ でなければならない．そうして，(H.1$'$)および各モード $\boldsymbol{k}$ の独立性より

$$c[[a_{\boldsymbol{k}}^\dagger, a_{\boldsymbol{k}}]_+, a_{\boldsymbol{k}'}] = -\delta_{\boldsymbol{k}\boldsymbol{k}'}a_{\boldsymbol{k}} \tag{H.29}$$

が成立する．ここで $\sqrt{2c}\,a_{\boldsymbol{k}}$ を改めて $a_{\boldsymbol{k}}$ とかけば，上式は

$$[[a_{\boldsymbol{k}}^\dagger, a_{\boldsymbol{k}}]_+, a_{\boldsymbol{k}'}] = -2\delta_{\boldsymbol{k}\boldsymbol{k}'}a_{\boldsymbol{k}} \tag{H.30}$$

となる．これは(1.35)の $[\quad]_\pm$ において + の添字を用いた式に他ならない．それゆえ 11～14 ページの議論により，実 Klein-Gordon 場のみたす最も一般的な統計はパラ Bose 統計であると結論することができる．

このように，相対論的場の理論においては，自由場の運動方程式を媒介にし

た議論が必要になる．反粒子を含む場合やさまざまなスピンをもつ場の場合にも上の議論は拡張され得るが，議論はより複雑になり注意深い扱いをしなければならない．この際とくに，生成・消滅演算子と相対論的な共変性をもつ場との関係式*は欠かすことができない．これが理論の構造を著しく限定するのである．しかし長くなるのでここではこれ以上立ち入らない．関心をもつ読者は相対論的場の量子化の演習として自分で当たってみられることをおすすめする．ともかく，相対論的場の量子化としてはパラ統計の量子化が最も一般的であるという帰結に達するわけだが，同時にまたスピンと統計の関係，すなわち整数スピンの場はパラ Bose 統計を，半整数スピンの場はパラ Fermi 統計の量子化に従うべきことも導かれる．

H-3 生成・消滅演算子のない同種粒子

これまでの議論は同種粒子の生成・消滅が場の量子論で記述できるとして，その統計性を場の従う代数関係によって規定しようとするものであった．しかしながら逆に，ある統計に従う同種粒子があるとき，それの生成・消滅を直接記述するような場は，つねに存在するといえるであろうか．じつは，その答えは否定的である．少なくともそれを示す例が存在する．

それは2次元空間上で運動する**エニオン**(anyon)とよばれる粒子であって，その最も簡単な N 体系の記述は，次のハミルトニアンで与えられる．

$$H=\frac{1}{2m}\sum_{a=1}^{N}(\boldsymbol{p}_a-\boldsymbol{A}_a)^2+V \tag{H.31}$$

ここで N 個の位置座標を $x_1, x_2, \cdots, x_N$ とかく．太字では記さないが，それぞれは2次元のベクトルである．$\boldsymbol{p}_a\equiv\frac{1}{i}\nabla_a\ (a=1,2,\cdots,N)$ は a 番目の粒子の2次元運動量，$\boldsymbol{A}_a$ は

* これの総合的な記述については，巻末文献[8]の第6章，第8章を参照．

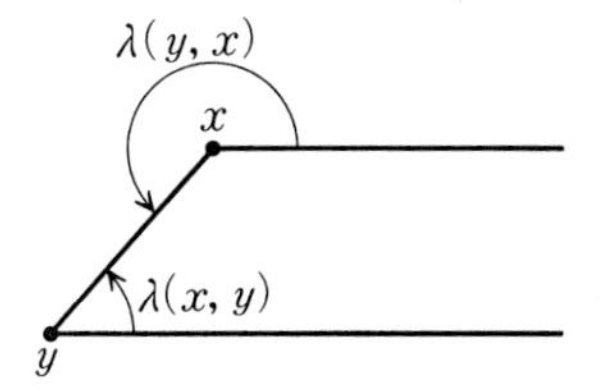

図 H-1

$$\boldsymbol{A}_a = \frac{\theta}{\pi} \sum_{b(\neq a)} \nabla_a \lambda(x_a, x_b) \tag{H.32}$$

であって，θ は実定数，$\lambda(x, y)$ は図 H-1 に示す角度であるが，定義により mod 2π の不定性がある．また $x \neq y$ に対して

$$\lambda(x, y) = \lambda(y, x) + \pi \qquad (\text{mod } 2\pi) \tag{H.33}$$

である．

他方，$x = y$ に対しては $\lambda(x, y)$ は定義できないので，そこでの $\lambda(x, y)$ の特異性を避けるために，ポテンシャル V は $V = \sum_{a>b} V(|x_a - x_b|)$ で 2 粒子間に短距離で強い斥力を与えるものとし，その結果，波動関数 $\varphi(x_1, x_2, \cdots, x_N)$ は $x_a = x_b$ $(a \neq b)$ のときゼロになるものとしよう．この仮定を**ハードコア**(hard core)**条件**とよぶことにする．これは以下の議論で極めて本質的である．さらに波動関数は任意の 2 粒子の座標の入れ換えに対して対称としよう．

これらの条件をまとめると

$$\varphi(x_1, x_2, \cdots, x_N) = 0 \qquad \text{for} \quad x_a = x_b \quad (a, b = 1, 2, \cdots, N;\ a \neq b) \tag{H.34}$$

$$\varphi(x_1, \cdots, x_a, \cdots, x_b, \cdots, x_N) = \varphi(x_1, \cdots, x_b, \cdots, x_a, \cdots, x_N) \tag{H.35}$$

である．また時間変数はあらわに書かないが，すべての関係式は同時刻におけるものである．

以上の量子力学の系を場の量子論のことばでかき換えるためには，(H.35) に対応して Bose 交換関係および真空 $|0\rangle$ に対する条件

$$[\psi(x), \psi^\dagger(y)] = \delta^2(x - y), \qquad [\psi(x), \psi(y)] = 0 \tag{H.36}$$

$$\psi(x)|0\rangle = 0 \tag{H.37}$$

をみたす場 $\psi(x)$ を導入すればよい．このとき場の状態 $|\quad\rangle$ とこれに対応する波動関数は

$$\begin{cases} \varphi(x_1, x_2, \cdots, x_N) = \langle x_1, x_2, \cdots, x_N | \quad \rangle \\ | \quad \rangle = \dfrac{1}{n!} \displaystyle\int \prod_{a=1}^{N} d^2 x_a \, \varphi(x_1, x_2, \cdots, x_N) | x_1, x_2, \cdots, x_N \rangle \end{cases} \tag{H.38}$$

で結ばれる．ここで

$$|x_1, x_2, \cdots, x_N\rangle = \psi^\dagger(x_1)\psi^\dagger(x_2)\cdots\psi^\dagger(x_N)|0\rangle \tag{H.39}$$

であるが，ハードコア条件により状態ベクトル $|x_1, x_2, \cdots, x_N\rangle$ 内の変数 $x_1, x_2, \cdots, x_N$ の値はすべて異なるものと考えてよい．いうまでもなく場の理論におけるハミルトニアンは

$$\mathbf{H} = \int d^2x \frac{1}{2m} \psi^\dagger(x) \left(\frac{1}{i} \nabla - \mathbf{A}(x) \right)^2 \psi(x) + \mathbf{V} \tag{H.40}$$

$$\mathbf{A}(x) = \frac{\theta}{\pi} \int d^2y \, \nabla_x \lambda(x, y) \rho(y) \tag{H.41}$$

$$\mathbf{V} = \frac{1}{2} \int d^2x d^2y \, \psi^\dagger(x) \psi^\dagger(y) V(|x-y|) \psi(y) \psi(x) \tag{H.42}$$

で与えられる．ただし $\rho(x) = \psi^\dagger(x)\psi(x)$ である．

波動関数に対する条件(H.35)や交換関係(H.36)にもかかわらず，ここでの粒子の統計性は，これらには反映していない．むしろそれは粒子間の長距離相関の中に内在しているのである．それをみるために，通常，量子力学的記述においては特異な(singular)ゲージ変換を行なってハミルトニアンからこの部分を消去し，その効果を波動関数に繰り入れることが行なわれる．すなわち

$$U(x_1, x_2, \cdots, x_N) = \exp\left[i \frac{\theta}{\pi} \sum_{a>b} \lambda(x_a, x_b) \right] \tag{H.43}$$

$$(x_1, x_2, \cdots, x_N \text{ の値はすべて異なる})$$

としてハミルトニアン(H.31)および波動関数を次のように変換する．

$$\begin{cases} H \to H' = U^\dagger H U = \dfrac{1}{2m} \displaystyle\sum_{a=1}^{N} \nabla_a^2 + V \\ \varphi(x_1, x_2, \cdots, x_N) \to \varphi'(x_1, x_2, \cdots, x_N) = U^\dagger \varphi(x_1, x_2, \cdots, x_N) \end{cases} \tag{H.44}$$

U はその定義から

(1) $\theta=2n\pi$ (n は整数)のときは $x_1, x_2, \cdots, x_N$ の任意の置換に対して完全対称の1価関数,

(2) $\theta=(2n+1)\pi$ のときは $x_1, x_2, \cdots, x_N$ の任意の奇置換に対して反対称の1価関数

である．つまり(1),(2)の場合は上の変換後ハミルトニアンは自由粒子を表わし，波動関数 φ' は1価になって前者はBose統計，後者はFermi統計に従う同種粒子を記述していることが分かる．しかし，

(3) $\theta\neq n\pi$ のときは U は多価関数

となる．実際，例えば x_1 を連続的にある経路をたどって変化させてもとの位置に戻すとき，経路に応じてさまざまな位相が出現するのをみることができる(図H-2)．このとき，大切なことは経路は他の粒子の位置座標とは重なることなく，これを避けて通るように選ばれなければならないことである．ハードコア条件によって2つの位置座標の一致することが禁止されるからである．これにより経路のトポロジーの定義が明確になり，それに対応して出現する位相が決まることになるが，ここではその詳細には立ち入らない．このようにして U は $x_1, x_2, \cdots, x_N$ の多価関数となり，他方最初の波動関数 $\varphi(x_1, x_2, \cdots, x_N)$ は1価関数であるから，これに $U^\dagger$ をかけた $\varphi'(x_1, x_2, \cdots, x_N)$ は多価関数となる．その意味で φ' を波動関数とみなすことは許されない．実際，多価の φ' に対してはFourier変換や，より一般には完全直交系による展開を行なうことができず，量子力学の状態のもつ最も基本的な性質の1つであるDiracの変換論が成りたたない．

同様の議論により U の中の2つの変数の入れ換えにおいても，これを行な

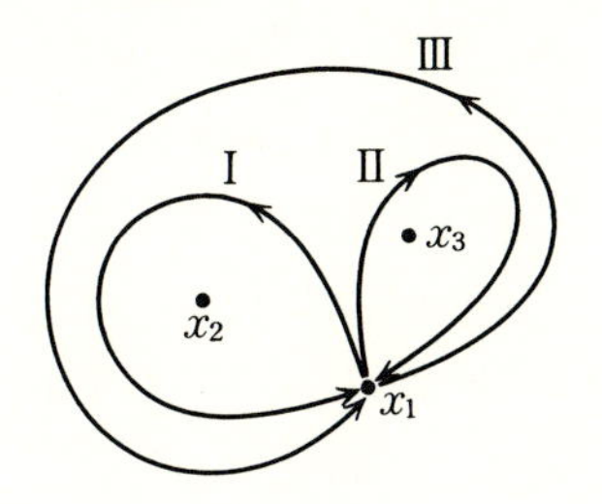

図H-2 x_1 を経路I, II, IIIのそれぞれに沿って移動させてもとに戻すときに現われる位相は，$2\theta, -2\theta, 4\theta$ となる．

うためにとられた経路のトポロジーに依存して位相が生み出されるのをみることができる．その構造はもちろんθの値によって決定されるが，ともかく$\theta \neq n\pi$のときはUの多価性のために一方の変数を他方の変数に相互に置き換えるといういわゆる対称群の演算操作によっては，変数の入れ換えが定義できないことに注意すべきである．すなわち，このとき変数の入れ換えに際し経路概念の導入を避けることができない．

H-4 統計性の転換

前節(1),(2)の場合の Bose 統計，Fermi 統計の構造はまた，ハミルトニアン(H. 31)を用いてそれぞれの分配関数を計算することによっても確かめることができる．とくに$\boldsymbol{A}_a=0$のときに Bose 統計に従う粒子の間に，$\theta=(2n+1)\pi$の長距離相関が導入されると，Bose 粒子から Fermi 粒子への転化が行なわれる．この現象は，**Bose-Fermi 転換**(Bose-Fermi transmutation)とよばれている．

他方，(3)のときの分配関数を(H. 31)に基づいて求めてみると，Bose 統計と Fermi 統計の中間の結果が得られる．つまり，θの値を$2n\pi$から$(2n+1)\pi$に連続的に変化させると，分配関数はこれに応じて Bose 統計から Fermi 統計の分配関数へと連続的に移行する．$\theta \neq n\pi$のときの分配関数を与える統計は**分数統計**(fractional statistics)とよばれ，このときの粒子が正確には**エニオン**とよばれるものである．

(1),(2),(3)の場合に示される同種粒子の統計は，Uにおける変数の入れ換えの構造で決まり，とくに(3)のときに限り入れ換えには経路の概念を媒介としなければならなかったが，統計の規定に用いられるこの概念は粒子の位置を対角化した表示でのみ適用できるものであることに注意する必要がある．例えば座標空間で行なったのと全く同じように，運動量空間においても経路の概念を用いて分数統計を規定しようとしても，それができないことは容易に分かる．言い換えれば，分数統計の定義は表示独立性の条件を満足していない．このことは，エニオンの生成・消滅の演算子，そうしてそれらの間に設けられた代数により分数統計を導くような場の量子論をつくろうとしても，それが不可能なことを意味している．

その事情をより具体的にみるために，量子力学で(H.31)からエニオンに到達する議論のアナロジーを場の理論で形式的に辿ればどうなるかを考察してみよう．(H.44)に対応して

$$\begin{cases} \chi(x) = \boldsymbol{U}^{\dagger}(x)\phi(x) \\ \boldsymbol{U}(x) = \exp\left[i\dfrac{\theta}{\pi}\displaystyle\int d^2y\,\lambda(x,y)\rho(y)\right] \end{cases} \tag{H.45}$$

として，$\chi(x)$ を $\phi(x)$ の代わりに用いれば，(H.40)のハミルトニアンからは長距離相関が落ちて，

$$\begin{cases} \boldsymbol{H} = \displaystyle\int d^2x\,\frac{1}{2m}\nabla\chi^{\dagger}(x)\cdot\nabla\chi(x) + \boldsymbol{V} \\ \boldsymbol{V} = \dfrac{1}{2}\displaystyle\int d^2xd^2y\,\chi^{\dagger}(x)\chi^{\dagger}(y)V(|x-y|)\chi(y)\chi(x) \end{cases} \tag{H.46}$$

を得る．しかし，だからといって $\chi(x)$ を，$\theta \neq n\pi$ の場合に，点 x においてエニオンの消滅を記述する場の演算子とみなすことはできない．容易に分かるように，$\boldsymbol{U}(x)$ は角度 $\lambda(x,y)$ が $\mathrm{mod}\,2\pi$ でしか定義できないために，x の1価関数にはなっていない．実際，$\lambda(x,y)\to\lambda(x,y)+2n\pi$ の変換で演算子 $\boldsymbol{U}(x)$ は $\boldsymbol{U}(x)\to\exp[2i\theta N]\cdot\boldsymbol{U}(x)$ なる変換を受けるからである．ここで N はエニオンの個数演算子 $\int d^2x\,\rho(x)$ である．

$\chi(x)$ の性質をさらによくみるために，$[\phi(x),\rho(x)]=\delta^2(x-y)\phi(y)$ から形式的な操作で導かれる次式

$$\begin{cases} \boldsymbol{U}^{\dagger}(x)\phi(y)\boldsymbol{U}(x) = \exp\left[i\dfrac{\theta}{\pi}\lambda(x,y)\right]\phi(y) \\ \boldsymbol{U}(x)\phi(y)\boldsymbol{U}^{\dagger}(x) = \exp\left[-i\dfrac{\theta}{\pi}\lambda(x,y)\right]\phi(y) \end{cases} \tag{H.47}$$

を用いて(H.36)をかき換えれば

$$\begin{cases} \chi(x)\chi^\dagger(y) - e^{i\frac{\theta}{\pi}\Delta(x,y)}\chi^\dagger(y)\chi(x) = \delta^2(x-y) \\ \chi(x)\chi(y) - e^{i\frac{\theta}{\pi}\Delta(x,y)}\chi(y)\chi(x) = 0 \end{cases} \tag{H.48}$$

を得る．ただし

$$\Delta(x,y) = \lambda(x,y) - \lambda(y,x) \tag{H.49}$$

である．なお，(H.48)を導くにあたっては $\boldsymbol{U}(x)\boldsymbol{U}(y)=\boldsymbol{U}(y)\boldsymbol{U}(x)$ なる関係を利用した．場の理論においては演算子 $\chi(x)$ のすべての性質は代数関係(H.49)によって規定されなければならない．しかし $\Delta(x,y)$ は，(H.33)にみるように

$$\Delta(x,y) = \begin{cases} \pi & (\mathrm{mod}\ 2\pi,\ x \neq y) \\ 0 & (x=y) \end{cases} \tag{H.50}$$

なる多価関数であって，1価関数としての場 $\chi(x)$ を定義することができない．しかも $\chi(x)$ の多価性ははなはだ異様であって，(H.50)にみるように，これと積をつくる他の χ たちの変数と関連する．もちろんこのような $\chi(x)$ を x の完全直交系で展開することはできない．これは表示独立性の破れに他ならない．このような理由から $\theta \neq n\pi$ の場合には，$\chi(x)$ に対し，点 x における場の演算子としての意味をもたせることは不可能であることが分かる．

最後に $\theta=(2n+1)\pi$ の場合，$\chi(x)$ は確かに Fermi 統計の交換関係をみたすことを示しておこう．まず χ 同士(あるいは $\chi^\dagger$ 同士)の交換関係はハードコア条件により場の変数が異なる場合を考えれば十分である．すなわち(H.48)の第2式で $x \neq y$ とすれば，(H.50)の第1式より $\{\chi(x), \chi(y)\}=0$ を得る．しかし，(H.48)の第1式で $x \neq y$ とおくわけにはいかない．χ と $\chi^\dagger$ の間にはハードコア条件が存在しないからである．実際，(H.48)，(H.50)をいかにひねっても Fermi 型の交換関係

$$\{\chi(x), \chi^\dagger(y)\} = \delta^2(x-y) \tag{H.51}$$

を導くことはできないからである．

ところで(H.48)の第1式は状態ベクトルの内積の計算，あるいはもっと端的には $\chi(x)\chi^\dagger(x_1)\chi^\dagger(x_2)\cdots\chi^\dagger(x_N)|0\rangle$ において，交換関係を用いて $\chi(x)$ を右に

移行させ最後に $\chi(x)|0\rangle=0$ によって $\chi(x)$ を消去する際の計算に使われる．そこで簡単のために $N=3$ として(H. 48)の第1式を利用し，この計算を行なってみよう．

$$
\begin{aligned}
&\chi(x)\chi^{\dagger}(x_1)\chi^{\dagger}(x_2)\chi^{\dagger}(x_3)|0\rangle \\
&\quad = [\delta^2(x-x_1)\chi^{\dagger}(x_2)\chi^{\dagger}(x_3)+\delta^2(x-x_2)e^{i\Delta(x,x_1)}\chi^{\dagger}(x_1)\chi^{\dagger}(x_3) \\
&\qquad +\delta^2(x-x_3)e^{i\Delta(x,x_3)}e^{i\Delta(x,x_2)}\chi^{\dagger}(x_1)\chi^{\dagger}(x_2)]|0\rangle \\
&\quad = [\delta^2(x-x_1)\chi^{\dagger}(x_2)\chi^{\dagger}(x_3)-\delta^2(x-x_2)\chi^{\dagger}(x_1)\chi^{\dagger}(x_3) \\
&\qquad +\delta^2(x-x_3)\chi^{\dagger}(x_1)\chi^{\dagger}(x_2)]|0\rangle
\end{aligned}
\tag{H.52}
$$

ここで中間の式は左辺に(H. 48)の第1式と真空条件 $\chi(x)|0\rangle=0$ を用いて $\chi(x)$ を消去したもの，最下段の式は $\Delta(x,x_j)$ の x を $x_i(\neq x_j)$ で置き換えこれに(H. 50)の第1式を使った結果である．

注目すべきは，(H. 52)の右辺は(H. 51)を用いた結果と同じになることである．すなわちハードコア条件に従う状態ベクトル $\chi^{\dagger}(x_1)\chi^{\dagger}(x_2)\chi^{\dagger}(x_3)|0\rangle$ の上では(H. 48)の第1式と Fermi 型の交換関係(H. 51)は完全に等価であって，前者の代わりに後者を用いることができる．この結果を一般の $\chi^{\dagger}(x_1)\chi^{\dagger}(x_2)\cdots\chi^{\dagger}(x_N)|0\rangle$ の上の議論に拡張できることはいうまでもない．このようにして，このモデルでの Bose-Fermi 転換にはハードコア条件というダイナミカルな要請が本質的な役割を演じているのである．このようにして，$\theta=(2n+1)\pi$ の場合には Bose 交換関係から Fermi 交換関係への転換が場の理論において示されたことになる．

なおついでに付言すると，$\theta=(2n+1)\pi$ の場合，$\chi(x)$ でかかれたハミルトニアンには長距離相関がないので，上記の条件のもとに $t\to-\infty$ の弱極限をとって漸近場 $\chi^{\mathrm{in}}(x)$ を導入することができる．そうして非相対論的場の理論における漸近場の交換関係を導くテクニックにより*，同時刻での2次元空間の任意の x, y に対して次式の成立することを示すことができる．

$$
\{\chi^{\mathrm{in}}(x),\chi^{\mathrm{in}\dagger}(y)\}=\delta^2(x-y),\qquad \{\chi^{\mathrm{in}}(x),\chi^{\mathrm{in}}(y)\}=0 \tag{H.53}
$$

---

* R. J. Redmond and J. L. Uretsky: Ann. Phys. (N. Y.) 9(1960)106.

付録

付 1　Bose 振動子と Hilbert 空間

Bose 振動子 $a_{j_{2k}}$, $a_{j_{2k-1}}$ $(k=1,2,\cdots)$ に対する変換(1.84)の性質を調べるために，Fermi 振動子のときと同様に，ユニタリー演算子

$$U_k(\tau) \equiv \exp[\tau(a_{j_{2k}} a_{j_{2k-1}} - a^\dagger_{j_{2k-1}} a^\dagger_{j_{2k}})] \tag{A1.1}$$

を導入しよう．これが(1.71)と同型の

$$U_{k'} a_{j_{2k-1}} U^\dagger_{k'} = \begin{cases} \alpha_{j_{2k-1}} & (k=k') \\ a_{j_{2k-1}} & (k \neq k') \end{cases}$$
$$U_{k'} a_{j_{2k}} U^\dagger_{k'} = \begin{cases} \alpha_{j_{2k}} & (k=k') \\ a_{j_{2k}} & (k \neq k') \end{cases} \tag{A1.2}$$

を満たすことは容易に分かる．ここで，$\alpha_{j_{2k-1}}$, $\alpha_{j_{2k}}$ は(1.84)であたえられる演算子である．振動子 $a_{j_{2k-1}}$, $a_{j_{2k}}$ に対する真空を $|0,k\rangle$ とかこう．すなわち，$a_{j_{2k-1}}|0,k\rangle = a_{j_{2k}}|0,k\rangle = 0$. 系の真空 $|0\rangle$ は $|0,k\rangle$ $(k=1,2,\cdots)$ の無限個の直積であるが，まず自由度を $k=1,2,\cdots,N$ として最後に $N\to\infty$ とする．そこで，$|0\rangle^{(N)} \equiv |0,1\rangle\cdot|0,2\rangle\cdots|0,N\rangle$, $U^{(N)}(\tau) \equiv \prod_{k=1}^{N} U_k(\tau)$ とかくことにする．定義により

$$U^{(N)}(\tau)|0\rangle^{(N)} = U_1(\tau)|0,1\rangle\cdot U_2(\tau)|0,2\rangle\cdots U_N(\tau)|0,N\rangle \quad \text{(A1.3)}$$

であるが，$U_k(\tau)|0,k\rangle$ の性質をみるために振幅 $\langle A_k|U_k(\tau)|0,k\rangle$ を考察することにしよう．ここで $|A_k\rangle$ は任意個数(ただし有限個)の $a^\dagger_{j_{2k-1}}$, $a^\dagger_{j_{2k}}$ を $|0,k\rangle$ に作用させてつくった規格化された状態ベクトルである．

まず，最も簡単な $|A_k\rangle=|0,k\rangle$ の場合

$$f_k(\tau) \equiv \langle 0,k|U_k(\tau)|0,k\rangle \quad \text{(A1.4)}$$

とし，両辺を τ について微分して，それを $g_k(\tau)$ とかけば

$$\begin{aligned} g_k(\tau) = \frac{df_k(\tau)}{d\tau} &= \langle 0,k|(a_{j_{2k}}a_{j_{2k-1}} - a^\dagger_{j_{2k-1}}a^\dagger_{j_{2k}})U_k(\tau)|0,k\rangle \\ &= \langle 0,k|a_{j_{2k}}a_{j_{2k-1}}U_k(\tau)|0,k\rangle \quad \text{(A1.5)} \end{aligned}$$

他方，$g_k(\tau)$ はまた $\langle 0,k|U_k(\tau)(a_{j_{2k}}a_{j_{2k-1}} - a^\dagger_{j_{2k-1}}a^\dagger_{j_{2k}})|0,k\rangle$ ともかかれるから

$$\begin{aligned} g_k(\tau) &= -\langle 0,k|U_k(\tau)a^\dagger_{j_{2k-1}}a^\dagger_{j_{2k}}U^\dagger_k(\tau)U_k(\tau)|0,k\rangle \\ &= -\langle 0,k|(a^\dagger_{j_{2k-1}}\cosh\tau + a_{j_{2k}}\sinh\tau)(a_{j_{2k-1}}\sinh\tau + a^\dagger_{j_{2k}}\cosh\tau)U_k(\tau)|0,k\rangle \\ &= -g_k(\tau)\sinh^2\tau - f_k(\tau)\sinh\tau\cosh\tau \end{aligned}$$

すなわち $g_k(\tau)=-f_k(\tau)\tanh\tau$ が成立している．よって(A1.5)より $df_k(\tau)/d\tau = -f_k(\tau)\tanh\tau$，したがって

$$\langle 0,k|U_k(\tau)|0,k\rangle = \frac{1}{\cosh\tau} \quad \text{(A1.6)}$$

が導かれる．

$|A_k\rangle \neq |0,k\rangle$ のときには，$c_k \equiv \langle A_k|U_k(\tau)|0,k\rangle$ の表式はより複雑になるが，すぐあとで分かるように，その具体的なかたちはここでは本質的ではない．大切なのは(A1.6)である．いま N は十分大きいとして一般の状態ベクトル

$$\begin{aligned} |A;l_1,l_2,\cdots,l_r\rangle \equiv\ & |0,1\rangle\cdots|0,l_1-1\rangle|A_{l_1}\rangle|0,l_1+1\rangle\cdots|0,l_2-1\rangle|A_{l_2}\rangle \\ & \times|0,l_2+1\rangle\cdots|0,l_r-1\rangle|A_{l_r}\rangle|0,l_r+1\rangle\cdots|0,N\rangle \end{aligned} \quad \text{(A1.7)}$$

を用い，$U^{(N)}(\tau)|0\rangle^{(N)}$ との内積をつくると(A1.6)より

$$\langle A;l_1,l_2,\cdots,l_r|U^{(N)}(\tau)|0\rangle^{(N)} = \left(\prod_{p=1}^{r} c_p\right)(\cosh\tau)^{-(N-r)} \quad \text{(A1.8)}$$

を得る．ここで $N\to\infty$ とすれば，$|c_p|\leqq 1\ (p=1,2,\cdots,r)$ であるから

$$\langle A; l_1, l_2, \cdots, l_r|0\rangle_\tau = 0 \qquad (\tau \neq 0) \tag{A1.9}$$

ここで $|0\rangle_\tau \equiv \lim_{N\to\infty}|0\rangle^{(N)}$ は，$\alpha^\dagger_{j_{2k}}$, $\alpha^\dagger_{j_{2k-1}}\ (k=1,2,\cdots)$ が生成する Fock の空間 $\mathcal{H}_\tau$ の真空 $(\alpha_{j_{2k}}|0\rangle_\tau=\alpha_{j_{2k-1}}|0\rangle_\tau=0)$ であるが，これは，$a^\dagger_{j_{2k}}$, $a^\dagger_{j_{2k-1}}$ で生成される Fock の空間には属していないことが分かる．

より一般的には $\mathcal{H}_\tau$ に属する任意の状態ベクトル $|\mathcal{A}\rangle_\tau$ は，$\tau\neq 0$ であれば $\mathcal{H}_0$ に属さないことも示すことができる．実際，$\mathcal{A}^\dagger$ を $\alpha^\dagger_{j_{2k}}$, $\alpha^\dagger_{j_{2k-1}}\ (k=1,2,\cdots)$ からつくられる有限次の任意の単項式として $|\mathcal{A}\rangle_\tau \equiv \mathcal{A}^\dagger|0\rangle_\tau = \lim_{N\to\infty}\mathcal{A}^\dagger U^{(N)}|0\rangle^{(N)}$ の場合を考えれば十分である．このとき(1.84)により $\mathcal{A}^\dagger$ は $a^\dagger_{j_{2k}}$, $a^\dagger_{j_{2k-1}}\ (k=1,2,\cdots)$ の多項式であり，したがって $\langle A; l_1, l_2, \cdots, l_r|\mathcal{A}^\dagger$ は $\langle A; m_1, m_2, \cdots, m_s|$ なる項の有限個の 1 次結合となり，よって(A1.9)から

$$\langle A; l_1, l_2, \cdots, l_r|\mathcal{A}\rangle_\tau = 0 \qquad (\tau\neq 0) \tag{A1.10}$$

が帰結される．

同様の議論を行なえば，$\tau\neq\tau'$ に対して 2 つの Fock 空間 $\mathcal{H}_\tau$ と $\mathcal{H}_{\tau'}$ は直交することが容易に導かれる．すなわちこの場合にもまた，連続無限個の非同値な Hilbert 空間が存在するのである．

付 2 γ 行列と Dirac 振幅

$$\{\gamma^\mu, \gamma^\nu\} = 2g^{\mu\nu} \qquad (\mu,\nu=0,1,2,3) \tag{A2.1*}$$

をみたす既約な $\gamma^\mu\ (\mu=0,1,2,3)$ は，4 行 4 列の行列で表現され，相似変換の自由度を除いて一意的，すなわち上式に従う 2 組の行列 $\{\gamma^\mu\}$, $\{\gamma'^\mu\}$ に対し $\gamma'^\mu = A\gamma^\mu A^{-1}$ となるような行列 A がつねに存在する．表現の既約性から $[\gamma^\mu, M]=0\ (\mu=0,1,2,3)$ をみたす 4 行 4 列(以下 4×4 と略記する)の行列 M は単位行列の定数倍である．以下 $\gamma^1, \gamma^2, \gamma^3$ には Hermite 性，γ^0 には反 Hermite 性 $(\gamma^{0\dagger}=-\gamma^0)$ を仮定する．

---

* 計量テンソル $g^{\mu\nu}$ は，$g^{\mu\nu}=0\ (\mu\neq\nu)$，$-g^{00}=g^{11}=g^{22}=g^{33}=1$.

行列の右肩にTをつけてその行列の転置行列を表わす．$-\gamma^{\mu\mathrm{T}}$ も(A2.1)をみたすゆえ

$$-\gamma^{\mu\mathrm{T}} = C^{-1}\gamma^{\mu}C \tag{A2.2}$$

なるユニタリー行列 C が存在する．C は荷電共役行列とよばれ，これにかかる位相因子 $e^{i\delta}$ (δ：実定数)の任意性を除いて一意的である．C はまた，反対称行列

$$C^{\mathrm{T}} = -C$$

であることが証明される．

16個の行列 γ^{A} $(A=1,2,\cdots,16)$ を

$$I,\ \gamma^{\mu},\ \sigma^{\mu\nu}\ (\mu>\nu),\ \gamma^{\mu}\gamma_5,\ \gamma_5 \qquad (\mu,\nu=0,1,2,3) \tag{A2.3}$$

とする．ただし I は 4×4 の単位行列，$\sigma^{\mu\nu}=[\gamma^{\mu},\gamma^{\nu}]/2i$，かつ $\gamma_5=i\gamma^1\gamma^2\gamma^3\gamma^0$ である．このとき

$$\begin{aligned}&\mathrm{Tr}(\gamma^{A\dagger}\gamma^{B}) = 4\delta_{AB}\\&\sum_{A}\gamma^{A}_{ab}\gamma^{A\dagger}_{cd} = 4\delta_{ad}\delta_{bc}\end{aligned} \tag{A2.4}$$

が成立する．$\mathrm{Tr}(\cdots)$ は括弧内の行列の対角要素の和，また γ^{A}_{ab} は γ^{A} の a 行 b 列要素である．2個の 4×4 行列 M, M' の内積を $\mathrm{Tr}(M^{\dagger}M')$ とするとき，(A2.4)は16個の γ^{A} が完全直交系をつくることを示し，任意の 4×4 行列 M は γ^{A} $(A=1,\cdots,16)$ の1次結合として一意的に表わされる．

$$M = \sum_{A}c_{A}\gamma^{A}, \qquad \text{ただし} \quad c_{A} = \frac{1}{4}\mathrm{Tr}(\gamma^{A\dagger}M) \tag{A2.5}$$

[例]

$$\begin{aligned}&\gamma^{\mu}\gamma^{\nu} = g^{\mu\nu}+i\sigma^{\mu\nu}\\&\gamma^{\mu}\gamma^{\nu}\gamma^{\lambda} = i\epsilon^{\mu\nu\lambda\rho}\gamma_5\gamma_{\rho}+g^{\mu\nu}\gamma^{\lambda}-g^{\mu\lambda}\gamma^{\nu}+g^{\nu\lambda}\gamma^{\mu}\\&\frac{i}{2}\gamma_5(\gamma^{\lambda}\sigma^{\mu\nu}\gamma^{\rho}-\gamma^{\rho}\sigma^{\mu\nu}\gamma^{\lambda}) = i\epsilon^{\mu\nu\lambda\rho}+\gamma_5(g^{\mu\lambda}g^{\nu\rho}-g^{\mu\rho}g^{\nu\lambda})\end{aligned} \tag{A2.6}$$

ここで $\epsilon^{\mu\nu\lambda\rho}$ は μ,ν,λ,ρ について完全反対称，かつ $\epsilon^{0123}=1$，また $\gamma_{\rho}=g_{\rho\lambda}\gamma^{\lambda}$ である．▌

γ 行列の積の Tr については，つぎの関係が成り立つ.

$$
\begin{aligned}
&\mathrm{Tr}(\gamma^{\mu_1}\gamma^{\mu_2}\cdots\gamma^{\mu_{2n+1}}) = 0\\
&\mathrm{Tr}(\gamma^{\mu}\gamma^{\nu}) = 4g^{\mu\nu}\\
&\mathrm{Tr}(\gamma^{\mu}\gamma^{\nu}\gamma^{\lambda}\gamma^{\rho}) = 4(g^{\mu\nu}g^{\lambda\rho}-g^{\mu\lambda}g^{\nu\rho}+g^{\mu\rho}g^{\nu\lambda})\\
&\mathrm{Tr}(\gamma^{\mu_1}\gamma^{\mu_2}\cdots\gamma^{\mu_{2n}}) = \sum_{j=1}^{2n-1}(-1)^{j+1}g^{\mu_j\mu_{2n}}\,\mathrm{Tr}(\gamma^{\mu_1}\gamma^{\mu_2}\cdots\gamma^{\mu_{j-1}}\gamma^{\mu_{j+1}}\cdots\gamma^{\mu_{2n-1}})\\
&\mathrm{Tr}(\gamma_5) = \mathrm{Tr}(\gamma_5\gamma^{\mu}\gamma^{\lambda}) = 0\\
&\mathrm{Tr}(\gamma_5\gamma^{\mu}\gamma^{\nu}\gamma^{\lambda}\gamma^{\rho}) = i\epsilon^{\mu\nu\lambda\rho}\\
&\mathrm{Tr}(\gamma_5\gamma^{\mu_1}\gamma^{\mu_2}\cdots\gamma^{\mu_{2n}}) = i\epsilon^{\mu_1\mu_2\mu_3\nu}\,\mathrm{Tr}(\gamma_{\nu}\gamma^{\mu_4}\gamma^{\mu_5}\cdots\gamma^{\mu_{2n}})\\
&\qquad +g^{\mu_1\mu_2}\,\mathrm{Tr}(\gamma_5\gamma^{\mu_3}\gamma^{\mu_4}\cdots\gamma^{\mu_{2n}})-g^{\mu_1\mu_3}\,\mathrm{Tr}(\gamma_5\gamma^{\mu_2}\gamma^{\mu_4}\cdots\gamma^{\mu_{2n}})\\
&\qquad +g^{\mu_2\mu_3}\,\mathrm{Tr}(\gamma_5\gamma^{\mu_1}\gamma^{\mu_4}\cdots\gamma^{\mu_{2n}})
\end{aligned}
\tag{A2.7}
$$

ここで，第4，第7式は漸化式を与え，左辺の Tr は，右辺では数のより少ない γ 行列の積の Tr で表わされている.

γ 行列の具体的な表示としてしばしば用いられるものに，つぎの表示がある. ただし 4×4 行列 ρ_j $(j=1,2,3)$ は

$$
\rho_1 = \begin{pmatrix} \mathbf{0} & I \\ I & \mathbf{0} \end{pmatrix},\quad \rho_2 = \begin{pmatrix} \mathbf{0} & -iI \\ iI & \mathbf{0} \end{pmatrix},\quad \rho_3 = \begin{pmatrix} I & \mathbf{0} \\ \mathbf{0} & -I \end{pmatrix} \tag{A2.8}
$$

で，I および $\mathbf{0}$ は

$$
I = \begin{pmatrix} 1 & 0 \\ 0 & 1 \end{pmatrix},\quad \mathbf{0} = \begin{pmatrix} 0 & 0 \\ 0 & 0 \end{pmatrix}
$$

また単に σ_j $(j=1,2,3)$ とかいたものは，

$$
\begin{pmatrix} \sigma_j & \mathbf{0} \\ \mathbf{0} & \sigma_j \end{pmatrix} \qquad (j=1,2,3) \tag{A2.9}
$$

の略記で，上記行列の中の σ_j は 2×2 の Pauli 行列である.

(1) Dirac 表示

$$
\begin{aligned}
&\gamma^j = \rho_2\sigma_j,\quad \gamma^0 = -i\rho_3,\quad \gamma_5 = -\rho_1\\
&C = i\rho_1\sigma_2
\end{aligned}
\tag{A2.10}
$$

(2) γ_5 が対角的な表示

$$\gamma^j = -\rho_2\sigma_j, \quad \gamma^0 = -i\rho_1, \quad \gamma_5 = -\rho_3$$
$$C = \rho_3\sigma_2 \tag{A2.11}$$

（3） Majorana 表示

$$\gamma^{j\mathrm{T}} = \gamma^j, \quad \gamma^{0\mathrm{T}} = -\gamma^0$$
$$C = -i\gamma^0 \tag{A2.12}$$

Majorana 表示では Dirac 場 $\psi(x)$ に対して $\psi^C(x) = \pm C\bar{\psi}(x)$（ただし $\bar{\psi}(x) = i\psi^\dagger(x)\gamma^0$）とするとき，

$$\psi^C(x) = \pm\psi^\dagger(x) \tag{A2.13}$$

とかくことができる．(A2.12)をみたす γ 行列の例としては

$$\gamma^1 = \rho_1\sigma_1, \quad \gamma^2 = \rho_3, \quad \gamma^3 = \rho_1\sigma_3, \quad \gamma^0 = -i\rho_1\sigma_2 \tag{A2.14}$$

最後に，運動量表示での Dirac 方程式の解の性質を整理しておく．ただし以下では

$$k^0 = \omega_k \qquad (=\sqrt{\boldsymbol{k}^2+m^2}) \tag{A2.15}$$

である．振幅 $u_r(\boldsymbol{k})$ $(r=1,2)$ は 4 成分をもち

$$(i\gamma^\mu k_\mu + m)u_r(\boldsymbol{k}) = 0 \tag{A2.16}$$

の 2 個の独立解をつくる．$\psi^C(x) = \pm C\bar{\psi}(x)$ に対応して

$$v_r(\boldsymbol{k}) = u_r^C(\boldsymbol{k}) \qquad (=\pm C\bar{u}_r(\boldsymbol{k})) \tag{A2.17}$$

は

$$(i\gamma^\mu k_\mu - m)v_r(\boldsymbol{k}) = 0 \tag{A2.18}$$

をみたす，エネルギー・運動量が $-k^\mu$ の解である．これらの振幅の規格化には，つぎのケースがある．

(I)

$$u_r^*(\boldsymbol{k})u_s(\boldsymbol{k}) = v_r^*(\boldsymbol{k})v_s(\boldsymbol{k}) = \delta_{rs} \tag*{(A2.19)$_\mathrm{I}$}$$

$$\sum_r u_{\alpha,r}(\boldsymbol{k})\bar{u}_{\beta,r}(\boldsymbol{k}) = \frac{1}{2\omega_k}(m - i\gamma^\mu k_\mu)_{\alpha\beta} \tag*{(A2.20)$_\mathrm{I}$}$$

$$\sum_r v_{\alpha,r}(\boldsymbol{k})\bar{v}_{\beta,r}(\boldsymbol{k}) = \frac{-1}{2\omega_k}(m + i\gamma^\mu k_\mu)_{\alpha\beta} \tag*{(A2.21)$_\mathrm{I}$}$$

$$\int d^3\boldsymbol{x}\, e^{i(k+k')x} v_r^*(\boldsymbol{k})u_s(\boldsymbol{k}') = 0 \tag*{(A2.22)$_\mathrm{I}$}$$

(II) $$\bar{u}_r(\boldsymbol{k})u_s(\boldsymbol{k}) = -\bar{v}_r(\boldsymbol{k})v_s(\boldsymbol{k}) = \delta_{rs} \qquad (\text{A2.19})_{\text{II}}$$

$$\sum_r u_{\alpha,r}(\boldsymbol{k})\bar{u}_{\beta,r}(\boldsymbol{k}) = \frac{1}{2m}(m - i\gamma^\mu k_\mu)_{\alpha\beta} \qquad (\text{A2.20})_{\text{II}}$$

$$\sum_r v_{\alpha,r}(\boldsymbol{k})\bar{v}_{\beta,r}(\boldsymbol{k}) = \frac{-1}{2m}(m + i\gamma^\mu k_\mu)_{\alpha\beta} \qquad (\text{A2.21})_{\text{II}}$$

$$\int d^3\boldsymbol{x}\, e^{i(k+k')x}\bar{v}_r(\boldsymbol{k})u_s(\boldsymbol{k}') = 0 \qquad (\text{A2.22})_{\text{II}}$$

以上の2つのケースの振幅を区別するために，右肩に I, II をつけてかけば，両者は

$$u_r^{\text{I}}(\boldsymbol{k}) = \sqrt{\frac{m}{\omega_k}}u_r^{\text{II}}(\boldsymbol{k}), \qquad v_r^{\text{I}}(\boldsymbol{k}) = \sqrt{\frac{m}{\omega_k}}v_r^{\text{II}}(\boldsymbol{k}) \qquad (\text{A2.23})$$

なる関係にある*．(I), (II)は一長一短で，(I)は常識的で分かりやすいが相対論的共変性に欠ける．(II)は共変的だが u_r^{II}, v_r^{II} は $m\to 0$ の極限をもたない．(極限があるのは $\sqrt{m}\,u_r^{\text{II}}$, $\sqrt{m}\,v_r^{\text{II}}$ といった次元をもつ「振幅」である．)

Dirac 表示での $u_r^{\text{I}}(\boldsymbol{k})$, $v_r^{\text{I}}(\boldsymbol{k})$ の具体的な形は，λ_1, λ_2 を任意定数として

$$\sum_{r=1,2}\lambda_r u_r^{\text{I}}(\boldsymbol{k}) = \frac{\omega_k + m - i\rho_2(\boldsymbol{\sigma k})}{\sqrt{2\omega_k(\omega_k+m)}}\begin{pmatrix}\lambda_1\\ \lambda_2\\ 0\\ 0\end{pmatrix}$$
$$\sum_{r=1,2}\lambda_r v_r^{\text{I}}(\boldsymbol{k}) = \pm\frac{\omega_k + m + i\rho_2(\boldsymbol{\sigma k})}{\sqrt{2\omega_k(\omega_k+m)}}\begin{pmatrix}0\\ 0\\ \lambda_2\\ -\lambda_1\end{pmatrix} \qquad (\text{A2.24})^{**}$$

$u_r^{\text{II}}(\boldsymbol{k})$, $v_r^{\text{II}}(\boldsymbol{k})$ は(A2.23)を用いてこれから得られる．

空間体積 V を無限大にして，k^1, k^2, k^3 に連続値をとらせると，自由 Dirac 場 $\psi(x)$ は

$$\psi(x) = \frac{1}{(2\pi)^{3/2}}\sum_r\int d^3\boldsymbol{k}\,(a_{\boldsymbol{k},r}^{\text{I}}u_r^{\text{I}}(\boldsymbol{k})e^{ikx} + b_{\boldsymbol{k},r}^{\text{I}\dagger}v_r^{\text{I}}(\boldsymbol{k})e^{-ikx}) \qquad (\text{A2.25})_{\text{I}}$$

* (2.70)の $u_r(\boldsymbol{k})$, $v_r(\boldsymbol{k})$ はそれぞれ $u_r^{\text{I}}(\boldsymbol{k})$, $v_r^{\text{I}}(\boldsymbol{k})$ である．

** 第2式右辺の ± は $\psi^C(x) = \pm C\bar{\psi}(x)$ に対応する．

$$= \frac{\sqrt{m}}{(2\pi)^{3/2}} \sum_r \int \frac{d^3\boldsymbol{k}}{\omega_k} (a^{\rm II}_{\boldsymbol{k},r} u^{\rm II}_r(\boldsymbol{k}) e^{ikx} + b^{\rm II\dagger}_{\boldsymbol{k},r} v^{\rm II}_r(\boldsymbol{k}) e^{-ikx}) \qquad (\mathrm{A2.25})_{\rm II}$$

と展開される．ここで

$$a^{\rm I}_{\boldsymbol{k},r} = \frac{1}{\sqrt{\omega_k}} a^{\rm II}_{\boldsymbol{k},r}, \qquad b^{\rm I}_{\boldsymbol{k},r} = \frac{1}{\sqrt{\omega_k}} b^{\rm II}_{\boldsymbol{k},r} \qquad (\mathrm{A2.26})$$

かつ

$$\{a^{\rm I}_{\boldsymbol{k},r}, a^{\rm I\dagger}_{\boldsymbol{k}',s}\} = \{b^{\rm I}_{\boldsymbol{k},r}, b^{\rm I\dagger}_{\boldsymbol{k}',s}\} = \delta_{rs}\delta^3(\boldsymbol{k}-\boldsymbol{k}') \qquad (\mathrm{A2.27})_{\rm I}$$

$$\{a^{\rm II}_{\boldsymbol{k},r}, a^{\rm II\dagger}_{\boldsymbol{k}',s}\} = \{b^{\rm II}_{\boldsymbol{k},r}, b^{\rm II\dagger}_{\boldsymbol{k}',s}\} = \delta_{rs}\omega_k\delta^3(\boldsymbol{k}-\boldsymbol{k}') \qquad (\mathrm{A2.27})_{\rm II}$$

（その他の反交換関係はゼロ）

である．(I)，(II)における粒子の1体状態をそれぞれ $|k, r\rangle^{\rm I} = a^{\rm I\dagger}_{\boldsymbol{k},r}|0\rangle$，$|k, r\rangle^{\rm II} = a^{\rm II\dagger}_{\boldsymbol{k},r}|0\rangle$ とすると，内積は

$${}^{\rm I}\langle k, r|k', s\rangle^{\rm I} = \delta_{rs}\delta^3(\boldsymbol{k}-\boldsymbol{k}'), \qquad {}^{\rm II}\langle k, r|k', s\rangle^{\rm II} = \delta_{rs}\omega_k\delta^3(\boldsymbol{k}-\boldsymbol{k}')$$

となって，(I)の方がその形式は非相対論に直結する．しかし $\omega_k\delta^3(\boldsymbol{k}-\boldsymbol{k}')$ および $d^3\boldsymbol{k}/\omega_k$ はともにPoincaré不変であり，$(\mathrm{A2.19})_{\rm II}$～$(\mathrm{A2.22})_{\rm II}$ の共変性と相俟って，(II)の形式は相対論になじみやすい．

本書では目的に応じ，添字I, IIをつけることなしに断わったうえで，この2つの記述法が用いられる．

Poincaré群の変換(3.30)，(3.31)（ただしスピン1/2として）に従うのは，(II)の $a_{\boldsymbol{k},r}$ である．

付3　電磁場の系

ベクトルポテンシャルを $A^\mu(x)$，場を $F^{\mu\nu}(x) = \partial^\mu A^\nu(x) - \partial^\nu A^\mu(x)$ とかく．いうまでもなく電場は $\boldsymbol{E} = (F^{10}, F^{20}, F^{30})$，磁場は $\boldsymbol{B} = (F^{23}, F^{31}, F^{12})$ で与えられる．自由な電磁場に対する古典Lagrange関数は

$$L(x) = -\frac{1}{4}F_{\mu\nu}(x)F^{\mu\nu}(x) \qquad (\mathrm{A3.1})$$

で，これから導かれるEuler-Lagrangeの方程式はMaxwellの方程式 $\partial_\mu F^{\mu\nu}$

$=0$ を与える*.

しかしこれを単純に正準形式に移行させることはできない．実際 $\boldsymbol{A}(x)=(A^1(x), A^2(x), A^3(x))$, および $A^0(x)$ のそれぞれに対応した正準共役量を $\boldsymbol{\Pi}(x)=(\Pi_1(x), \Pi_2(x), \Pi_3(x))$ および $\Pi_0(x)$ とかくならば(A3.1)より

$$\boldsymbol{\Pi}(x) = \partial_0 \boldsymbol{A}(x) + \nabla A^0(x), \quad \Pi_0(x) = 0 \tag{A3.2}$$

となるので，$\Pi_0(x)$ は正準変数としての資格を失う．ただもし $A^0(x)$ が，$\boldsymbol{\Pi}(x), \boldsymbol{A}(x)$ を用いてかかれるならば，$\boldsymbol{\Pi}(x), \boldsymbol{A}(x)$ を正準変数とする理論が与えられることになる．例えば，$A^\mu(x)$ が質量 m (>0) をもつベクトル場のときは，その Lagrange 関数は(A3.1)に $-m^2 A_\mu(x)A^\mu(x)/2$ を加えたものとなり，$A^\mu(x)$ の正準共役量はやはり(A3.2)で与えられるが，Euler-Lagrange の方程式 $\partial_\mu F^{\mu\nu}-m^2A^\nu=0$ (これは $(\Box-m^2)A^\mu=0$, $\partial_\mu A^\mu=0$ の2つの方程式と同等)から $A^0(x)=\nabla \boldsymbol{\Pi}(x)/m^2$ が導かれるので，結局 $A^0(x), \Pi_0(x)$ が消去されて $\boldsymbol{A}(x), \boldsymbol{\Pi}(x)$ を正準変数とする正準形式がつくられる．

しかし $m=0$ ではこれができない．そのために，これまで電磁場の系での正準形式を導くための さまざまな工夫がなされてきた．その代表的なものとして，相対論的な変換性が明白な中西-Lautrup 形式がある．それはつぎの Lagrange 関数を出発点とする．

$$L_{\mathrm{EM}}(x) = -\frac{1}{4}F_{\mu\nu}(x)F^{\mu\nu}(x)+B(x)\partial_\mu A^\mu(x)+\frac{1}{2}\alpha B^2(x) \tag{A3.3}$$

ここで α は無次元の任意に選ばれた実数, $B(x)$ はスカラーとしての Lorentz 変換性をもつが，その運動エネルギーの項は Lagrange 関数には含まれていない．$\alpha=1$ の場合をとくに **Feynman ゲージ**，$\alpha=0$ は **Landau ゲージ**と呼ばれる．そうして Euler-Lagrange の方程式は

$$\Box A^\mu-\partial^\mu\partial_\nu A^\nu-\partial^\mu B = 0, \quad \partial_\mu A^\mu+\alpha B = 0 \tag{A3.4}$$

また，$\boldsymbol{A}, A^0, B$ に対応した正準共役量はそれぞれ

$$\boldsymbol{\Pi}(x) = \partial_0\boldsymbol{A}(x)+\nabla A^0(x), \quad \Pi_0(x) = B(x), \quad \Pi_B(x) = 0 \tag{A3.5}$$

---

* Maxwell 方程式の残りの部分 $\partial^\mu F^{\nu\lambda}+\partial^\nu F^{\lambda\mu}+\partial^\lambda F^{\mu\nu}=0$ は，$F^{\mu\nu}=\partial^\mu A^\nu-\partial^\nu A^\mu$ のために自動的に成立している．

となって，こんどはΠ_Bがゼロになるが，BがΠ_0でかかれるのでB, Π_Bが消去され，A^μ, Π_μを正準変数とする正準形式が可能となる．その結果，正準交換関係は

$$\begin{aligned} &[A^j(\boldsymbol{x}, t), \Pi_k(\boldsymbol{y}, t)] = i\delta_{jk}\delta^3(\boldsymbol{x}-\boldsymbol{y}) \\ &[A^0(\boldsymbol{x}, t), B(\boldsymbol{y}, t)] = i\delta^3(\boldsymbol{x}-\boldsymbol{y}) \\ &[A^\mu(\boldsymbol{x}, t), A^\nu(\boldsymbol{y}, t)] = [A^j(\boldsymbol{x}, t), B(\boldsymbol{y}, t)] = [\Pi^j(\boldsymbol{x}, t), \Pi^k(\boldsymbol{y}, t)] \\ &\quad = [\Pi^j(\boldsymbol{x}, t), B(\boldsymbol{y}, t)] = [B(\boldsymbol{x}, t), B(\boldsymbol{y}, t)] = 0 \\ &\qquad\qquad (j, k=1, 2, 3) \end{aligned} \tag{A3.6}$$

となる．ここで$\Pi_0(x)$の代りに$B(x)$を用いた．

以下簡単のために$\alpha=1$の Feynman ゲージの場合を考えよう*．(A3.4)はこのとき

$$\Box A^\mu = 0, \qquad B = -\partial_\mu A^\mu \tag{A3.7}$$

とかかれるゆえ，A^μの各成分は調和振動子として振舞う．よって

$$A^\mu(x) = \sum_{\boldsymbol{k}} \frac{1}{\sqrt{2|\boldsymbol{k}|V}}(a_{\boldsymbol{k}}^\mu e^{ik_\nu x^\nu} + a_{\boldsymbol{k}}^{\mu\dagger} e^{-ik_\nu x^\nu}) \tag{A3.8}$$

他方，$\Box B=0$より$B(x)$もまた

$$B(x) = \sum_{\boldsymbol{k}} \frac{1}{\sqrt{2|\boldsymbol{k}|V}}(b_{\boldsymbol{k}} e^{ik_\nu x^\nu} + b_{\boldsymbol{k}}^\dagger e^{-ik_\nu x^\nu}) \tag{A3.9}$$

とかかれる．ただし(A3.8), (A3.9)においては

$$k^\mu \equiv (\boldsymbol{k}, |\boldsymbol{k}|) \tag{A3.10}$$

このとき，(A3.6)および(A3.7)の第2式より，$a_{\boldsymbol{k}}, a_{\boldsymbol{k}}^\dagger, b_{\boldsymbol{k}}, b_{\boldsymbol{k}}^\dagger$に対して

$$\begin{aligned} &[a_{\boldsymbol{k}}^\mu, a_{\boldsymbol{k}'}^{\nu\dagger}] = g^{\mu\nu}\delta_{\boldsymbol{k}\boldsymbol{k}'} \\ &[a_{\boldsymbol{k}}^\mu, b_{\boldsymbol{k}'}^\dagger] = ik^\mu\delta_{\boldsymbol{k}\boldsymbol{k}'} \\ &[b_{\boldsymbol{k}}, b_{\boldsymbol{k}'}^\dagger] = 0 \\ &(\text{その他は可換}) \end{aligned} \tag{A3.11}$$

かつ，(A3.10)のk^μを用いて

* 一般のαの場合の扱いについては，例えば，中西襄：『場の量子論』(培風館，1975)参照．

$$b_{\boldsymbol{k}} = -ik_\mu a_{\boldsymbol{k}}^\mu \tag{A3.12}$$

が導かれる．しかしこの理論の状態ベクトル空間を正のメトリックだけで閉じさせることはできない．Lorentz 不変な真空は $a_{\boldsymbol{k}}^\mu|0\rangle=0$ をみたすゆえに，(A3.11)の第1式から $\langle 0|a_{\boldsymbol{k}}^0 a_{\boldsymbol{k}}^{0\dagger}|0\rangle=-1$ となるからである．すでにみたように，理論は $A_{\boldsymbol{k}}^j(x)$ $(j=1,2,3)$ なる3個の変数とそれに正準共役な量によって記述されている．

しかし電磁波は横波のもつ2方向の自由度だけが意味をもつゆえに，いわば負のメトリックの出現は，横波には無関係な余分な成分に由来するものと考えられる．古典電磁気学では Lorentz 条件 $\partial_k A^k=0$ を課してこのような非物理的な成分を除いているが，これは(A3.7)より $B=0$ を意味し，したがって Lorentz 条件の設定は正準形式においては交換関係と相容れないことが分かる．

そこで，$a_{\boldsymbol{k}}^\mu$, $b_{\boldsymbol{k}}$ およびその Hermite 共役が作用する負のメトリックを含む状態空間 $\mathscr{H}$ の中から，物理的な状態ベクトル $|\mathrm{phys}\rangle$ をとり出し，それを

$$b_{\boldsymbol{k}}|\mathrm{phys}\rangle = 0 \tag{A3.13}$$

すなわち

$$B^{(+)}(x)|\mathrm{phys}\rangle = 0 \tag{A3.14}$$

をみたすものと仮定することにしよう．$B^{(+)}(x)$ は $B(x)$ の正振動の部分つまり $\exp[i(\boldsymbol{kx}-|\boldsymbol{k}|t)]$ に比例する振動モードの部分であって，その結果 $\langle\mathrm{phys}|B(x)|\mathrm{phys}\rangle=0$ となり，これが古典論での Lorentz 条件に対応することになる．このような操作を経て，負ノルムの状態が物理的な対象から除外されることになる．

(A3.14)に従う状態 $|\mathrm{phys}\rangle$ を「物理的状態」とよぶこととし，それらの全体のつくる空間を $\mathscr{H}_{\mathrm{phys}}$ とかく．観測量を表わす演算子を O_{phys} とかくとき，もちろん $O_{\mathrm{phys}}|\mathrm{phys}\rangle\in\mathscr{H}_{\mathrm{phys}}$ でなければならない．また $b^\dagger|\mathrm{phys}\rangle$ は $\mathscr{H}_{\mathrm{phys}}$ に属すると同時に，$\mathscr{H}_{\mathrm{phys}}$ の任意の元と直交し，自分自身はゼロノルムである．それゆえ，任意の $|\mathrm{phys}\rangle$ にそのようなゼロノルム状態を加えても，O_{phys} の行列要素には何の影響ももたらされない．すなわち，$|\mathrm{phys}\rangle, |\mathrm{phys}\rangle'\in\mathscr{H}_{\mathrm{phys}}$ とするとき，$|\mathrm{phys}\rangle+b^\dagger|\mathrm{phys}\rangle'$ は物理的にはまったく等価であり，観測に

よって区別することはできない．この関係を $|\mathrm{phys}\rangle \approx |\mathrm{phys}\rangle + b^\dagger |\mathrm{phys}\rangle'$ とかくならば，O_{phys} が固有値 E をもつとは，$|\mathrm{phys}\rangle_1 \approx |\mathrm{phys}\rangle_2$ に対して，$O_{\mathrm{phys}}|\mathrm{phys}\rangle_1 \approx E|\mathrm{phys}\rangle_2$ が成り立つことである．

相互作用がある場合，たとえば電荷 e をもつ Dirac 場 ψ との電磁場の共存系は，(2.89)の自由 Dirac 場の Lagrange 関数 $L(x)$ および相互作用を与える Lagrange 関数

$$L'(x) = -\frac{ie}{2}[\bar{\psi}(x), \gamma^\mu \psi(x)]A_\mu(x) \tag{A3.15}$$

を，(A3.3)の $L_{\mathrm{EM}}(x)$ に加えたものを全系の Lagrange 関数として扱えばよい．このときの Euler-Lagrange の方程式は

$$\begin{aligned} &\Box A^\mu - \partial^\mu \partial_\nu A^\nu - \partial^\mu B = \frac{ie}{2}[\bar{\psi}, \gamma^\mu \psi] \\ &\partial_\mu A^\mu = 0 \\ &\{\gamma^\mu(\partial_\mu - ieA_\mu) + m\}\psi = 0 \end{aligned} \tag{A3.16}$$

ただし，$\alpha=1$ とした．ここで，第3式より導かれる電荷保存則 $\partial_\mu[\bar{\psi}, \gamma^\mu \psi]=0$ を用いれば，第1式より，$\Box B=0$ が成立し B の正振動部分をとり出すことが可能となる．その結果，この場合にもまた条件(A3.14)を課して物理的状態 $|\mathrm{phys}\rangle$ をとり出すことができ，正準形式と矛盾することなく議論を行なうことが可能となる．

参考書・文献

場の量子論関係の著書は非常に多く，本講座でも，第13巻 江沢洋・渡辺敬二・鈴木増雄・田崎晴明：くりこみ群の方法，第20巻 藤川和男：ゲージ場の理論，第21巻 荒木不二洋：量子場の数理，があるが，ここではこれ以外の関連があると思われるものの若干を参考として掲げるにとどめる．

場の量子論の入門書としては，例えば

[1] 高橋康：量子場を学ぶための場の解析力学入門(講談社，1982)

[2] 高橋康：古典場から量子場への道(講談社，1979)

などがあげられよう．また場の量子化と統計の一般的な考察は

[3] Y. Ohnuki and S. Kamefuchi: *Quantum Field Theory and Parastatistics* (Univ. of Tokyo Press/Springer Verlag, 1982)

本書よりさらに進んで相対論的場の量子論を本格的に学ぶためには，例えば

[4] 中西襄：場の量子論，新物理学シリーズ19(培風館，1975)

[5] 西島和彦：場の理論(紀伊国屋書店，1987)

[6] C. Itzykson and J.-B. Zuber: *Quantum Field Theory*(McGraw-Hill, 1980)

などがあげられよう．またゲージ場を中心としたものに

[7] 九後汰一郎：ゲージ場の量子論 I，II，新物理学シリーズ24(培風館，1989)

の労作がある．相対論的場の量子論の基礎をなすPoincaré群に関しては

[8] 大貫義郎：ポアンカレ群と波動方程式，応用数学叢書(岩波書店，1976)

がある．

物性論への応用を目的として非相対論的な場の量子論に重点を置いてかかれたものとしては

[9] 高橋康：物性論研究者のための場の量子論 I，II，新物理学シリーズ16(培風館，

1974)

また場の量子論の数学的な扱いについては，例えば

[10]　ボゴリューボフ他著，江沢洋・亀井理・関根克彦訳：場の量子論の数学的方法（東京図書，1987）

[11]　R. F. Streater and A. S. Wightman: *PCT*, *Spin & Statistics*, *and All That*（Benjamin, 1964）

があげられる.

第2次刊行に際して

場を議論するとき，大まかにいって2つのケースが考えられる．1つは媒質を介さずに真空中を伝搬する場であり，もう1つは媒質があってはじめて存在し得る場である．前者はいうまでもなく素粒子論などで扱われ，そこでは多くの場合相対論的な記述が重要な役割を演ずる．他方，後者は媒質の構成要素の集団的な運動を場を用いて記述するもので，例えばそこに伝わる音波の振幅を表わすものや，弦の振動にみられる横波などがある．このような場の量子論的性格は，前者においてはいくつかの基本的な要請から場それ自身の本性としてそれが賦与されるのに対し，後者においては媒質のもつ量子論的な振舞いの帰結としてこれが発現されると考えられる．そして，現在の場の量子論においてはいずれの場合もそこから場に特有の粒子像とそれの生成・消滅の演算が抽出され，その結果 Fock の空間が構成されて理論記述の土台が用意されるわけである*．すでに本文のいくつかの例でみたように，このときの同種粒子の統計性は生成・消滅演算子の代数関係によって完全に規定されることになる．

* 粒子像を全く伴わない無限自由度の量子論が可能かどうかは分かっていない．つまり Fock の空間以外にこのような系の Hilbert 空間の構築法をわれわれは知らないのである．本書で場の量子論というときには，何らかの意味で粒子像との結びつきのあることが前提とされている．

このように，場の量子論は同種粒子の扱いに極めて基本的な役割を演じてきた．しかし場が同種粒子を記述し得ることとは逆に，同種粒子は適当な場を用いさえすればいつでも記述できるのかという問題は，実はそれほど自明のことではない．ここで場とは，対象となる同種粒子の生成・消滅の演算子を与えることができ，それのつくる代数が彼らの統計性を直接導くものを指す．

もともと同種粒子の統計の概念は，場の量子論によってはじめてもたらされたものではない．しかし結果として，Bose，Fermi統計，あるいはパラ統計といったものは，いずれも場の量子論によって完全に記述することができた．いわばこの経験的な興味ある路線，すなわち同種粒子・統計性・場の量子論という3者をつなぐ糸が，どのような条件のもとで果たしてどこまで可能かという問題は，場の量子論においてぜひ明らかにしておくべき課題の1つかと思われる．現在，われわれはこれについて完全な答をもつに至っていないが，ある程度の踏み込んだ考察は可能である．

第2次の刊行にあたり，旧版の誤植を訂正するとともに，新たに補章を設けてこの問題についての検討を行なった．

1997年7月

著　者

索引

P

R

S

T, U, V

W

Y, Z

■岩波オンデマンドブックス■

現代物理学叢書
場の量子論

2001年6月15日　第1刷発行
2016年4月12日　オンデマンド版発行

著　者　大貫義郎（おおぬきよしお）

発行者　岡本　厚

発行所　株式会社　岩波書店
〒101-8002　東京都千代田区一ツ橋2-5-5
電話案内　03-5210-4000
http://www.iwanami.co.jp/

印刷／製本・法令印刷

ISBN 978-4-00-730388-3　　Printed in Japan